うな丼の未来

ウナギの持続的利用は可能か

UNAGI

東アジア鰻資源協議会日本支部 編

青土社

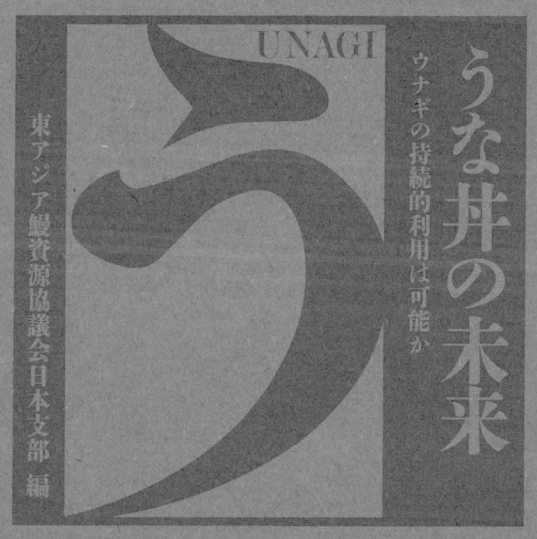

うな丼の未来　目次

GCOEアジア保全生態学からの挨拶　鷲谷いづみ（東京大学）　9
基調講演「ニホンウナギとともに生きる」　塚本勝巳（日本大学）　14

セッション1　日本のウナギの現状

日本人はウナギをどう食べてきたのか　勝川俊雄（三重大学）　35
ニホンウナギの資源調査について　田中栄次（東京海洋大学）　51
IUCNウナギレッドリスト会議報告　海部健三（東京大学）　71
ウナギの情報と経済　櫻井一宏（立正大学）　85
産卵場調査から予測するニホンウナギの未来　渡邊俊（日本大学）　95
コラム1●日本におけるうなぎ食文化　黒木真理
コラム2●日本におけるウナギ養殖の歴史　黒木真理

ウナギ人工種苗生産技術への取り組み——経過と現状　田中秀樹（水産総合研究センター増養殖研究所）　108
異種ウナギは救世主になれるのか　吉永龍起（北里大学）　123
コラム3●黄ウナギの生息域利用　横内一樹
コラム4●河川環境とニホンウナギの生息域利用　板倉光・木村伸吾

セッション2　資源回復への試み——ステークホルダーからの提言

漁業者の役割——蘇るか浜名湖ウナギ　吉村理利（浜名漁業協同組合）　141
養鰻業界の役割——養鰻業界が行なっているウナギ資源保護対策　白石嘉男（日本養鰻漁業協同組合連合会）　154
蒲焼商の役割　湧井恭行（全国鰻蒲焼商組合連合会）　166
報道の役割——ウナギ問題をどう伝えるか　井田徹治（共同通信）　171

コラム5●異種ウナギとは何者か　脇谷量子郎
コラム6●ウナギの輸出入に伴う外来寄生虫問題　片平浩孝

環境行政の役割――環境省第4次レッドリストについて　中島慶二（環境省）　186

水産行政の役割――ウナギをめぐる最近の状況と対策について　宮原正典（水産庁）　201

研究者の役割――東アジア協働へ向けた鰻川計画　篠田章（東京医科大学）　220

韓玉山（ハン・ユ・サン：国立台湾大学副教授）からのメッセージ　234

総合討論：人間とウナギ　これからのつき合い方　235
司会：海部健三
パネラー：吉村理利／白石嘉男／井田徹治／中島慶二／宮原正典／篠田章

閉会の挨拶（吉島重鐵）　260
会場アンケート　262
あとがき　274

うな丼の未来

ウナギの持続的利用は可能か

ウナギは今、未曾有の危機に直面している。今年二月環境省はニホンウナギを絶滅危惧種に指定した。四年続きのシラス大不漁の現実に加えてこの指定は、まさか絶滅まではと思っていた希望的楽観を吹き飛ばした。これからウナギはどうなるのか？　なぜ資源はこんなにも減ってしまったのか？　どうすれば資源を回復させることができるのか？　これからウナギとどのようにつきあっていくのが良いか？　問題は山積している。日本人がこよなく愛すウナギの食文化を絶やさないために、考えを持ち寄り、議論をつくそうではないか。

東アジア鰻資源協議会・会長　塚本勝巳

ＧＣＯＥアジア保全生態学からの挨拶

鷲谷いづみ（東京大学）

皆さんお早うございます。今日は朝早くからこのシンポジウムにお集まりいただきましてありがとうございます。

このあと発表もされる海部健三さんが、このシンポジウムのために、まさに八面六臂という言葉がぴったりするような大活躍をされ、塚本勝巳先生を中心とする東アジア鰻資源協議会主催のこのシンポジウムは、大いに注目されるシンポジウムになりました。私は海部さんの上司という立場で研究室での海部さんの研究とアウトリーチ活動を近くで眺めている者として、とても嬉しく思っております。

本日シンポジウムを共催させていただくアジア保全生態学ＧＣＯＥプログラムは、九州大学と一緒に実施しているもので、私は東京大学側のリーダーを務めさせていただいています。五年間のプログラムの今年がちょうど五年目なのですが、その前に、ＣＯＥプログラム――Ｇがつかない、Ｇはグローバルで、ＣＯＥはCenter of Excellenceの略ですが――では「生物多様性自然再生研究拠点」という拠点を東大だけで持っておりまして、その時も私がリーダーを務めさせていただいていました。ウナギのテーマは保全生態学にとってとても重要なテーマと考えておりましたので、塚本先生のグループにＣＯＥのプログラムに加わっていただき、活躍していただきました。その流れで、今回の共催があります。

ウナギは食文化のうえでも大変重要ですし、栄養価の高い食べ物として誰もが関心を持つ対象ですが、保全生態学も「資源」としてのウナギのみならず、やや広い視点からウナギをとても大切な野生の生物として深い関心を寄せています。

海でのウナギの生態は、謎が多かったわけですけれども、塚本先生のグループがそれを少しずつ解明し、今では随分いろんなことが分かっています。ウナギの稚魚は日本列島や東アジアの他の国の沿岸にまでやってくると、川を遡って、氾濫原湿地、湖沼、水路・水田などに入り、そこを生息の場とする生物です。ウナギは産卵とそのための回遊で海を広く利用する生き物であると同時に、淡水域をも広く利用し、おそらく水辺の生態系の健全性を指標するような生き物といってよいでしょう。何故かというと、淡水生態系においてウナギは高次の捕食者――食べる（捕食）・食べられる（被食）の関係でみた生態系ピラミッドにおいて上位に位置づけられる捕食者――ですので、そのウナギがそこで暮らせるかどうかは、その下位の何段階かに属する多くの生物がそこにいるということを意味するからです。ウナギがいるかいないかは、川や湖沼や水田・水路などの生態系がどのくらい健やかなものであるかを判断する目安にもなると考えられます。

保全性生態学は、生物多様性の保全と持続可能な利用という社会的な目標のために必要な科学知見を得るために研究活動する分野ですが、現在、あらゆる生態系タイプの中でもっとも危機に瀕していると評価されている「淡水生態系」の指標種としてウナギに注目しています。海部さんのように、塚本先生のところで育ったウナギの研究者が、今は私の研究室に所属し、資源としてのみならず保全の視点も加えてウナギの研究をしてくださっていることは、とても意義深いことと思っています。

資源としてのウナギが危機的な状況に陥ったという認識にたって今日のシンポジウムが開かれるわけですが、資源としてのウナギを考えるうえでも、おそらくもう少し広い価値観からウナギを見つめることが重要ではないかと思います。今日・明日の資源としてのウナギだけに目を向けると、なんとか人工増殖させ、放流によって漁獲をあげるということだけを考えがちですが、より長期的な視点でみると、それだけでは不十分です。人為的に増殖させ放流させる過程ではきわめて単純な人工的な環境において特定の人工の餌だけを食べて育てば、かなり強い人為選択がかかり、野生で暮らすのが難しいウナギになってしまいます。養殖したウナギをすべて食べてしまえば全然問題ないのですが、自然界に放つことがもつ長期的な保全への影響については懸念があります。単純な環境の下で与えられた餌を食べて生きることに得意なウナギは、野外での生活には適さない可能性が高いからです。

そのことを私が実感したのは、海部さんが野外実験をしようとして、養殖したウナギを購入し、それを実験に使おうとした時でした。その試みはなかなかうまくいきませんでした。大きく立派で見たところは本当に元気そうなウナギでしたが、実験のために水域に入れたら、みなすぐに死んでしまったということもありました。おそらく、人間が食べるのにはとても適した性質を持ったウナギにはなっていたのでしょう。ウナギは海から陸水までを広く股に掛けて一生を過ごす魚として、たくましい生きものというイメージがありますが、養殖されたウナギは、野生のウナギとは、生態学的な性質が大きく異なる「蒲焼きのためのウナギ」になっていたのです。もう一つの問題は、養殖して増殖させるときに、遺伝的な多様性が失われるという問題もあります。野生のウナギは集団としてみれば遺伝的な多様性をもっており、それぞれが少しずつ異なる環境に適応することができます。また、遺伝的多様性があれば、集団の中にはそれぞれが異なる病気に抵抗性のあるものが含まれていることが期待されます。そのため、集団全体として病気に打ち勝つことができますが、多様性がなければ、病気によって集団全体が大きな被害を受けることになるでしょう。遺伝子の多様性までを含めてウナギをしっかり守っていかないと、資源としてのウナギという意味でも、大変脆弱な状態に陥る可能性があります。

蒲焼きとしてとても質のいいものが、今ここで手に入れられるということだけではなく、私たちの子や孫の世代もウナギの食文化を楽しむことができるようにするためには、少し思慮を広げて、野生の生物としてのウナギにも目を向けていく必要があるのではないかと思います。

塚本先生のグループも、そこで育った海部さんなども、そういう視点ももって研究されていて、そういう意味では資源の確保と保全生態学の両刀使いになっていますので、一本だけの刀で闘うよりは、きっとずっといい成果が上げられるのではないかと思います。

　このシンポジウムでは、直近の明日だけではなく、もう少し先の将来の蒲焼きまのことまで考え、それからウナギがいる日本の水辺というのがいまどのような現状にあるのかについても、念頭に置いていただきながら活発な議論がなされることを期待しております。

　少し長くなってしまいましたが、ＧＣＯＥアジア保全生態学からの挨拶を終わらせていただきます。ありがとうございました。

基調講演「ニホンウナギとともに生きる」

塚本勝巳（日本大学）

【はじめに】

ご紹介、ありがとうございます。基調講演の場で皆様にお話ができることを大変光栄に存じます。また本シンポジウムのお世話をいただいたコーディネーター、東大農学部の海部健三さんに心からお礼を申し上げます。

今日私は「ニホンウナギとともに生きる」という、いささか情緒的な講演タイトルを付けさせていただきました。これは「ウナギとともに生きる」ではなくて、「ニホンウナギとともに生きる」とした点がミソであります。この講演を通じて私が何故ニホンウナギと題したかお分かりいただけるかと思います。

【ウナギと人間】

まず最初に、ニュージーランドのネイティヴであるマオリ族の人々とウナギの関係についてご紹介します。古しえの頃から、マオリの人々は川に入って素手でウナギを獲り、それをイールラック（Eel rack）と呼ばれる物干し台で乾かし、そしてそれを処理して食べておりました。その一連の作業は今も昔も変わるところはありません。こうしたマオリ族の人々とウナギの関係は、単に人間がウナギを優れた保存食として利用してきただけのものではありません。ウナギという生き物に対して、畏れ、敬い、これを愛するという特別な関係にあります。つまりウナギと人々の距離が大変近いわけです。こうした関係がマオリの人々の中に、ウナギにまつわる神話、伝説、文化芸術を生み出してきました。つまり真の意味で、「ウナギとともに生きる」という言葉を、まさにマオリ族の人々が体現しているわけであります。

農林中金総合研究所の出村雅晴さんが『農林金融』（二〇一二年八月号）に書かれている「ウナギを巡る最近の情勢」という文章によりますと、「ウナギ養殖というのは漁業種類としては、内水面養殖業に分類され、精算額は四〇七億円あって、ブリ、ノリ、マダイ、などの錚々たる海面養殖を含めても第四位に位置しています」とあります。このようにウナギは日本の水産業の中でかなり大きなウェイトを占める重要な産業であります。またマオリ族同様われわれ日本人も、慣用句、浮世絵、落語、伝説などに見られるように豊かなウナギの文化をもっています。しかし、近年のシラスウナギの不漁は価格高騰を招き、密漁の横行、養殖業者の経営問題、料理店の値上げや廃業、消費者のウナギ離れなど、様々な問題を引き起こしてしまいました。さらには、異種のシラスウナギや成鰻の輸入の問題にまで発展し、品質の表示問題にもつながっています。このままでは、長い歴史をもつ日本人とウナギの関係も崩壊してしまうかもしれません。

【ウナギの資源変動】

農林水産統計で我が国のウナギ漁獲量の変遷をみてみると〔図1〕、一九六〇年〜七〇年前後をピークにして、成魚もシラスウナギも共に右肩下がりの減少傾向が四〇年以上も続いています。その減少要因は乱獲と河川環境の悪化（餌不足、住み場所の喪失、水質の悪化）に加えて、これはまだよく因果関係が証明できていないのですが、海洋環境の変化によってウナギの回遊に何か不具合な状況が起こっているのではないかということです。先ほどのグラフの短期的な変動は、この三番目の海洋環境の変化によって引き起こされているものと思われます。具体的には、エルニーニョ、塩分フロント、中規模渦、バイファケーションといったものが、その原因となっています。

さて、もっと長期的な事を考えてみますと、地球温暖化の問題があります。二〇〇〇年から二一〇〇年までに約五度、地球の温度は上がると予想されています。こうした時にウナギはその変化にどう適応していくのか、ウナギの地理分布や回遊生態にも大きな変化が予想されます。また、種の絶滅さえあるかもしれません。江戸時代にはウナギがたくさん獲れてウナギ景気に湧いていた福井県・三方五湖《みかたごこ》は、現在ではシラスウナギの来遊は殆ど無く、天然ウナギの生息はないものと考えられています。もっと前の縄文時代はどうかというと、太平洋側の貝塚からはたくさんウ

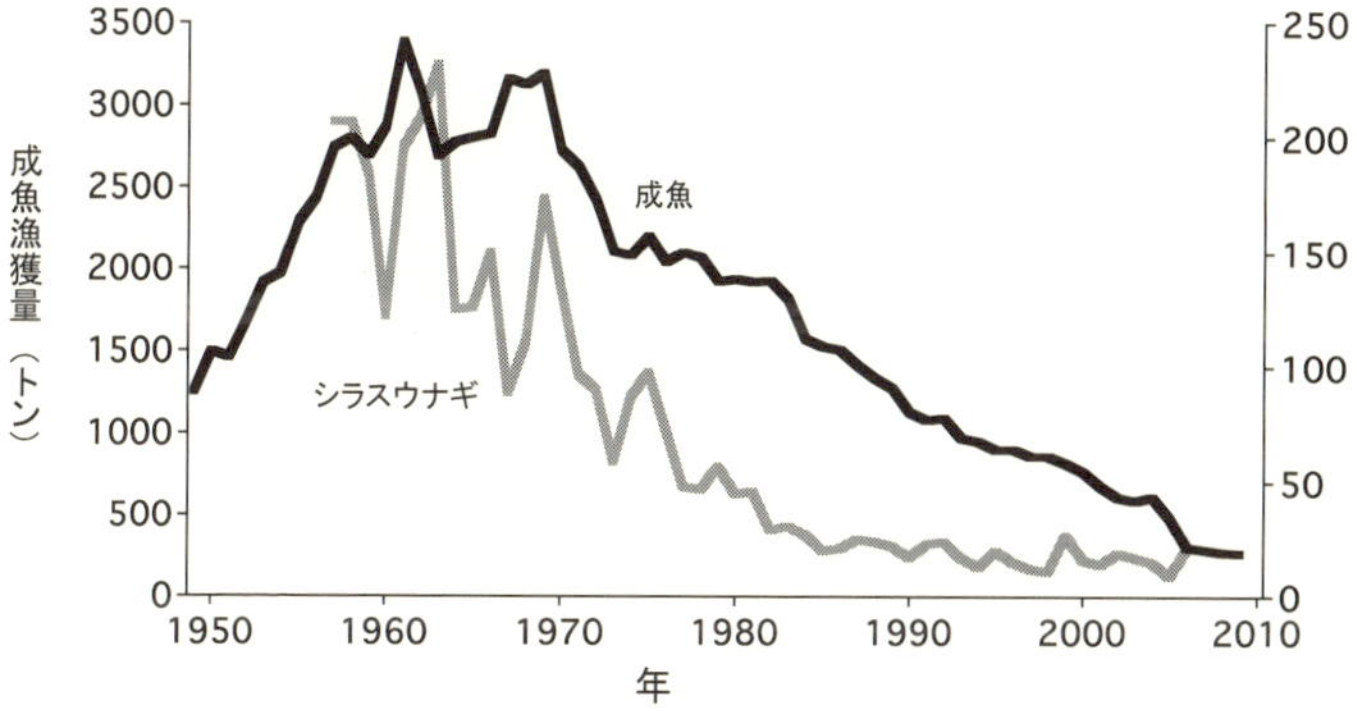

図１　日本におけるシラスウナギ（灰色）と成魚（黒）の漁獲量変動（農林水産統計）

図２　2012年３月19日東京大学農学部中島記念ホールで開催された東アジア鰻資源協議会の緊急シンポジウム「ウナギ資源の現状と保護・保全対策

ナギの骨が見つかっていますが、日本海側の三方五湖周辺の貝塚からウナギの骨が出てきたことはありません。この三方五湖の例は、海流の変化で、ウナギの分布というのは容易にがらっと変わりうることを示しています。ですから、地球温暖化で5度も気温が変われば、海の環境もすごく変わる。そうした場合にウナギがどのような回遊をするか、これまでの地理分布がどのように変化するか、あるいは、本当に絶滅を免れて生き残ることができるかどうか、その予想はなかなか難しい問題です。これについては、本日午後、日本大学の渡邊俊さんが議論してくれるでしょう。

【保全の努力】

われわれ研究者は、ウナギ業界の方々と協力して東アジア鰻資源協議会（East Asia Eel Resource Consortium, EASEC）というものを作っております。一九九八年に設立されましたので、かれこれ一五年になります。東アジアの台湾、中国、韓国、日本のウナギ研究者と、ウナギ業界の関係者が毎年一回一堂に会して、会議やシンポジウムを開いています。またシラスウナギの接岸モニタリングプロジェクトとして「鰻川計画（Eel River Project）を進めながら、ウナギの資源と未来について考えてきました。昨年はウナギの不漁の問題で緊急のシンポジウムを東京大学の中島ホールで開催し、五カ国から五五名の参加者を得て、対策を議論しました［図2］。そこで出てきた緊急提言がこれであります。「資源の現状を解析し、減少要因を特定しよう。直ちに親ウナギの漁獲規制を始めよう。河川環境を再生しよう。また、考えうるあらゆる増殖対策を試みてみよう」という提言をしたわけですが、今にして思えば、やや踏み込みが甘かったように思います。そんな経緯があって、今回のシンポジウムが企画されたわけです。

さて、外国のウナギについてみてみますと、ヨーロッパウナギの場合、二〇〇七年ワシントン条約で規制が決まり、二〇〇八年にはＩＵＣＮで絶滅危惧種の最高ランクに指定されました。また二〇〇九年にはワシントン条約による実質的な輸出規制が始まっております。ニホンウナギはどうかと言いますと、今年の二月環境省は絶滅危惧種のＩＢに指定して、クマタカやアマミノクロウサギと同じランクの絶滅危惧種であるという認識を公表しました。現在ＩＵＣＮが絶滅危惧種に載せるかどうか検討中であり、これについては、後ほど東大の海部健三さんから詳しいご報告があると思います。また二〇一六年、三年後にはワシントン条約の会議が予定されています。

【日本人のウナギ消費】

さてこうした状況がある一方で、実際に日本の消費の最前線ではどうなっているでしょうか。ここにいろいろな蒲焼きの宣伝チラシを集めて、写真を撮ったものがありますが、まさに百家争鳴、多種多様、果てしないウナギの安売り合戦が起こっているわけであります〔図3〕。ファストフード、外食産業、弁当屋、スーパーもウナギを手掛けておりまして、うな丼や蒲焼きを安く、ほとんど千円以下で提供しています。しかし昨今、材料としてのウナギの値上がりに耐えきれず、どうしてもご飯の上に乗っているウナギの蒲焼きの量が少なくなって、白いご飯が丸見えの状態になりました。これはまずいという事で、その残った部分を牛丼の肉で埋めるという「うな牛」という素晴らしいアイデアも出てきております。私は今日のシンポジウムでこの話を取り上げるにあたり、一度は食べておかないといけないということで、実際食べに行きました。すると、ボリュームたっぷりで、むしろこのチラシの写真よりもウナギ蒲焼きの面積が大きく、白いご飯が全く見えないような状態になっている。まずこのボリュームに驚きました。それに、食べてみると、そこそこの味です。「う〜む、悪くない」というのが正直な感想です。ただ、専門店で食べる、あの「くぅ〜、堪らない」という至上の食の歓び、ウナギの本当の美味さにはほど遠い、全く別の食べ物のように感じたということだけは申し上げておきます。そんなことで、安くてそこそこおいしいウナギが手軽に食べられるという状態に今なっているわけで、専門店の蒲焼きを未経験の若い人たちは「これがウナギだ」と勘違いしている状態かと思われます。

【異種ウナギ】

今、ニホンウナギ以外の異種ウナギの問題が大きくクローズアップされています。世界には19種・亜種のウナギがいます。ニホンウナギを含む6種・亜種の温帯ウナギはその名の通り、温帯を中心に亜熱帯から亜寒帯まで分布し、残り13種・亜種の熱帯ウナギは赤道直下の熱帯を中心に分布域をもちます［図4］。今われわれ日本人は、これらウナギの分布地から温帯種、熱帯種含めて計7種／亜種のウナギを輸入しています。異種ウナギの評判ですが、メディアにおいてはい

図３　市場に出回っているウナギ蒲焼きのチラシと量販店におけるウナギ販売風景

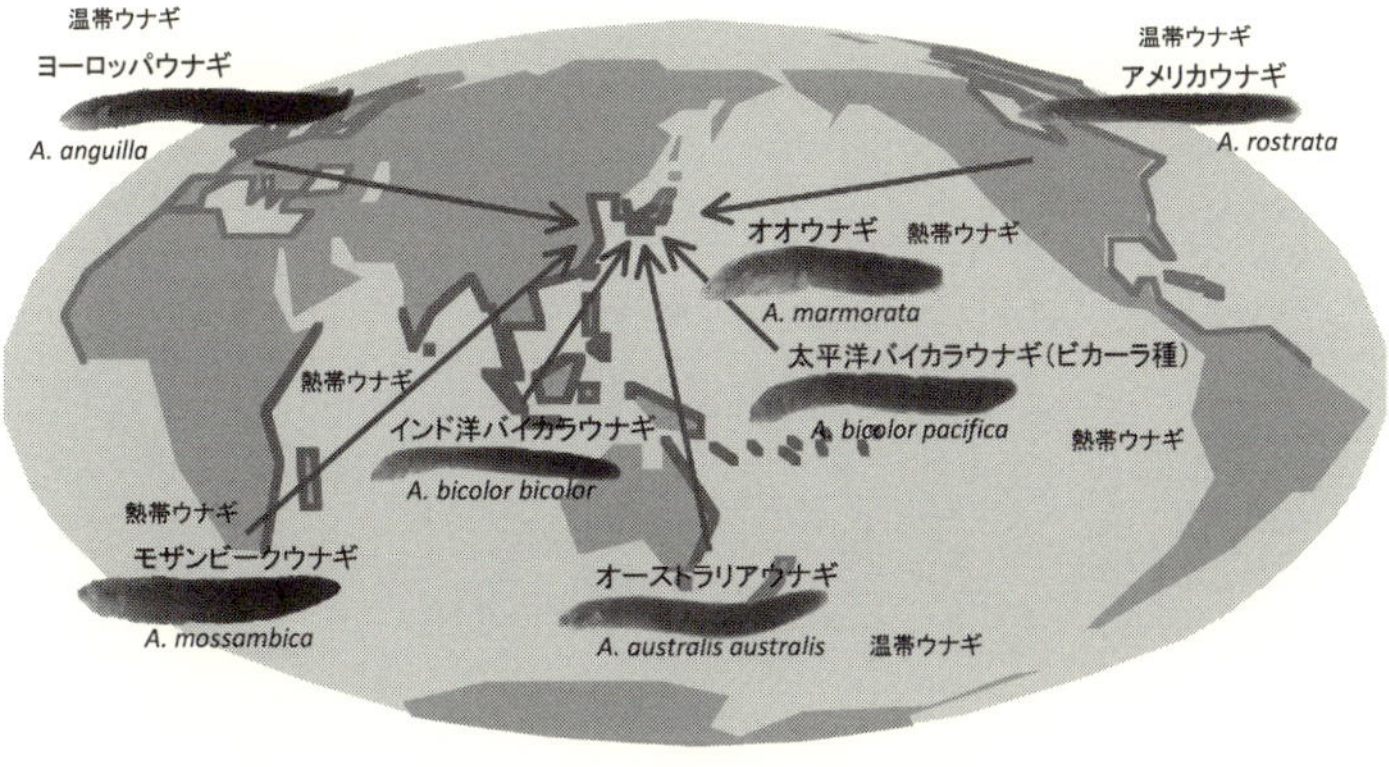

図４　日本が外国から輸入している異種ウナギ（ウナギ写真：黒木真理）

ろいろ刺激的なキャッチフレーズも考案されて、おおむね良好、味はニホンウナギにそれほど劣らないとされています。その結果、ニホンウナギに代わる「救世主現わる」とまで言うメディアもあります。それに対して研究者は、東京大学の鷲谷いづみ先生もシンポジウム冒頭のご挨拶で外来種問題を指摘されましたが、「放流、逃亡により在来種を圧迫するのではないか」、あるいは「未経験の病原菌が外来種と共に持ち込まれるのではないか」といった我が国本来の生態系の撹乱を懸念しています。また、一般の識者の間では、こんなにも無制限に異種ウナギを入れていたら「国際的な非難を浴びるのではないか」という意見もあります。「ニホンウナギを食べ尽くしたら、よその国のウナギ、それが無くなったらまた別のウナギを……」と無節操に世界のウナギ資源を食い尽くす、これはまさに道義的責任、品格の問題であります。異種ウナギの問題についてはこの後北里大学の吉永龍起さんが詳しくお話しされます。

ウナギの地理分布についてですが、温帯に住んでいるウナギは一般に種の分布域が広い傾向があります。分布域が広いということは、もちろん密度の問題もありますが、大雑把にいって資源量が多いということであります。一方熱帯ウナギは、一般に種の地理分布は狭く、資源量は小さいと考えられています。特に、ボルネオ島固有種のボルネンシスやセレベス（スラウェシ）島を中心に分布するセレベセンシスと呼ばれる、ウナギの祖先種に近い熱帯ウナギについては、それぞれの産卵場が分布域の目と鼻の先にあります。中でもセレベセンシスは、セレベス海とトミニ湾に二つ産卵場を持っている。セレベス島の細長い半島に囲まれた閉鎖的なトミニ湾の地形的特徴を考えると、これら二つの産卵場は完全に隔離されており、したがってセレベセンシスという種は、トミニ湾とセレベス海にそれぞれ別の集団が存在すると考えられます。別々の集団はそれぞれ別々に資源管理をしなくてはいけません。小さな集団ほど、利用するとき注意深く慎重に行なう必要があります。こうした小集団はわれわれ日本人が目を付けて利用を始めたなら、あっという間に食べ尽くされて集団や種の絶滅を招きかねません。

【ウナギの生物学的特性】

ニホンウナギの資源管理を考える時に、とても厄介な生物学的な特性が二つあります［図5］。一つは台湾、中国、韓国、日本の東アジア全域にまたがる共有の国際資源であることです。ニホンウナギの場合は先ほどのセレベセンシスとは違って、ひとつの巨大な遺伝的集団にまとまっていることが分かっています。大洋を大回遊するサケやマグロの例でも分かるように、多くの漁業資源が巨大な単一集団からなる国際資源であるのはよくあることなのですが、淡水魚の側面も合わせもつウナギの場合、こうした広域の国際資源であることは、管理が大変やりにくい。足並みを揃えて保護したり、増殖の手を打ったりすることが難しいからです。

もう一つの厄介な特性は、三〇〇〇キロ離れた海の彼方に単一の産卵場があって、東アジア全域の淡水で成育した親ウナギが全てこの一点に帰って産卵する回遊魚であるということです。先ほど鷲谷先生は、川や湖にたくさん住んでいるウナギをシンボルとして、淡水生態系を保全することを強調されました。それはまさに正しいわけですけれども、私の講演の中では、ウナギは海の彼方に産卵場を持つ回遊魚であるが故に、管理が難しい、そして増殖が難しいという点を指摘させていただきたいと思います。

海の彼方の産卵場でどれくらいの数の親が産卵に参加して、どれくらいの数の卵を産んだか、今の科学レベルで推定することは難しい状態です。海流に流されて東アジアにやってくるまでに相当数が減ってしまうわけですが、どんな資源変動メカニズムで、どれくらい減るか、これも十分には分かってはいません。産卵量を増やすのが増殖の直接的な方策です。しかし、今はまだこれに着手するだけの十分な知識は集まっていません。われわれにできるのは、三〇〇〇キロの帰り旅の間に何が起こるか分からない状態なので、間接的な方法と言わざるをえませんが、東アジアから産卵場に旅立つ親ウナギを一匹でも多く送り出してやることくらいです。

【養鰻業】

次はウナギの生活環を考えてみましょう［図6］。ごく簡単に言いますと、ウナギは外洋で卵を産んで陸水で育つわけですけれども、この陸水にいるときに大きな漁獲圧がかかります。シラスウナギ、黄ウナギ、銀ウナギ、全てのステージで強い漁獲圧がかかっています。特に大きな問題は、シラスウナギ（稚魚）を大量に獲ってウナギ養殖（養鰻）の種苗としている点です。養殖ウナギは100パーセント天然のシラスウナギを使って、これに餌をやって大きくしているとい

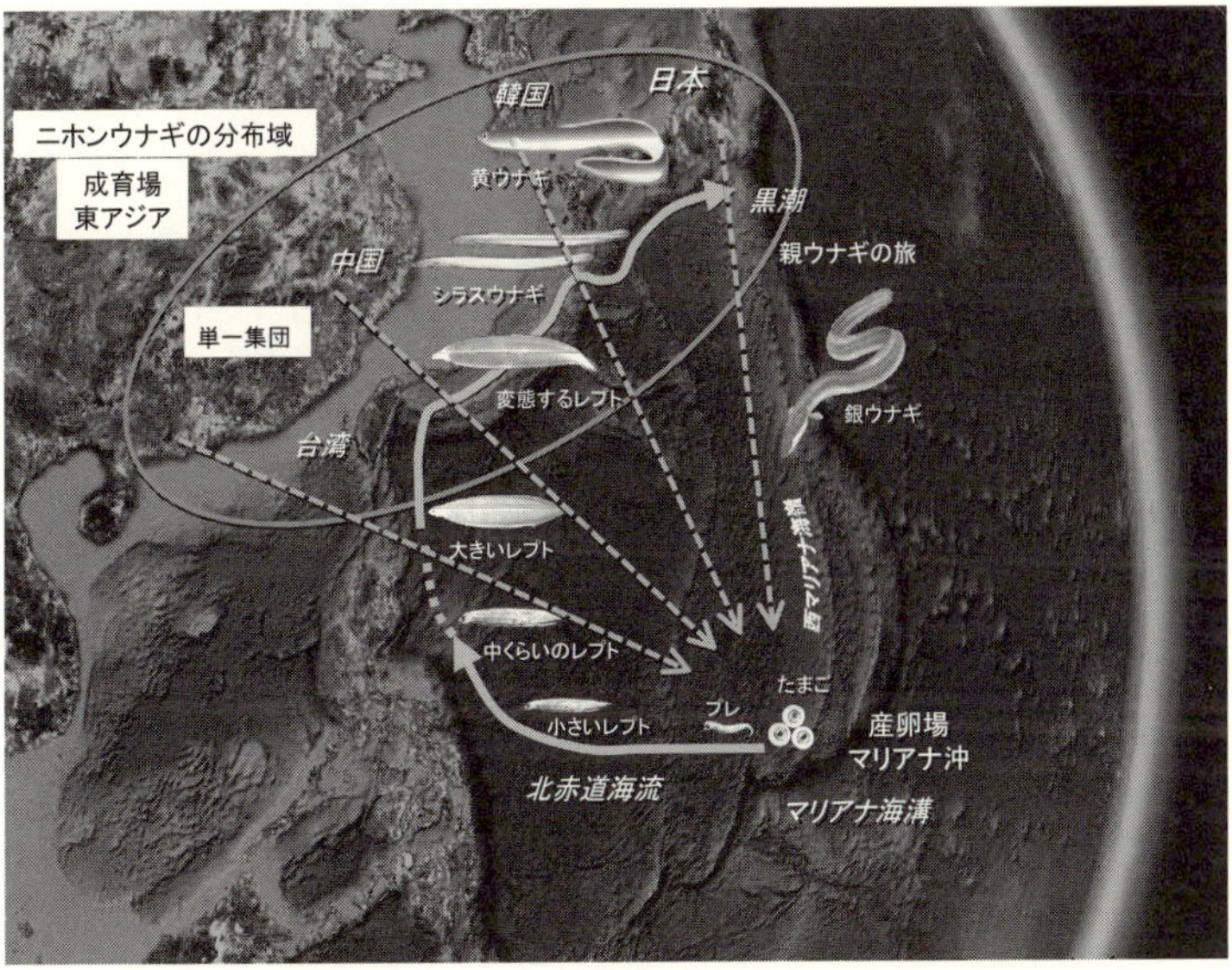

図５　ニホンウナギの産卵場、回遊経路と東アジアの分布域

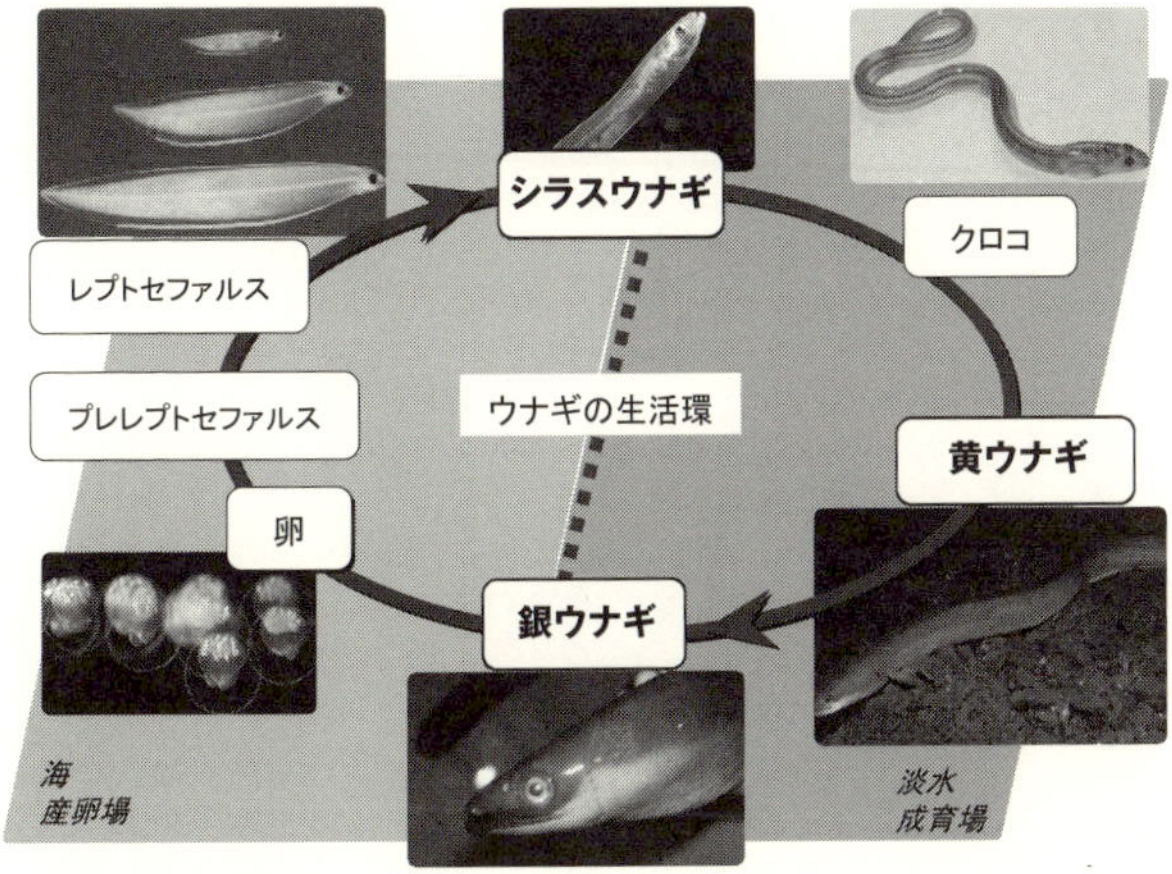

図６　ウナギの生活環

う事実が意外と一般の人には知られていません。養殖ウナギは卵から人の手で育てたものと思っている人が結構多いのです。また、余談ではありますが、日本で消費される全てのウナギの９・５パーセント以上は、こうしてできた「半天然」の養殖物で、いわゆる野外で育って漁獲された純天然物は極わずかであるという事実も意外と知られていません。こうしたことから私が言いたいのは、養鰻業はその文字から養殖の一つであると考えられがちですけれども、実は養殖ではなくて漁業であるという認識をした方がむしろ正しい理解ではないかということです。つまり養鰻業の実態とは、野生動物の狩猟であり、限りある資源を対象とした漁業であるということであります。

次は、将来においてわれわれ日本人はニホンウナギとどのようにつき合って行ったらよいかという問題です。先ほどご説明したように、現在われわれのウナギ消費の大部分は、天然のシラスウナギを獲って大きくし、これを出荷する養鰻業によって成り立っています。天然のシラスウナギから製品の蒲焼きまで一方通行です。卵からシラスウナギ、そして親、再び卵というこの再生産サイクルをなんとか人工で循環させられないかと、もう五〇年も前から技術開発の研究が進められています［図７］。ウナギ人工種苗の生産技術の開発研究です。二〇〇三年、ついに国の養殖研究所の田中秀樹さんの研究チームが、ウナギを卵からシラスウナギにまで飼育することに成功し、さらに二〇一〇年、水産総合研究センターは人工シラスウナギを育てた親魚から二代目の仔魚を得ることに成功しています。つまり人の手でウナギの再生産サイクル（生活環）をぐるっ

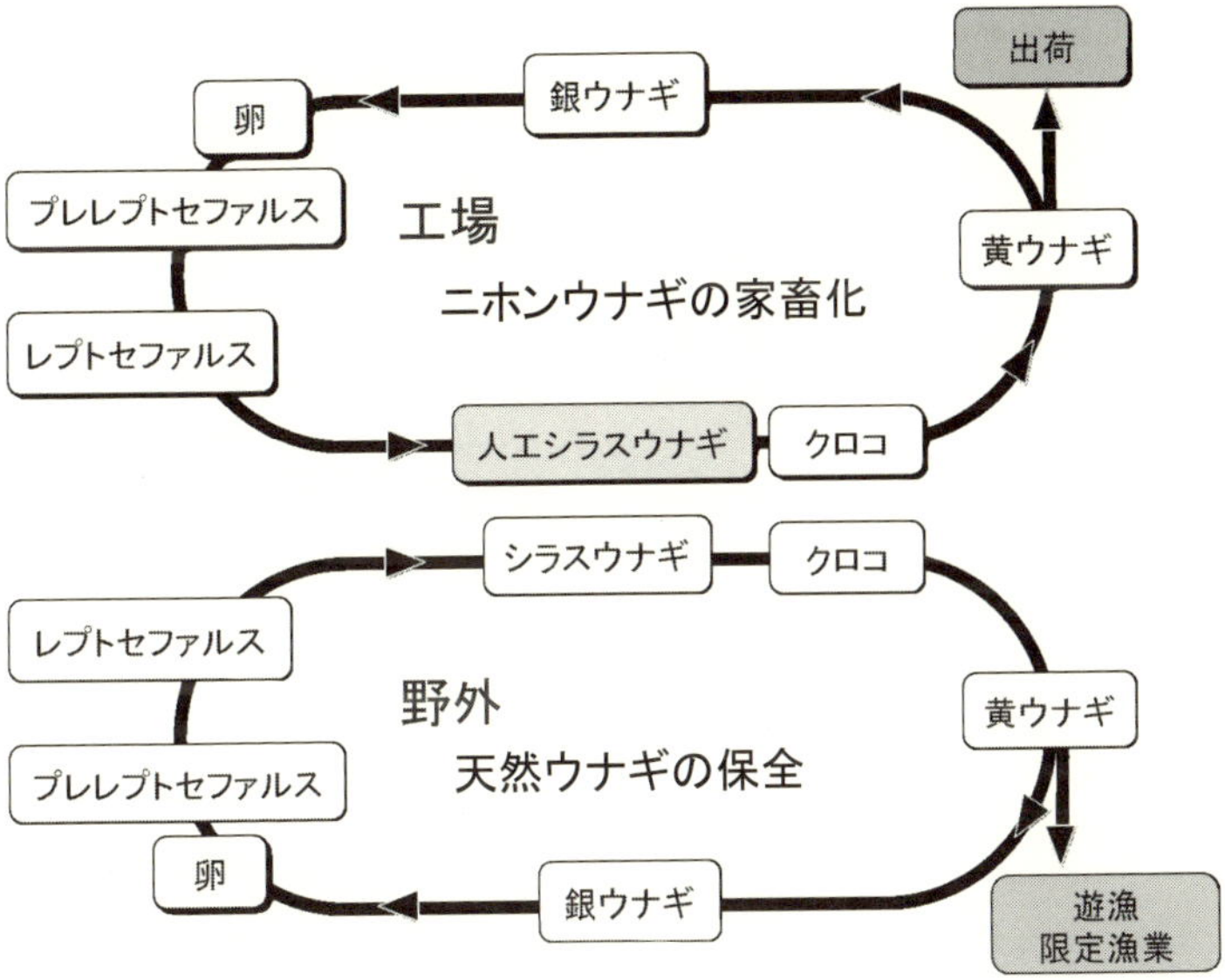

図７　天然ウナギの生活環から切り離された完全養殖ウナギの再生産サイクルを早急に確立することが大切

と一周させることができるようになったわけです。

しかし、まだこれは実験室レベルの技術です。これをやがて産業レベルまで高め、天然の再生産のサイクルから切り離してしまう、つまりニホンウナギの家畜化を目指しています。そして今後は、この人工の生活環を使って大量に人工シラスウナギをつくり、養鰻業に必要な種苗を供給できるようになれば、天然のウナギのサイクルが守られます。つまり、工場では食べるウナギを作り、野生のものは見て楽しむことにしてはいかがでしょうか。また、これにより天然資源が回復し、川にウナギが目に見えて増えてきたら、少しずつ様子を見ながら遊漁や漁業を再開するのもいいでしょう。この人工種苗生産の課題については、水産総合研究センター増養殖研究所の田中秀樹さんから後ほど詳しいお話があります。

【提言】

百年後のウナギと日本人の関係に思いを馳せつつ、次のような提案をさせていただきます。まず第一に、「天然ウナギは獲らない、売らない、食べない」。特に産卵場に帰っていく「下り」の銀ウナギの保護から始めたいと思います。これには法的な規制が必要です。行政の方にぜひともお力をお示しいただきたい。これまでのウナギ研究により、今、「少なくとも何をやればよいのか」、「何が出来て、何が出来ないのか」は分かっています。悠長にこれから研究を始めるよりも、いますぐ実際に行動を起こすことが必要です。統計の整備はもちろん必要です。しかしながら、それをやるのと同時に、直ちに行政の力で漁業規制を徹底していただきたい。これが最初の提案であります。

それから第二点目は、「異種ウナギは輸入しない、売らない、食べない」です。経済より道義、品格を重んじたい。それから、これも行政にお願いしたいことですが、種の表示を義務づけていただきたい。経済優先で安さを競うあまり、回転寿司のネタが、名前も聞いたこともないような深海魚の代替品に換わってしまったことがありました。深海魚は長い年月をかけてゆっくり育つもので、資源量もどれくらいあるか分かりません。利用し始めたらあっという間にいなくなってしまうことも考えられます。一つの資源を食い尽くしたら別の代替品へという悪循環の構図は、いま問題が深刻になりつつある異種ウナギの事例とよく似ています。早い段階で異種ウナギの利用を止めたいものです。

それから第三の提案は、「鰻川計画の推進」。これは以前の緊急シンポの時にも提案させていただいたことですが、東アジア全域でシラスウナギの接岸状況について長期的かつ科学的モニタリングを実施しようというものです。この鰻川計画が全国、東アジア全域に広がっていくことで、河川環境の改善と人々のウナギ保全意識の向上に繋がっていきます。また、各国・各地域に出来た鰻川は、ウナギ保全のシンボリックな河川として、ウナギのサンクチュアリにしていきたいと思います。

第四の提案は、先ほどの「完全養殖の早期実現」です。そしてそれに伴う、ウナギの家畜化です。これは国が大きな予算をつけ五年計画で大々的に進めています。また台湾や韓国でも人工種苗生産の開発研究が始まっており、予算もたくさんついているようです。韓国では既に人工シラスウナギを作る技術を習得したとのことです。ニホンウナギの一日も早い大量生産技術の完成が待ち望まれます。

そして今日一番申し上げたかったことは、最後の五番目の提案でございます。それは一般消費者の方々にぜひお願いしたい「ウナギの消費スタイルの転換」です。「ウナギに対する消費者の意識改革」です。ファストフード店、外食産業、弁当屋、スーパーなどで、ウナギの新しい流通形態ができ、新しいビジネスチャンスが生まれたことは、業界が大きく発展したということで、よかったのかもしれません。そして、それが若者に受け入れられ、新たな食文化になっていくことも決して否定するものではありません。しかし商品として扱う対象がウナギであることを忘れてはいけません。先に申し上げたように、ウナギは野生生物なのです。しかも絶滅の危険がある種に指定された動物なのです。この点が牛丼に使われる肉牛やフライドチキンのブロイラーとは訳が違うのです。〝パンダのステーキ〟や〝トキの焼き鳥〟あるいは〝シーラカンスの回転寿司〟が想像できるでしょうか。

繰り返しになりますが、養鰻業が種苗を100％天然のシラスウナギに依存する「漁業」であることを知らない人が多く、ウナギが完全に人の管理下にある牛や豚と同じ人工物と思っていること自体が間違いのもとなのです。絶滅の恐れがある野生生物が調理されてワンコイン弁当で消費されているのが今のウナギ消費の実態です。ウナギはこうした大量消費に耐えられるような野生生物ではありません。今、日本人のウナギ狂いは異常と言えます。安いウナギを頻繁に、大量に飽食するのでなく、少し高いお金を払ってでも、極上のウナギの味を特別の日にしみじみと味わう、そんなかつてのウナギ食文化のスタイルに戻ってはいかがでしょうか。

【おわりに】

「暖かき鰻を食いて帰り来る道玄坂に月おし照れり」という、ウナギ好きで有名だった歌人・

図８　うなぎ好きで有名な斎藤茂吉（イラスト）

斎藤茂吉の歌（『暁紅』一九三六）があります［図8］。渋谷の鰻屋さんで熱々の鰻を腹一杯食べ、幸せなこころもちで、おなかをさすりながらゆったり道玄坂を上がってくると、びっくりするほど大きな満月の月が坂の上にかかって煌々と坂道を照らし出しているという、そんな光景を勝手に想像しているのですけれども、かつてはこのようにゆったりとしたウナギの楽しみ方が普通でした。今、私たちは思い切ってウナギの飽食をやめ、節度ある消費に転換する必要があります。手軽なファストフードからじっくり味わうスローフードにウナギを戻してやり、専門店のウナギ職人が最高の技術で焼いた国産養殖の美味しいニホンウナギを、特別な日にゆっくりと堪能するようにしたいものです。抹香臭い説教のようですが、冒頭に紹介したニュージーランドのマオリ族のウナギに対するつき合い方のように、野生生物であるウナギに対して、ある種の尊敬の念を払いつつ、これを有り難くいただくようにしたいものです。美味しい国産の「ニホンウナギ」を、ハレの日のご馳走として、襟を正していただく、そして末永く東アジアのニホンウナギとともに生きようではないかというお話でした。ありがとうございました。

セッション1　日本のウナギの現状

日本人はウナギをどう食べてきたのか

勝川俊雄（三重大学）

三重大学の勝川です。

水産資源を持続的に利用するための漁業管理の理論的な研究を行なってきました。

今の日本の漁業は危機的な状況です。大学の研究とは別に、日本の漁業を未来に残すための社会的な活動をしています。

研究対象を消滅の危機から救わなければならないという思いもあります。自分の子供たちに日本の海の幸を残したいという気持ちもあります。専門家として、大人として、未来に対して責任を持たなければならないということですね。

日本では漁業は衰退していますが、ノルウェーやニュージーランドなど多くの先進国で漁業が高い利益を上げて成長しています。そういう国を回って、日本と何が違うか、漁業が成長産業になるには何がポイントなのかということを、自分の目で見てきました。そういった知見を元に、政策提言をしています。また、漁業政策を変えていくためには、消費者を巻き込んだ取り組みが必要と考えて、消費者啓蒙活動ですね。生協で主婦を集めて講演会をしています。それ以外にも、インターネットや業界紙など様々なメディアで、日々情報発信をしています。

今、ウナギがピンチということは、皆の共通認識としてあると思います。今までのように、経済活動（漁獲・販売・消費）を続けた先には、「うな丼の消滅」以外の未来はないと思います。ですから、これまでウナギをどう食べてきたのかを振り返り、そこにどういう問題があったのかを明らかにした上で、これからウナギとどのようにつき合って行けば良いかを考えなければいけない。

ウナギの漁獲から消費までを持続的に変えていく必要があるのですが、これは、漁業者、流通業者および消費者が、単独で解決できる問題ではありません。ウナギに関わっている皆が協力して、この問題の解決に向かって取り組んでいきましょう。現在、減少している資源は、ウナギだけではありません、第二、第三のウナギを作らないためにも、ウナギの、過去・現在・未来としっかり向き合って行かなければいけないと思います。

現在のような蒲焼き文化が発達したのは江戸時代だと言われています。元々江戸前にはウナギが沢山いたそうです。江戸前というと、今は東京湾で獲られた水産物を意味しますが、江戸時代には江戸前というとウナギのことだったそうです。ウナギは元々労働者の食べ物であったものが、蒸して油を取って蒲焼きにする技術が発達し、江戸を代表する食材になったのです。そして、現在まで、ウナギ食文化は、職人芸に支えられてきたわけです。

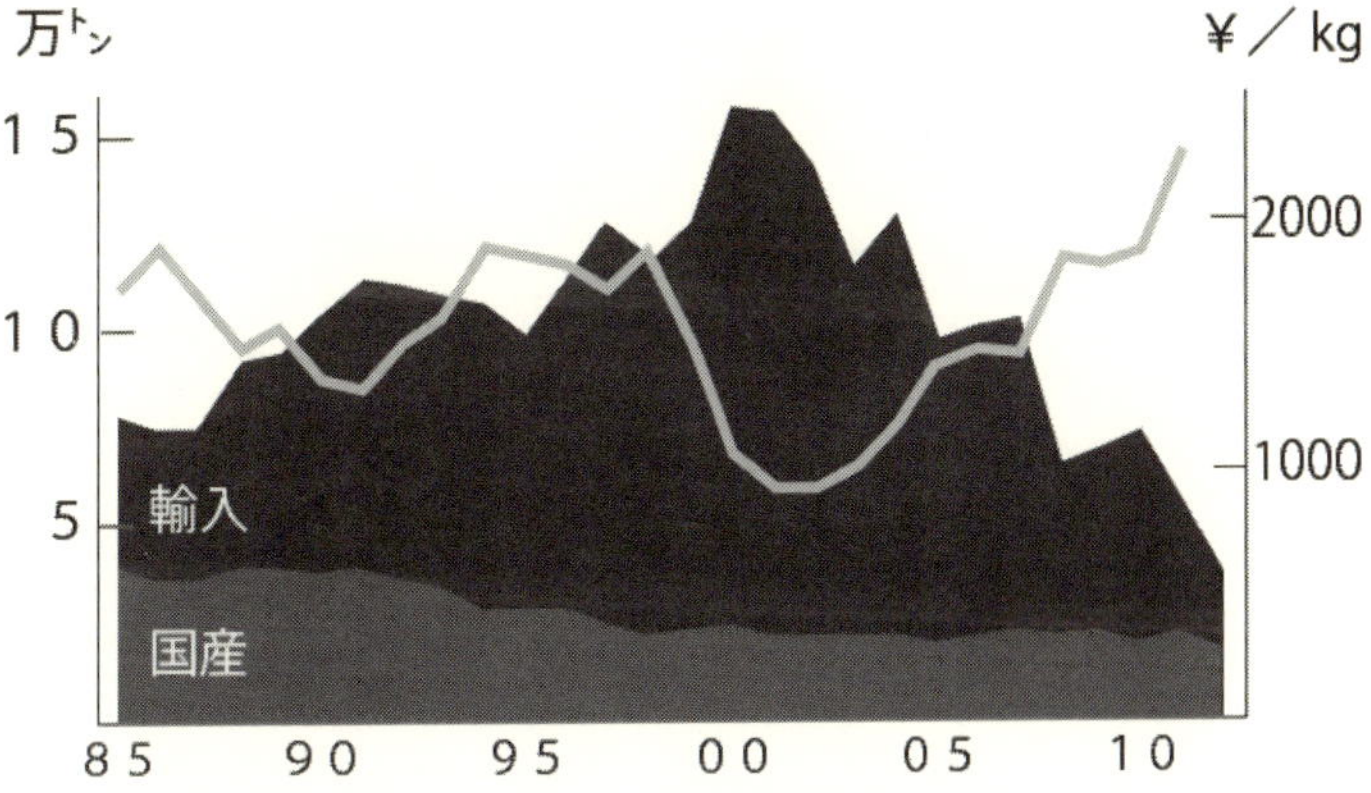

図１　鰻生産量、輸入量、単価（日本鰻養殖連合のサイトから引用。http://www.wbs.ne.jp/bt/nichimanren/yousyoku.html）

残念なことに、戦後は、ウナギの漁獲量、資源量が直線的に減少しています。しかし、資源や漁獲量の減少は、消費者レベルでは全く認知されずに今日に至っています。絶滅が危惧されるようになるまで、ウナギが減っていることを知らない日本人がほとんどだったのです。というのも日本のウナギ漁獲量が減っているにも関わらず、バブル期から供給量が急増し、価格も安くなったからです。ヨーロッパウナギのシラスを中国で大きくして日本が食べるというルートが確立されたからです。

ウナギの供給量はどんどん増えて、ピーク時には年間16万トンも消費しました。ただこれは持続的な生産ではなかったのです。ヨーロッパウナギのシラスの資源量が減り、漁獲規制が強化されることによって、輸入が激減し、国産資源の枯渇に直面せざるを得なくなりました。

ウナギの単価は、昭和の時代を通して、大体1キロ2000円位で安定してきていたものが、輸入ウナギの急増によって価格が低下し、これまでの半分くらいの1キロ1000円程度になりました。非持続的な漁獲によって、一時的に過剰供給になり、値崩れをしていたのです。

一般の人のブログ等でも、過去のウナギの安売りの状況を見ることができます。二〇〇四年の土用の丑の日に、近所のスーパーで国産ウナギが一匹740円売られていたのが売れ残り、タイムサービスで半額の370円になっていたそうです。二〇〇四年ですから、まだ一〇年も経っていません。つい最近まで、こういうウナギの消費をしていたのだから、消費者にはウナギ資源の危機的状況が伝わらないのは当然でしょう。資源の減少と並行して、ウナギのファストフード化が進んで行きました。日本の購買力を持ってすれば、絶滅危惧種ですら大量消費できてしまうのです。

ウナギの大量消費は資源の枯渇によって、終わりを告げようとしています。二〇〇七年に開催された第一四回ワシントン条約締約国会議で、ヨーロッパウナギがワシントン条約の附属書Ⅱに掲載されることが決定しました。二〇〇九年から、国際取引には、輸出国の管理当局が発行する輸出許可書又は再輸出証明書等の取得が必要となりました。ヨーロッパからのウナギが減ったことにより、われわれはニホンウナギの減少に直面せざるを得なくなったのです。

ウナギの低価格化・大量消費は、我々に何をもたらしたのでしょうか。昭和の時代には、ウナギはハレの日に外食にいくものだったのです。年に一回くらい。何かいいことがあった日に、「よし、今日はウナギにするか」と家族で食べに行く。そういう特別な食べ物でした。

九〇年代以降に、真空パック詰めの冷凍ウナギがスーパーで安売りされるようになると、ウナギは家庭の手抜きメニューとして定着しました。パック詰めにされた蒲焼きを買ってきて、温めてご飯に乗っけるだけで食事ができあがり。「今日の晩ご飯は、手を抜きたいな」という日に、ウナギが選ばれていたのです。その上、「ウナギは高級品」というイメージがあるので、夫からは喜ばれる。安い、楽、家族が喜ぶ、という大変便利な食材として消費が伸びたのです。持続性を無視したお手軽な水産物の消費が、水産資源と食文化の衰退を招いてしまったわけです。

現在、ヨーロッパウナギはワシントン条約の附属書Ⅱにより、絶滅危惧種として貿易が規制されています。これによって、貿易が完全に禁止されるわけではなく、輸出国政府の証明書があれば、輸出が可能です。現在もフランス政府の輸出許可を得たヨーロッパウナギが、中国経由で日本に入ってきています。ワシントン条約の附属書Ⅱは、公的機関によって管理された水産物のみを流通させるという目的で使えるのではないかと思います。

日本の消費がヨーロッパウナギを激減させたことにより、ヨーロッパのウナギ食文化が危機的状況に陥っています。スペインのバスク地方では、お祭りの前の日にシラスウナギを使った料理を食べる習慣があったのですが、一皿100ユーロを越えてしまって、とても庶民が食べられるものではなくなってしまったのです。では、どうしているかというと、スケソウダラのすり身で、偽のシラスウナギをつくって、代わりに食べているのです。我々日本人が食べ尽くし、日本の技術で代替品を作っているのです。インターネットで「surimi eel」などと画像検索すると、写真を見ることができます。

われわれ日本人は、大きな購買力を持っているので、持続性を無視した消費活動は、自国のみならず、他国に対しても大きなインパクトを与えてしまいます。遠く離れた国の水産資源を枯渇させたり、食文化を破壊したりしかねないことを自覚しないといけません。

われわれは、自らの購買力の使い方を考え直す時期にきています。これまで、日本の魚食には、持続性という概念が欠如していました。獲る人も、売る人も、食べる人も、持続性に関心を払ってこなかった。その結果として、われわれの子供や孫は、たぶんウナギを食べられない。われわれが食べ尽くしてしまったからです。そしてヨーロッパのウナギも食べてしまった。次はアフリカか東南アジアかという話をしているようですが、「非持続的に食べ尽くして、次に移る」という消費スタイルは変えなければいけません。

日本政府の対応を振り返ってみましょう。二〇一二年、去年の土用の丑の日に農水大臣は、「ウナギ資源は枯渇していない」、「国際取引が規制されると大変大きな影響がある」という認識を示しました。

これは二〇年前ではなく去年の話です。これまで、日本政府は、魚は減っていないと主張して、国際的な規制に反対するのが常でした。これでは、短期的な業界の利益を守れても、長い目で見れば、資源も、漁業も、消費も守れません。

われわれはこれからウナギを食べられなくなるでしょう。不必要な規制のせいでウナギが食べられなくなるのでしょうか。それとも、必要な規制がなかったせいでウナギが食べられなくなるのでしょうか。冷静に考えてみる必要があります。

国内の反応を見ていきますと、消費者は「ウナギがなくなる前に食べておこう」、漁業者は「自分が獲らなくても誰かが獲る」、行政は「規制を阻止して業界を守ります」、メディアは「規制をするとウナギが高くなる」という論調。これでは、日本人がウナギを食べられなくなっても仕方がないと思います。

われわれが失おうとしているのは、ウナギだけではありません。ウナギは日本の魚食の縮図と言ってもいいと思います。日本の水産物の消費全体が同じような道筋を辿っています。四方を海に囲まれている日本は、豊富な水産資源と独自の食文化を持っていました。持続性を無視した漁獲と消費によって、自国の水産資源を激減させています。自国の水産資源の持続性をないがしろにして、漁獲の減少を輸入で補ってきた。これが、戦後の日本の魚食の歴史なのです。現在、水産物の輸入が年々、難しくなっています。このまま供給が減少すれば、われわれは魚離れを余儀なくさせられるでしょう。これから急速に進むと思われる「魚離れ」の正体は、「日本人が魚を嫌いになった」というよりも、「持続性を無視した日本人の食卓から、水産物が消えている」といった方が適切でしょう。

図2に示したように、日本人一人当たりの水産物の消費量ですが、高度経済成長期に上がって、最近まで高い水準で維持された後、減少傾向になっています。国産食用生産量とは、国産の食用の水産物の生産量を、人口で割ったものが線です。昔は消費量より生産量の方が多かった。つまり七〇年代なかごろまでは日本は水産物の輸出国だったのです。ところが七〇年代以降、漁業生産が減少します。生産が半減しても、消費は維持され続けたのです。そして店に行けば今でも魚が並んでいますが、それを支えているのが輸入です。食用に関しては輸入がメインになっています。ただ、近年は世界的な水産物の値上がり、そして資源管理の強化や資源の枯渇などにより輸入が難しくなっている。ですから、輸入が減ると消費も落ちるという形になってきています。

われわれ日本の食卓では、サバは昔から大衆魚の代表でしたが、今はノルウェーサバに取って代わられています。サバで何が起こっているか、見て行きたいと思います。

日本の太平洋のサバの資源量を示したのが図3です。七〇年代には豊富にいたものが乱獲で激減し、九〇年代以降非常に低水準に陥ってしまいます。薄いグラフ線が海にいるサバの資源量の全体で、濃いグラフ線が親の量です。親は殆どいない。取り残した僅かな親ががんばって資源を支えている極めて危機的な状況です。

ノルウェーのサバ（大西洋サバ）は、ヨーロッパを横断する回遊魚です。

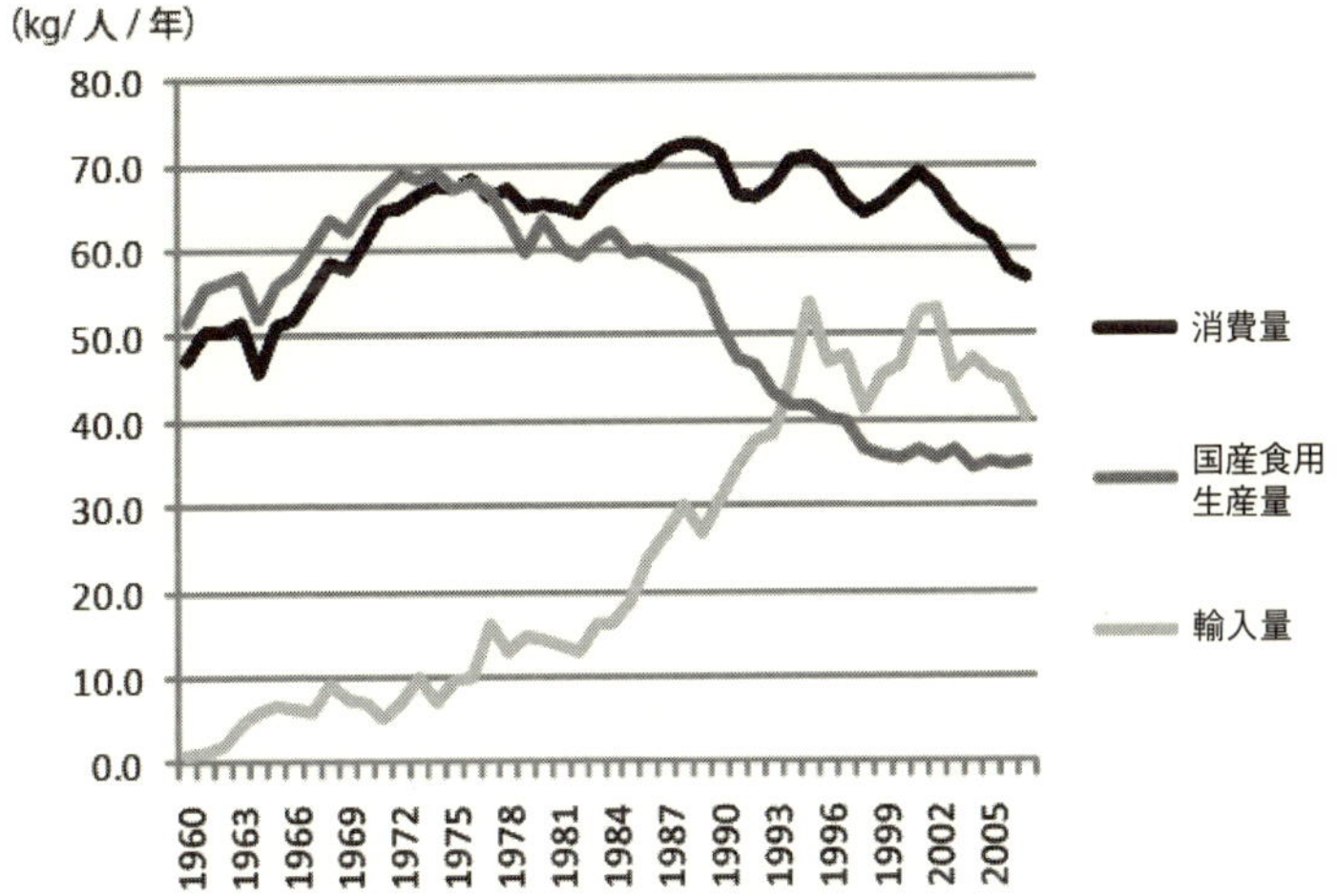

図２　日本国民一人あたりの水産物消費量および食用水産物の国内生産量と輸入量（農林水産省 食糧需給表より引用）

スペイン沖が産卵場で、そこで生まれた稚魚が、英国の北を通って、バレンツ海まで餌を食べに行きます。欧州の十数カ国が大西洋サバを漁獲しています。ＥＵ、ノルウェー、ロシアが共同でサバの漁業管理を行なって、漁獲が殆ど無かった時代の半分ぐらいの水準に親を固定して、増えた量だけ獲っています。銀行口座で言えば、元本を固定して利子で生活していると言える。

日本とヨーロッパがどういう年齢のサバを漁獲しているかを図４に示しました。日本は０歳、１歳という未成魚で殆どです。サバは、２歳から徐々に卵を産みだすのですが、そこまで魚が残ってないのです。漁獲の中心である、０歳、１歳のサバは「ジャミサバ」、「ローソクサバ」と呼ばれています。食べるところが殆ど無いのです。獲ったところで養殖のエサになるか、中国、アフリカにただ同然の価格で売られて行きます。自国の沿岸に、優良な資源があるにも関わらず、日本のサバは食用サイズになる前に乱獲されています。そしてわれわれの食卓は、ヨーロッパのサバによって支えられているのです。

ヨーロッパは、高齢魚を中心に安定した漁獲をしています。ヨーロッパは、産卵できる親をきちんと残しているので、大型のサバを安定的に獲ることができるのです。日本と欧州のサバ漁業のどちらが、より持続的で、より生産的かは、一目瞭然です。

日本は自国の資源を、未成魚のうちに乱獲し、世界最低の価格で輸出する一方で、ノルウェーから世界で一番高いサバを買っているのです。

棒寿司や、へしこのような加工品は、その大部分がノルウェー産です。加工業者は従業員を雇っているので、工場を遊ばせておくわけにはいきません。国産のサバは質も量も不安定なので、高いノルウェーのサバを使わざるを得ないのです。高くてもノルウェー産のサバを使わざるを得ない加工業者もまた、日本の漁業政策の被害者と言えます。

日本のサバ食文化が維持できているのはヨーロッパがサバの資源管理を行なってきたからです。もし、欧州の漁業者が、ヨーロッパウナギのようにサバを獲り尽くしたら、大衆魚のサバですら食べられなくなるかもしれません。水産物を輸入する場合には、持続的な漁業で獲られた魚のみ

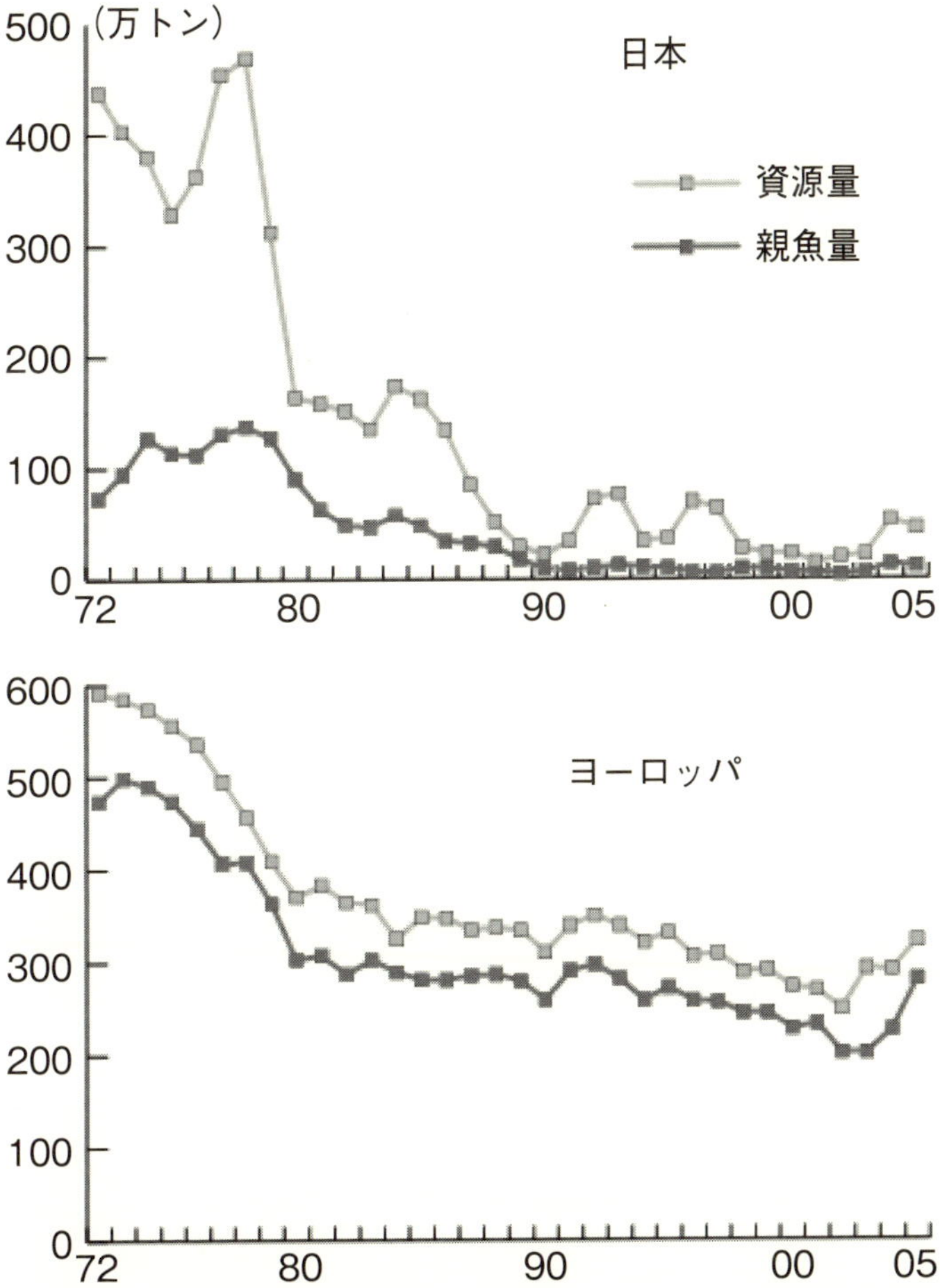

図３　日本と欧州のサバの資源量と親魚量

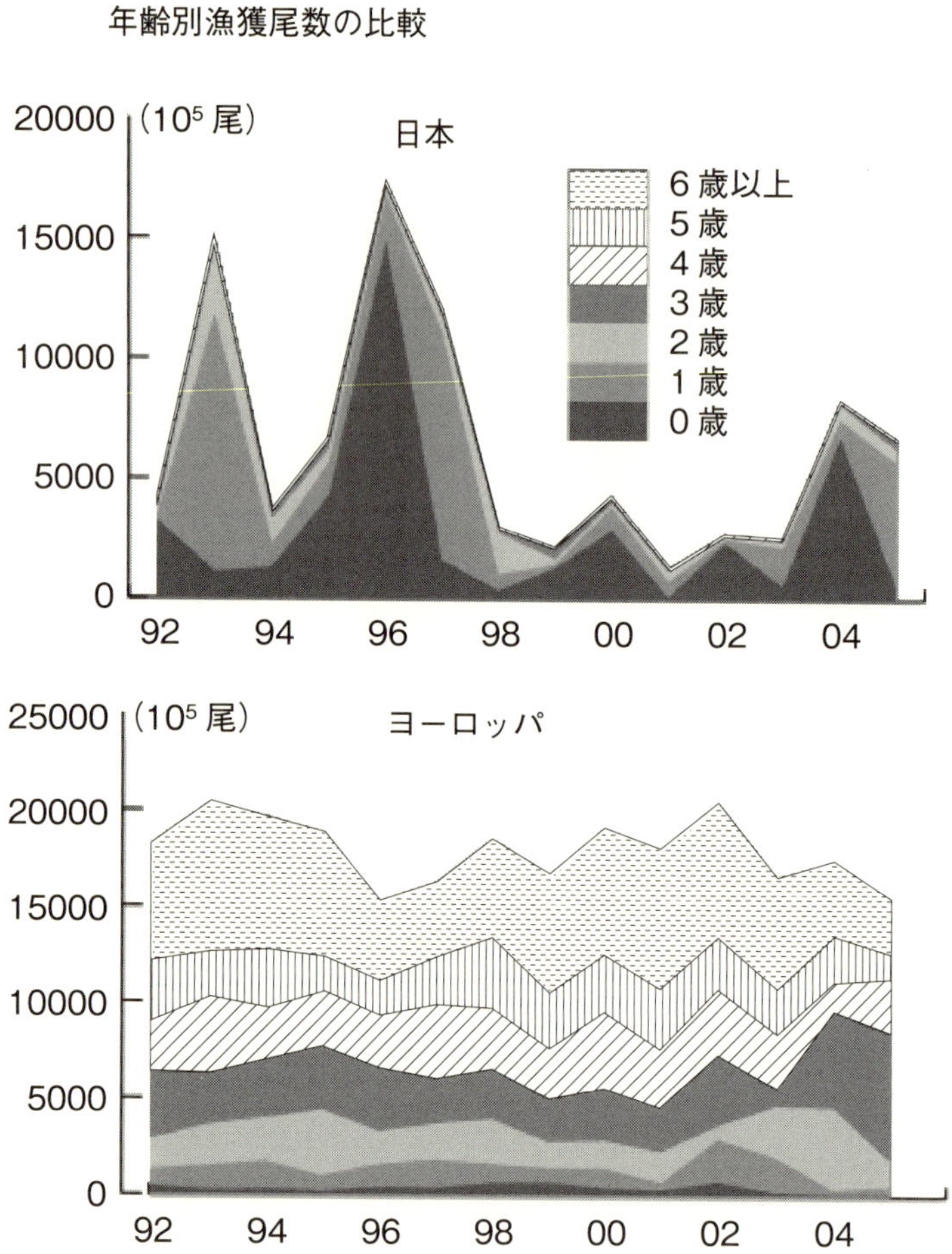

図4　日本と欧州のサバの漁獲の年齢組成

を、選んで買うべきです。

ウナギについて振り返ってみると資源の減少と低価格大量消費が同時進行しました。何年間か、安く、ウナギを食べ散らかしたツケとして、ウナギ資源と食文化が存亡の危機に瀕しています。この構図はウナギだけではなくて日本の魚食全体に共通する問題です。

今後は、持続的なウナギ消費システムを構築する必要があります。そのために、まずやるべきことはニホンウナギ資源の保全です。たとえばヨーロッパの場合は漁獲が無い場合の四割程度の産卵回帰を確保しようと各国が取り組んでおりますが、なかなか資源が回復しない。水産資源はある程度より減り過ぎるとなかなか回復しなくなるということが知られています。ニホンウナギも回復しづらくなる水準までになっていると思いますので、まず環境修復と漁獲規制によって、資源減少を食い止める。そのうえで、資源の回復を待つ必要があります。

「国産が獲れないなら、輸入すれば良い」という意見がありますが、異種ウナギを輸入する前提として、適切な管理の下で、持続的に獲られたウナギのみを輸入できるようなシステムを作る必要があります。それには、トレーサビリティの確立や、現地の政府との協力体制が不可欠です。ビジネス優先で見切り発車的に輸入をすべきではありません。

国際的な枠組みで貿易規制をする場合、ワシントン条約の附属書Ⅱが実効性を持っている数少ない手段ですので、ワシントン条約の戦略的な利用も検討すべきです。あらかじめ異種ウナギをワシントン条約の付属書Ⅱに記載しておけば、密漁ウナギの貿易は難しくなります。

最後になりますが、持続的な水産物消費システムを確立するには、消費者の参加が鍵です。生産者や行政ばかりでなく、消費者が参加して、持続的なウナギを消費者が買い支える、そういう文化を創っていかなければいけない。ただ、消費者は資源が減っているとか、食べ方を変えなければいけないなど、そういう情報をこれまで与えられていませんでしたので、消費者と考える機会をもっともっと作っていかなければいけないのです。今年の土用の丑の日はマスメディアや消費者も巻き込んで水産物の持続性について考える機会にしていけたらいいなと思います。以上です。

司会　ありがとうございました。それでは、ご意見やご質問があればお受けしたいと思います。

質問者1　バスクでもシラスウナギは食べますでしょう？　ウナギをヨーロッパで食する場合はそれ以外にもありますか？

勝川　フランスでもいろいろあるみたいですよ。

質問者1　ムニエルとかですか？

会場から　パイとか燻製にするというのがあります。

質問者2　私が以前勤めていた養魚飼料の会社では今年最も力を入れていたのがウナギの餌なんです。ウナギが減れば減るほど値段が上がって、業者たちも、ここぞとばかりに競ってさらにウナギを売ろうとする、いっぱい獲ろうとする、市場そのものの変化について検討するべきなんでしょうか。減れば減るほど値段が上がるという、それで業者もみんなこぞって参加するというこれそのものをどうやって考え直したらいいのでしょうか。会社に一言アドバイスしたいのですがなかなかどういうことかと。

勝川　儲かる事業があり、自分たちがやらなくても他の人たちがやってしまう状況は、会社の自己規制では解決しません。行政機関が科学的な知見をもとに漁獲制限を行なう必要があります。漁業の場合も同じです。日本では漁獲規制が不十分なので、自分が魚を獲らなくても、他の誰かが獲ってしまう状況です。サバの場合も大きなサバが残らない。漁業者は価値が出る前のジャミサバであっても、獲らざるを得ないわけです。そうしなければ獲る魚がいないのです。国がきちんと規制をして、持続的なレベルに漁業活動が収まるようにすることが重要です。

短期的な損失につながる規制には、業界は基本的に反対ですから、国が規制を導入するには、国民の世論が不可欠です。「子の代、孫の代にウナギを残すために、出来るだけ早く適正な規制を導入すべきである」と消費者が声を上げる以外に事態を変える手段はないと思います。急がば回れで、消費者と一緒に、水産資源の持続性について考える場を作る必要があります。

ニホンウナギの資源調査について

田中栄次（東京海洋大学）

はじめに

10年ほど前から毎年初夏に出版される遊漁の釣り雑誌に、関東を中心としたウナギの夜釣りの記事が掲載されるようになっている。実際に記者が釣って見せた写真付きであり私の経験からも確かな報道と考えている。小河川の河口付近ではポイントが見つけやすいこともあって、その釣り場は1級河川より2級河川の河口域が多く1晩で1人50～60㎝のサイズが1～3本釣れているという内容が多い。ある2級河川の上流は市内を流れているにもかかわらず同様の釣果で、またある河川の河口域は満潮時でも川幅が5～6ｍしかない小川である。これらの報道記事はニホンウナギはどこにでも棲息している可能性を示すのみならず、河口域にかなりの棲息量があることを示している。ウナギの穴釣り業者によれば「ウナギは大河川の本流より餌の豊富な支流、細流に多い」とのことでありこの記事と一致する。

K県の市内を流れる河川で駅から近く比較的釣り人が多いある2級河川S川の釣果の記事をも

とに簡単に資源量を試算してみよう。その河川における1晩当たりの釣り人数は多いといっても平均では数名であろうから、1晩1河川当たり平均5尾釣れたとして、1尾平均200gとすれば1晩1河川当たり1キロの釣果である。河川によって漁期は4〜7ヵ月と異なるが、ここでは少なめに見積もって100日とすると、1河川当たり年間で100キロの釣果となる。遊漁船団等で釣獲されるマダイでは遊漁の漁獲率が10％のオーダーになり高いこともあるが、ごく一部のマニアによる岸からの投げ釣り等で釣獲されるニホンウナギの漁獲率はかなり低いと考えられる。そこで漁獲率を高々1％と仮定すると、資源量は100kg÷0・01＝10トンとなる。北海道を除く全国の2級河川の水系の数は約2500であるから資源量は2・5万トンと推定される。

一方、農林統計によると近年の漁獲量の平均は300トン程度で、全体の95％以上が主要河川（すべて1級河川）と主要湖沼で占められている。仮に漁業の漁獲率を5％とすれば資源量は6千トン程度と推定される。これに上の2級河川の推定値を加えると全体で3万トン程度になる。1級・2級河川以外の河川もあり、この推定値はざっくりとした値であるが、資源量のオーダーは万トンのレベルであることを知ることができ、資源量推定の手がかりにはなる。

実際の資源評価では漁獲統計や資源調査の記録を用いて統計的な理論に基づいて行なわれるのであるが、こうした別のデータからの推定値が利用できれば一つの傍証として役立つ。以下ではウナギの資源評価に必要なデータの現状と課題についてまとめた。

1　資源評価の方法

資源量の推定方法には直接推定と間接推定がある。直接推定は、資源の全数または一部の尾数を計数して得たデータをもとに資源量を推定する方法である。直接推定は個体数が数えられることが条件であって、直接目視することが難しいウナギに適用することは現実的ではない。また水系の数も多く予算上も困難である。

間接推定は漁獲統計や標識放流といった漁獲活動を通したデータを用いて推定する方法である。推定の原理を簡単に説明しよう。漁期の初めにいた資源のうち漁獲された資源の割合を漁獲率という。すなわち漁獲率＝漁獲量÷資源量である。この関係式で漁獲量と漁獲率が分かれば資源量＝漁獲量÷漁獲率で推定できる。漁獲量は統計調査から得られるだろう。漁獲率の推定は難しいが推定の原理を簡単に説明してみよう。漁獲量が増加すると生存率が低下する関係を利用する。例えば漁獲量が2倍になって年齢組成から生存率が10％減少したことが分かったとすると、2倍になった漁獲量は20％の死亡率に相当していることになる、すなわち漁獲率が20％と計算できる。生残率の代わりに資源量の変化率を用いる方法もあるが、これも原理的には同様である。

漁獲統計を用いた間接推定の利点は近年の資源量が推定できるだけでなく、過去の資源量まで遡って推定できる点に利点がある。これから行なう直接推定ではそれができない。過去からの資源の動向がわかることは今後何をすべきかについて考える重要な情報になる。この点がマグロ類をはじめとするさまざまな水産資源の地域漁業機関で漁獲統計を用いた間接推定が用いられている理由の一つである。以下ではまず漁獲統計を用いた資源量推定に用いられる資源動態モデルを用いた資源評価について紹介する。資源調査はこれらのモデルに必要なパラメータを推定するために行なわれるのであり、したがってまず資源動態モデルを知ることが不可欠である。

2　資源動態モデル

資源動態モデルにはさらに個体数全体の動態だけを表す余剰生産モデルなどがあるが、年齢構成や性別を考慮して資源動態を表す成長生残モデルが標準的である。成長生残モデルはマグロ類や鯨類をはじめとする国際資源のみならず国内のイワシ類やサバ類などでも普通に用いられている。成長生残モデルにはいくつかのタイプが研究されており、ウナギ用モデルもすでに研究されているので、以下にその概要を示す。

シラスウナギが日本に到達してからの個体数の減少過程を考える。漁場に加入したときの数を加入量といい、その定義からウナギの場合はシラスウナギの数が加入量である。加入量はRecruits の頭文字Rを使って表すのが慣例で、ある年t年の加入量をR_tで表す。

加入以降の同じ年に生まれた個体数の変化を式で表そう。同じ年に生まれた個体数は病気や食害による自然死亡及び漁獲によって減少するほか、成熟して産卵場に行く個体も死亡する。

いま生残率を$S_{a-1,a-1}$、年齢別成熟率をm_aで表す。ある年t年にa歳である資源の個体数は$N_{a,t}$前年の（$a-1$）歳の個体数$N_{a-1,t-1}$に生残率$S_{a-1,t-1}$と成熟していない個体の割合（$1-m_{a-1}$）をかけた値に等しい。すなわち次式で表せる。

$$N_{a,t}=N_{a-1,\,t-1}\,S_{a-1,\,t-1}\,(1-m_{a-1})$$

なお年齢 a = 加入年齢のときは

$$N_{a,t}=R_t$$

である。生残率は $S_{a,t}$ 次式で表される。

$$S_{a,t}=e^{-Ma-Fa,\,t}$$

ここで M_a は年齢別自然死亡係数、$F_{a,t}$ は年別年齢別漁獲係数である。漁獲尾数 $C_{a,t}$ は理論的に次式で表される。

$$C_{a,t}=E_{a,t}N_{a,t}$$

ここで $E_{a,t}$ は漁獲率で、年初めの個体数のうち漁獲された個体数の割合である。漁獲率は次式で表される。

$$E_{a,t}=\frac{F_{a,t}}{M+F_{a,t}}(1-S_{a,t})$$

なお上の式に漁獲尾数には黄ウナギも銀ウナギ（その年に銀ウナギになる個体を含む）も含まれる。漁獲が黄ウナギに限定される場合は $C_{a,t}=E_{a,t}N_{a,t}(1-m_a)$ となる。また漁期が短く誕生月付近に集中して行なわれる場合漁獲率は次式で近似できる。

$$E_{a,t}=1-e^{-F_{a,t}}$$

親魚量と加入量の関係を表す曲線を再生産曲線といい、これには次のような Beverton and Holt 型再生産曲線がよく用いられる。

$$R_t=\frac{4hR_{MAX}}{(5h-1)+(1-h)B_0/B_{t-a_r}}$$

ここで $R_{\max}$ は飽和状態における加入量、a_r は加入年齢、B_t は t 年の産卵資源量、B_0 は飽和状態におけるそれである。また h（$0.2<h<1.0$）はスティープネスといい、$h=0.2$ のときは密度効果がなく加入量は親魚量に比例する場合になり、$h=1$ はその真逆で親魚量に関係なく一定となる［図1］。現実の値はその中間であろう。

資源の個体数を重量に換算するには年齢別の個体数に体重を W_a かければよく、これをすべての年齢について合計すれば全体の資源重量（銀ウナギを除く）が計算できる。ある年 t 年の資源重量をとすればこれは次式で表される。

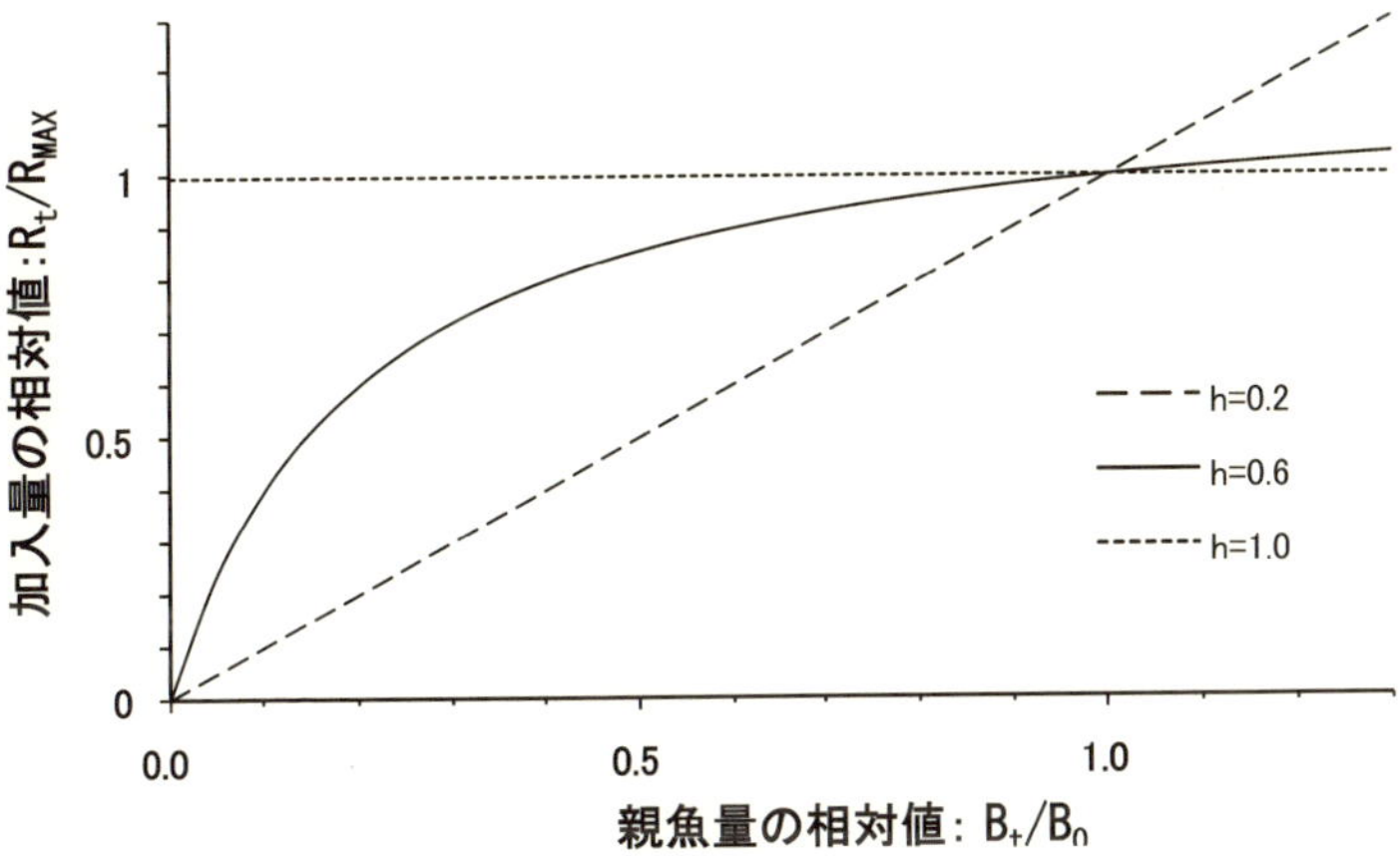

図1　親魚量と加入量の関係

$$p_t = \sum_a w_a N_{a,t}$$

銀ウナギ（産卵時）の資源重量も同様で体重、成熟率及び生残率を用いて次式で表される。

$$B_t = \sum_a w_{a+1} N_{a,t} S_{a,t} m_a$$

資源動態を計算するのに必要なパラメータは、計算を開始する年の個体数 $N_{a,t}$、毎年の漁獲係数 $F_{a,t}$、自然死亡係数 M_a、平均体重 W_a、年齢別成熟率 m_a、飽和状態における加入量 R_{MAX}、加入年齢 a_r、飽和状態における産卵資源量 B_0、スティープネス h である。以上の式を用いれば理論的に全ての年の年齢別個体数が計算できる。

なおウナギの場合は成長や成熟年齢が雌雄で異なるため上記の計算も雌雄別に行なう。とても複雑な計算式のように見えるが微積分を含まないし、今日のコンピュータを用いれば大した計算ではなく、数理資源学系の卒業論文でも使われているような数式である。

3 パラメータ推定

3・1 推定方法と使用するデータ

成長生残モデル用いた推定方法にはいくつかのタイプがあるが、よく用いられるのは1）チューニングVPA（Virtual Population Analysis）、2）資源統合法（SS: Stock Synthesis）、年齢構成プロダクションモデル（ASPM: Age-Structured Production Model）であろう。

資源評価に必要なデータは2種類に分けられる。1つは生物学的パラメータで雌雄別成長式、雌雄別の体長—体重関係式、雌雄別年齢別自然死亡係数、雌雄別年齢別成熟率などである。他は漁獲量、漁獲尾数、資源量指数などである。表1に計算に必要な標準的な入力パラメータと入力データをまとめた。この表で◎印は最低必要なものを、○印はあった方がよいことを、△印は間接的に必要か必要な場合があることを示す。以下で説明するが資源統合法とチューニングVPAで必要な基礎データに違いはなく、最終的に計算のために入力するデータには差があるだけである。これらに比べ年齢構成プロダクションモデルは漁獲物の年齢組成などが不要で必要とするデータが少なくて済む点には利点があるがその分の不確実性は伴う。

パラメータ ＼ 推定方法		チューニングVPA	資源統合法	年齢構成プロダクションモデル
体重	雌雄別	◎		◎
	年齢別	◎		◎
自然死亡係数	雌雄別	◎	◎	◎
	年齢別	◎	◎	◎
成熟率	雌雄別	◎		◎
	年齢別	◎		◎
選択率	雌雄別			◎
	年齢別			◎
漁獲量	年別	◎	◎	◎
	月別		○	
	水域別		○	
	漁法別	○	○	○
漁獲尾数	年別	◎		
	月別			
	水域別			
	漁法別	○		
	年齢別	◎		
資源量指数	年別	◎	◎	◎
	月別		○	
	水域別		○	
	漁法別	○	○	○
	年齢別	○	○	○
年齢組成	年別	△	◎	
	月別	△	○	
	水域別	△	○	
	漁法別	△	○	
体長組成	年別	△	◎	
	月別	△	○	
	水域別	△	○	
	漁法別	△	○	
年齢－体長	年別	△	◎	
	月別	△	○	
	水域別	△	○	
	漁法別	△	○	
体長－体重	年別	△	◎	
	月別	△	○	
	水域別	△	○	
	漁法別	△	○	
年齢－成熟	年別	△	◎	
	月別	△	○	
	水域別	△	○	
	漁法別	△	○	

表１　標準的な入力パラメータと入力データ

３・２　成長生残モデルを利用したパラメータ推定

ＶＰＡは年別年齢別漁獲尾数、自然死亡係数、ターミナルFを用いて、年別年齢別資源尾数を計算する方法の総称である。ターミナルFとは、利用できる年別年齢別漁獲尾数データにおける各年級群の最高年齢における漁獲係数である。自然死亡係数MとターミナルFの値が決まれば、2節で述べた漁獲尾数$C_{a,t}$と資源の個体数$N_{a,t}$の理論式を連立させることによって、最高年齢から加入年齢まで順次個体数の値を計算できる。このようにしてすべての年別年齢別資源尾数を計算する。

チューニングＶＰＡではこのターミナルFの値をＣＰＵＥ（Catch Per Unit Effort: 単位努力当たり漁獲量）などの資源量指数の観測値の年変化に理論値が合うように最尤法等で統計的に推定する。ここで資源量指数とは資源量の絶対値に比例するような相対値を指す。この方法で必要となるデータや推定値は⑴年別年齢別漁獲尾数、⑵資源量指数、⑶自然死亡係数Mである。なお年別年齢別漁獲尾数は、漁獲量を平均体重で尾数に換算し、それを年齢組成で分けて推定するので、漁獲量・体長組成・体長—体重関係・年齢組成のデータを、月別水域別などの層別にセットで集めなければならない。またこの方式は体長—体重の関係式を推定し、次に体長組成とこの関係式から漁獲尾数を推定し、さらにこれを年齢組成に分解するという具合に推定を積み上げて行なう方式である。チューニングＶＰＡは国内の資源評価で標準的手法として用いられているが、国際会議の場では次の資源統合法に首位の座を奪われている。

資源統合法ではチューニングVPAと同じデータを用いる。動態モデルは若干異なるだけであるが、推定方法はかなり異なっている。まず漁獲係数$F_{a,t}$は以下のように年齢別選択率S_a（$0<S_a<1$）と年固有の漁獲係数F_tの積で表す。

$$F_{a,t} = S_a F_t$$

推定方法は「統合」の名の通り様々な種類のデータに合うように未知パラメータを推定する。2節で述べたように資源動態を理論的に計算するために必要なパラメータがすべて与えられれば漁獲量も理論的に計算できる。そこで、漁獲量、資源量指数、漁獲物の体長組成や年齢組成、年齢―体長、体長―体重、成長式、性比などの観測値とモデルからの理論値とが同時によく合うように未知パラメータを推定するのである。資源統合モデルは、チューニングVPAのように個々の未知パラメータの推定を積み上げ年別年齢別漁獲尾数にデータを集約してから資源尾数を推定する方式ではなく、一度にすべての未知パラメータをまとめて推定する方式で、成長式や成熟率等の生物学的パラメータもこの方法で推定される。したがって同時に推定するパラメータ数が300個を超えることもあり、高性能のコンピュータでもかなり計算時間を必要とする。資源統合法はマグロ類の資源評価の標準である。通称"SS3"と呼ばれるソフトを使ったものではないが、アメリカウナギで資源統合法で推定した例がある。

年齢構成プロダクションモデルでは漁獲率は漁獲量の観測値を資源量の推定値で除して計算す

る。つまり他のパラメータが決まれば漁獲率は自動的に決まるので、漁獲係数以外のパラメータの値を資源量指数の変化に合うように最尤法などで統計的に推定する。漁獲量がトータルの値しかないのに年齢別に計算できるのは、加入資源の年齢構成を使って理論的に総数を年齢別に配分する仕組みが内包されているからである。資源量を頭数で評価を行なっているクジラ類では重量換算しないタイプの年齢構成プロダクションモデルが用いられており、系群別の包括的資源評価の際にはHitter/Fitterという年齢構成プロダクションモデルの1種が用いられている。成熟雌が規則的に仔クジラを出産・育児するクジラ類では、成熟雌の資源頭数が資源増大に重要な役割を演じるので、モデル内部に成熟雌の資源頭数を計算するモデルが使われている。現状のニホンウナギのデータでは年齢構成プロダクションモデルは利用可能で、今後体長組成や年齢組成が系統的に収集されれば資源統合法で推定可能になるであろう。

4　データの収集

使用するデータの収集範囲は系群をカバーする範囲でニホンウナギでは1系群とされているので調査の範囲は東アジア全域である。上述したように月別水域別などで層別に収集しないと折角収集したデータが無駄になる可能性がある。

4・1　生物学的パラメータのための調査

成長や成熟などのデータはいわゆる魚体測定を行なって収集する。魚体測定では個体ごとに体長・体重の測定、耳石による年齢査定、生殖腺の観察などを行なう。雌雄別年齢別の平均体重などの生物学的パラメータは、いずれも系群全体の代表する値である必要があるため、資源量指数などで加重して求めることが望ましい。

自然死亡係数は成長生残モデルでは不可欠なパラメータであるにもかかわらず推定困難なパラメータである。漁業がある場合は漁獲による死亡が加わっており分離が困難であるからである。その場合、近縁種の推定値や寿命から類推して仮定するのが一般的である。仮定した値を用いる場合には異なる値を仮定してその影響をみて資源管理への参考資料として利用する。そこまでして年齢構成をもつモデルにこだわるのは、それだけの性能を持っているからである。

なおヨーロッパウナギの例ではシラス期から15㎝位までの自然死亡率が大きく日間0・5～数％の死亡率と報告されている。仮に日間1％とすると1年後の生残率は $(1\text{-}0.01)^{365}\times 100=2.6\%$ となる。ニホンウナギも同様に死亡率は高いと考えられ、ウナギ養殖業を含めた管理を考える上で必要な値であるため今後調査が必要である。

漁獲物の体長組成や年齢組成も漁獲の影響がどの年齢なのか、資源開発が進んで高年齢魚が減少して若年齢中心の組成に変化してきたか、生残率が低下しているかなどを知るためのデータになる。現在ニホンウナギで利用できる年齢組成のデータは測定数も少なく時間的にも空間的にも断片的で、個人的には資源評価に利用するかどうか躊躇してしまう。年齢組成のデータを用いる

資源評価法ではそのデータが計算結果に与える影響が大きいからである

海洋の水産資源では成長における地域性が小さいことが多く、あっても南部と北部で分けるという程度のものがほとんどである。ところがウナギでは河川によって成長がかなり異なるという報告が多く、これが資源評価で用いるときの問題になる点の一つである。成長に地域差がなければ、体長組成が小さい方に偏っていることは漁獲の影響で大型個体が減少しことを示す情報になるが、ウナギではその河川では餌料環境が悪く大型には成長できない河川だったかもしれないのである。またウナギは回遊魚であり大きくなると見切りをつけて近隣の河川に移動してしまった結果もしれないし、この場合この河川から年齢―体長のデータから推定された成長式には偏りがあることになる。ある程度独立した水域からのデータを収集するなどの体系的な資源調査が望まれる。

4・2　漁獲統計調査

図2に一九〇三年以降の日本の漁獲統計を示す。東アジア各国の漁獲量の年計も必要である。戦前の日本では四〇年ほどの間3000トン程度の漁獲量を維持していた。ウナギの寿命が一〇年程度であることから何世代にもわたりその量が維持できたわけで、これは持続生産量が3000トン以上はあること示している。こうした情報は計算結果のチェックにも役立つ。

日本の漁獲量の主体は黄ウナギ・銀ウナギで量的にはシラス期の量は少ない。しかし資源への

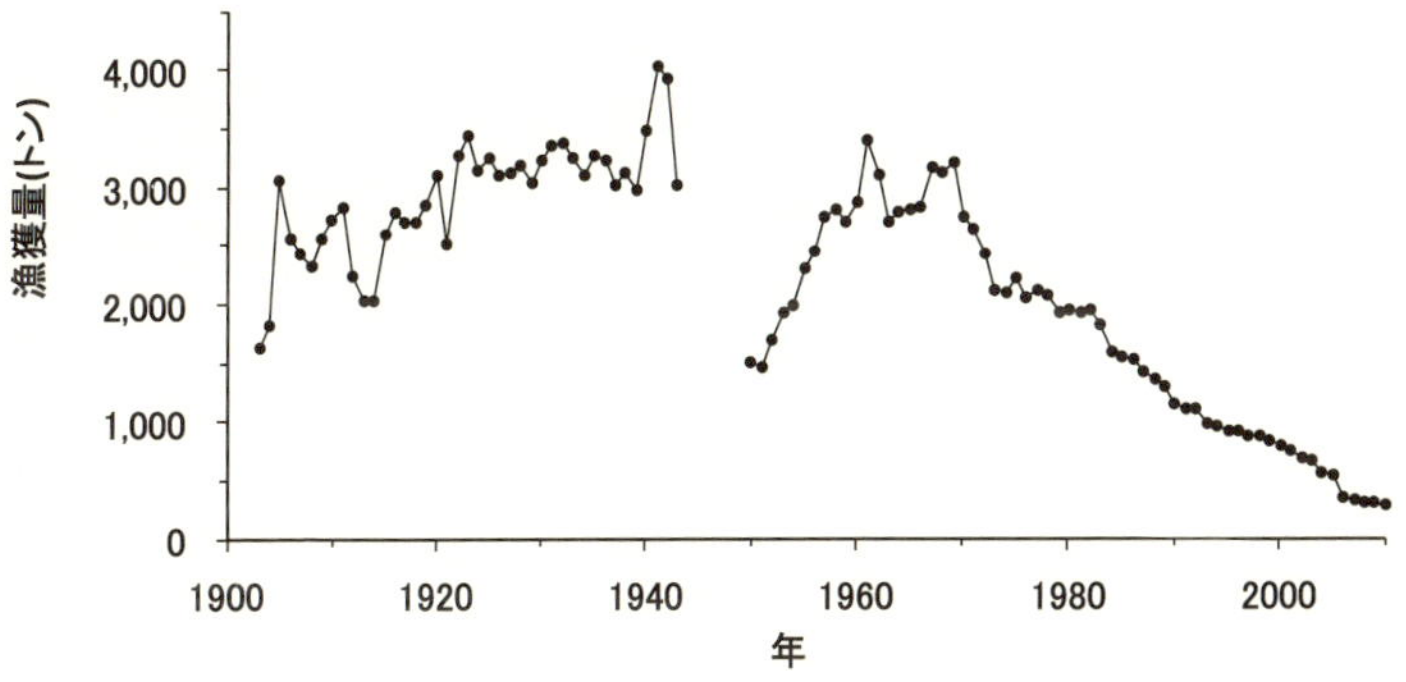

図２　日本のうなぎの漁獲量（農林統計より）

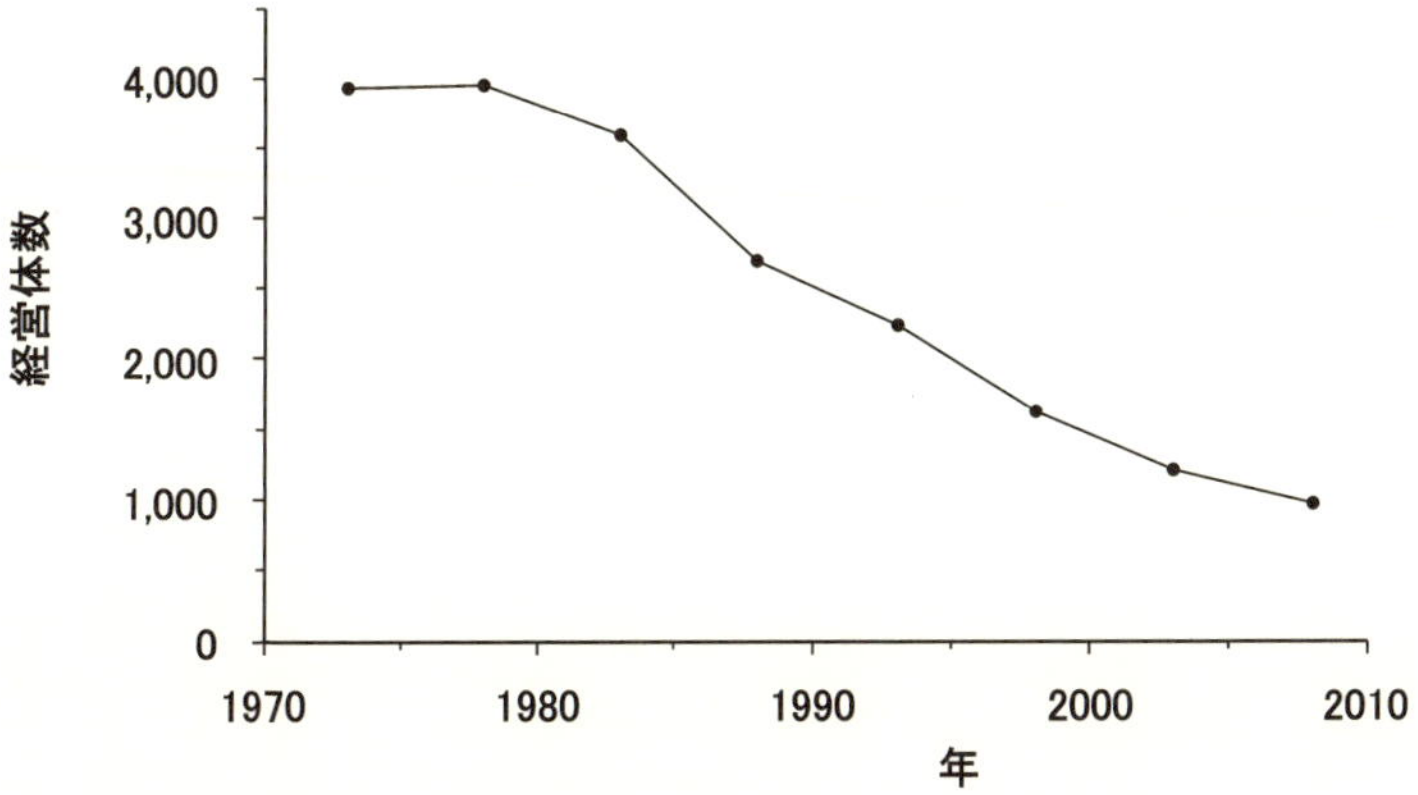

図３　主要湖沼における経営体数の推移

影響としては無視できない量である。シラスウナギの平均体重を０・１５ｇとするとシラス１kgの漁獲は約６７００尾の漁獲になる。仮に産卵までの生残率が１％としても67尾の産卵親魚を漁獲したことになる。このうち半分が雌でその平均体重を１kgとすれば34kgもの銀ウナギを漁獲したことになる。国内のシラスの漁獲量の最大は一九六三年の２３０トンでこれは銀ウナギを７８００トンも漁獲した計算になり、これだけで戦前漁獲量の２倍にも達する。

ところが日本でも重要な意味をもつシラス期の漁獲量の統計が怪しく、東アジアでの漁獲量を養殖の池入れ量から推定する事態となっており改善が望まれる。

漁獲努力量の調査も資源量指数を推定するために必要であろう。漁業活動を通したデータには大型個体を選択的に捕獲するなどの問題もあるがそれを補正する補助データがあればとても有力なデータになる。学術調査では１つの水域を年間10回の試験操業も大変かもしれないが、漁業活動の記録はその１００倍、１０００倍の調査を行った結果である。毎回の採れ高は分からないが平均値としては十分な調査回数なのである。

漁獲努力量を用いる場合は、長袋網や延縄などの漁業種類別の漁獲性能の比も調べておくことが望ましい。漁獲性能とは同一の資源密度の水域で操業したときの１操業での間引き率などで、通常は同一時期同一水域におけるＣＰＵＥの比を用いて性能比としている。この比を用いて標準化した漁獲努力量を用いるのが望ましい。しかし長袋網、延縄、穴釣りなどは漁場が異なり、同一時期同一水域におけるＣＰＵＥを得ることが自体困難であろう。

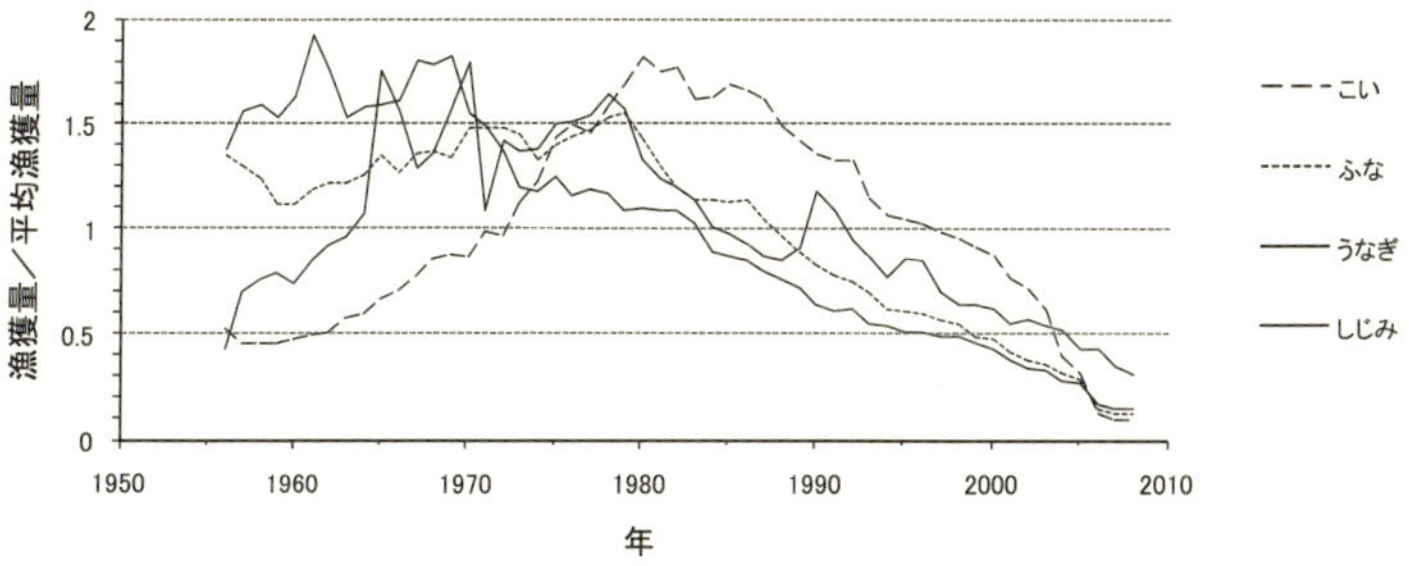

図4　こい・ふな・うなぎ・しじみの漁獲量の推移（農林統計より）

図3に五年に一度行なわれる漁業センサスに記載されている主要湖沼の経営体数の推移を示す。総操業回数ではないがこの三〇年余りの間に経営体数は約4分の1に減少し漁獲努力量も大きく減少したことは明らかで、年々の漁獲量の減少の大きな要因になっていることが分かる。漁獲量がこの間10分の1に減少したとしても経営体当たりの漁獲量は2・5分の1しか減少していないことになり、単純にはこの間に資源量は2・5分の1しか減少していないことになる。また図4に、農林統計から計算した、こい・ふな・しじみとうなぎの「漁獲量÷平均漁獲量」の推移を示すが、これらの魚種でも漁獲量はうなぎと同様に大きく減少しており、日本では内水面漁業の規模の大幅な縮小が漁獲量減少の重要な要因となっていることはあきらかであろう。このように漁獲努力量の調査は大事な調査である。

4・3　資源量指数

毎年の資源量指数を把握できれば、絶対量が分からなくても資源量が増加傾向か減少傾向にあるかの判断が可能になる。漁獲量の大小は資源量の大小にも関係するが、数多くの漁船で漁獲すると資源量が小さくても大きな漁獲量になってしまう。そこで1日1隻の漁船などの単位努力量でもって漁獲された漁獲量、すなわち単位努力当たり漁獲量（CPUE：Catch Per Unit Effort）が資源量指数として用いられる。調査によるデータでも同様にCPUEが用いられる。

ウナギに限らず資源解析で理想的な資源量指数は年別年齢別である。ウナギの資源評価の場合に必要な資源量指数はシラス期・黄ウナギ・銀ウナギなどの段階別でも利用価値が高い。とくにシラス期の資源量指数は加入量の指数になっており再生産曲線を推定する上で重要な情報となる。

現状のニホンウナギの資源評価での弱点はシラスウナギも黄ウナギもともに日本の限られた河川や湖沼からの資源量指数しかない点である。今後東アジア全体の資源量に比例するような資源量指数を推定するような調査体制の構築が望まれる。

5　実際の資源評価の手順

マグロ類やクジラ類の国際会議で行なわれている資源評価の手順は世界の資源評価のお手本である。国際捕鯨委員会の科学小委員会で採用された方法のいくつもが、その後大西洋マグロ類保存委員会などのマグロ類地域漁業機関でも採用され、さらに各国へ広まっている。たとえばシナリオ方式による資源評価、操作モデル（Operating Model）を用いた仮想実験、漁獲量制御規則（Catch Control Law）などがそれである。

導入されてきた手法は多くの場合評価結果の「不確実性」にどのように対応するかに心血が注がれている。環境変動でも資源量は大きく変動するし、広い海洋を回遊する資源から代表性のあるデータを収集すること自体が非常に困難であるからである。実験室のデータでは考えられないことであるが、資源量指数などではデータ数が年間数万個もあっても足りないと判断されることも珍しくない。

シナリオ方式による資源評価も不確実性に対応するための一つの方法で、感度テストの一種と考えてよい。この方式では通常利用できる最善のデータセットを基本（Base case）として資源評価を行なう。この他にたとえば漁獲量が不確かな場合、仮に現在の統計値の２００％であったらどうなるかを一つのシナリオとして計算して、結果にどのように影響するかをみるのである。２００％で十分かあるいは過大報告の可能性もあるので50％も別のシナリオとして計算するかは状況によって判断される。普通は統計資料だけでなく生物学的パラメータも含めてシナリオを作って行なうのが通例である。その結果を視野に入れて、資源管理の手段を検討するのである。資源管理のためには資源量等の正確な数値があることが望ましいが、正確でなくとも推定の95％信頼区間の下限値を用いる等の保護的アプローチを採用することで資源の枯渇を避ける手段もある。

6　おわりに

ニホンウナギは国際資源である。同じ国際資源であるクジラ類資源の調査において日本は世界に誇るクロミンククジラの科学的調査を実施している。マグロ類資源の管理のために日本はイニシアティブをとって、いくつもの世界の管理組織の協調を促進するための神戸会議を開催した。こうした日本の活躍に比べるとニホンウナギの資源調査は実に貧弱で、ヨーロッパウナギやアメリカウナギの大規模な調査と比べられたら実に肩身が狭い。研究者一個人として貧弱なデータによる解析は挑み甲斐のあると思う。しかしニホンウナギの資源評価をより確固たるものにするためには、国際協力に基づく資源調査の充実が望まれる。

ＩＵＣＮウナギレッドリスト会議報告

海部健三（東京大学）

私は今月七月の一日から五日までロンドンで開催された、ＩＵＣＮ（国際自然保護連合）のレッドリスト（絶滅のおそれのある種のリスト）にウナギを絶滅危惧種として記載することを検討するためのワークショップに参加してきました。まだ結論は出ておりませんので、結果がどうなるのか私からお伝えすることはできません。さらに、混乱を招く恐れがあるので私の個人的な推測も、ここでは一切述べることはできません。さらに言えば、会議の中で何が話されたかということについても話すことができません。それでもそれなりにワークショップの現場にいた人間として感じたことをお伝えしたいと思います。

一番初めにＩＵＣＮのレッドリストについて簡単にお話しして、その後ウナギレッドリスト会議について、それから今後、どのような段階を踏んで結論が出るのかということ、これも気になるところだと思うので紹介させていただきます。最後に私がロンドンに行って感じた、日本の問題点について二つ紹介します。

まず、ニホンウナギは既に絶滅危惧種に指定されたんじゃないの？　と思う方もいらっしゃると思います。環境省は今年の二月にニホンウナギを絶滅危惧種に指定しましたが、これは、日本の中の話です。ＩＵＣＮは世界のレッドリストを管理している団体ですので、今回の会議は世界の中で、ニホンウナギを含めた様々な種類のウナギが絶滅の危機にあるのか、ないのか、ということを検討するものです。これに対して、環境省のレッドリストは日本国内における話です。そこが異なっています。

ＩＵＣＮとはどのような団体なのか。実は私も詳しいことはよく分かっていないのですが、世界のレッドリストを管理するのが主要な仕事の一つであると言うことは分かったつもりです。では、なんで私がわざわざロンドンまで行ったのに、ＩＵＣＮのことをあまり知らないのか。そのことについてもこの後で説明していきます。

ＩＵＣＮのレッドリストでは、絶滅リスクの評価が行われます。現在、ある種の生物が絶滅しかかっているのか、そうではないのかということを評価していくのがＩＵＣＮの仕事のひとつです。レッドリストは年に二、三回更新されるそうで、ちょうどウナギ会議をやっている最中の七月二日に、ＩＵＣＮレッドリストの最新版が発表されています。すでにニホンウナギの絶滅危惧種指定の検討が開始され、その後の七月二日に最新版が出た、ニホンウナギはまだ絶滅危惧種に指定されていない、助かった。という雰囲気が一瞬日本の一部に広がったようですが、実際にはまだ検討が始まったばかりの段階ですので、七月二日のＩＵＣＮレッドリスト最新版にはウナギに関する新しい情報は載っていません。

もう一つ気になるところだと思いますが、レッドリストに絶滅危惧種として記載されたらどうなるのか。ＩＵＣＮによって絶滅危惧種に指定されても、捕獲や商取引に関する規制は生じません。絶滅危惧種に指定されたからといって、いくら捕って良いのか、いくら食べて良いのかということに、特に規制が発生するわけではないのです。

では、レッドリストのカテゴリーについて、おおよそ説明いたします。［図１］

まず、評価された種と、まだ評価されていない種に、大きく分かれます。評価された種については、適切なデータが存在する種と、適切なデータが存在せず評価しきれない種（情報不足：ＤＤ）に、大きく分かれます。さらに適切なデータが存在する種に関しては、すでに絶滅した種（絶滅：ＥＸ、または野生絶滅：ＥＷ）、絶滅の危険性のある種（絶滅危惧種）とその他、例えば将来的には絶滅の危険性があるかも知れないが、いまはまだ差し迫った状態にはない種（準絶滅危惧種：ＮＴ）や、現在のところあまり絶滅の心配をしなくてもよい種（軽度懸念：ＬＣ）、というカテゴリーに分けられます。これらのうち、いわゆる絶滅危惧種と呼ばれるものは、三つのカテゴリー（絶滅危惧ＩＡ類：ＣＲ、絶滅危惧ＩＢ類：ＥＮ、絶滅危惧Ⅱ類：ＶＵ）に分けられます。つまり、レッドリストに載るということと、絶滅危惧種としてレッドリストに載るということは大きく異なるわけです。

レッドリストに情報不足として記載される場合もあるし、軽度懸念として記載される場合も存在するわけで、レッドリストにこの生き物は載っている、だから絶滅するかも知れないという話ではなく、レッドリスト内でどのように評価されているのか、ということが重要になります。

ちなみに、既に塚本先生、勝川先生のお話にも出ましたように、ヨーロッパウナギは、Critically Endangered（CR）、絶滅危惧種の中でも最も高いランクにリストされています。

それでは、IUCNはどのような基準で絶滅リスクを測っているのか、ということですが、全ての生物に同じ基準が適用されます。植物でも動物でも同じ基準が適用されるのです。どの程度減少したのか、どの程度の分布域を持っているのか、どの程度の個体数があるのか、これらのいずれか、または複数の組み合わせによって判断していきます。実際には五つの基準が存在するのですが、それについては省略します。ウナギの場合、これらの基準のうち、個体数の減少率を用いるのが、最も適切であると考えられています。

さて、それではレッドリスト掲載までのステップです。ある種の生物がレッドリストの何らかのカテゴリーに分類されるまでには、おおよそ図2のようなステップを踏んでいくようです。ただし、私はウナギの件についてしか知りませんので、他の生物の場合は少しステップが異なるということもあるでしょう。

まず初めに専門家が集まって会議をします。ある生物についてどの程度の絶滅のリスクがあるのか、皆で考えて報告書の草案が作成されます。その後報告書が世界の主要な研究者の間を回覧されて、そのデータの有効性、解釈の適切性について議論されます。その後完成した報告書が、

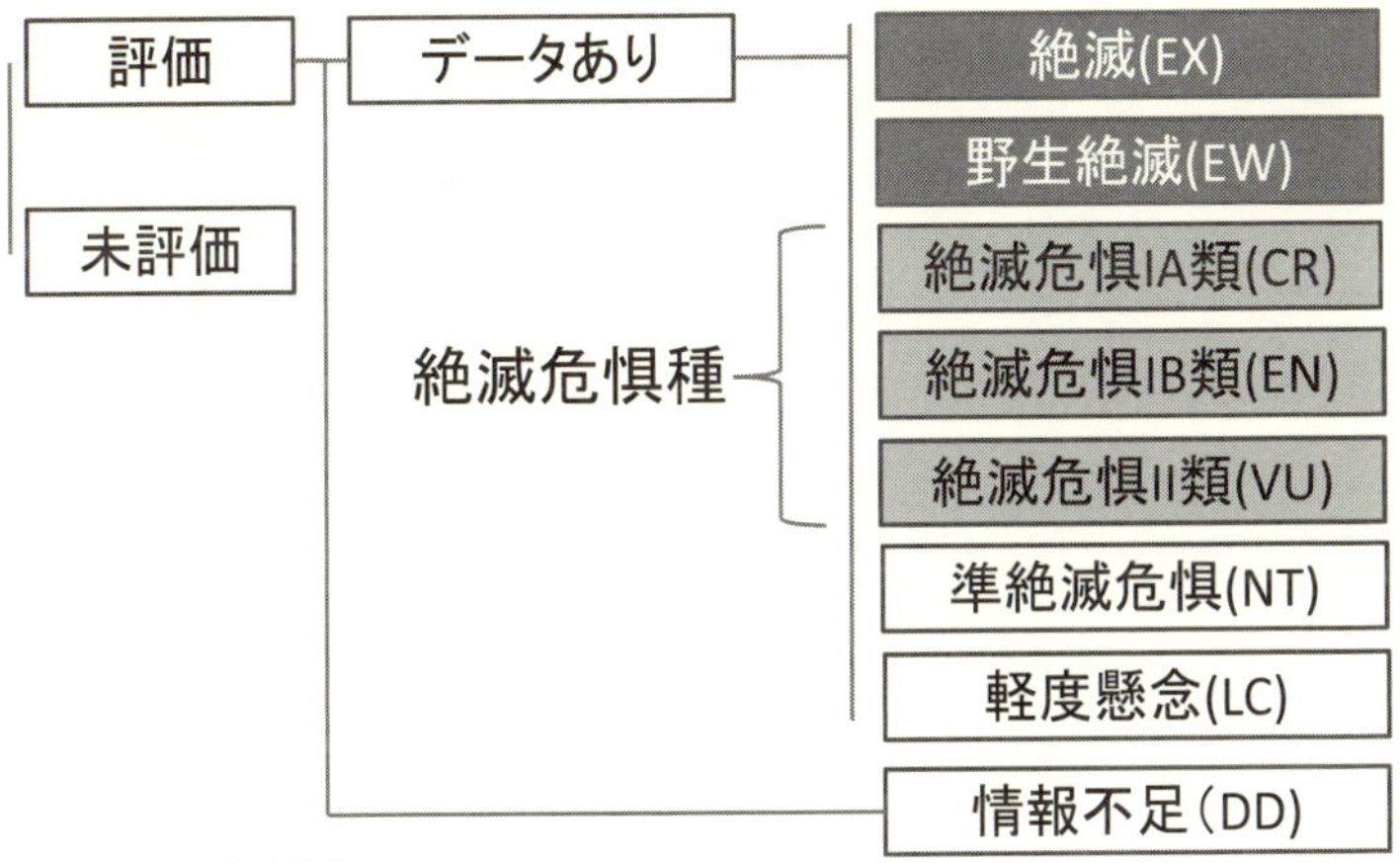

参考:IUCN日本委員会HP

図１　IUCN レッドリストのカテゴリー

図２　レッドリスト掲載までのステップ

ＩＵＣＮの事務局に送られて、最終的な決定そして発表がなされるという流れになります。

今回私が行ってきたワークショップ、私が名付けたところのウナギレッドリスト会議というのは、図2のもっとも上の段階になります。一番始めのステップですので、「結果はどうなりますか？」と聞かれても私は答に窮してしまうわけです。この先これだけのステップを踏まなければならない中で、私が参加したのは、始めのステップということになります。

この一番初めの段階の専門家ワークショップがどのような経緯で開かれたのか、図3で説明します。

ＩＵＣＮがウナギに関する専門家の会議を開いたと報道されていますが、実際に会議を主催したのはロンドン動物学会（Zoological Society of London）です。まず、ロンドン動物学会がＩＵＣＮに対してウナギのワークショップを開催したいと申請します。今回はウナギ19種亜種全てをアセスメントしたいということでしたので、「ウナギ19種亜種全てについて我々が検討したいと思うのですがどうでしょうか」とＩＵＣＮ事務局に相談します。ワークショップを開催するにあたっては、専門家を呼んだり、会場を準備したりするためにお金がかかります。ですからロンドン動物学会はお金を準備して、それから集まってくれる人間を確保して、その上でＩＵＣＮ事務局が適切だと認めればワークショップが開かれることになります。ロンドン動物学会は様々なウナギの関係者に呼びかけを行い、参加者が集まってきます。私もその中の一人として参加して来ました。

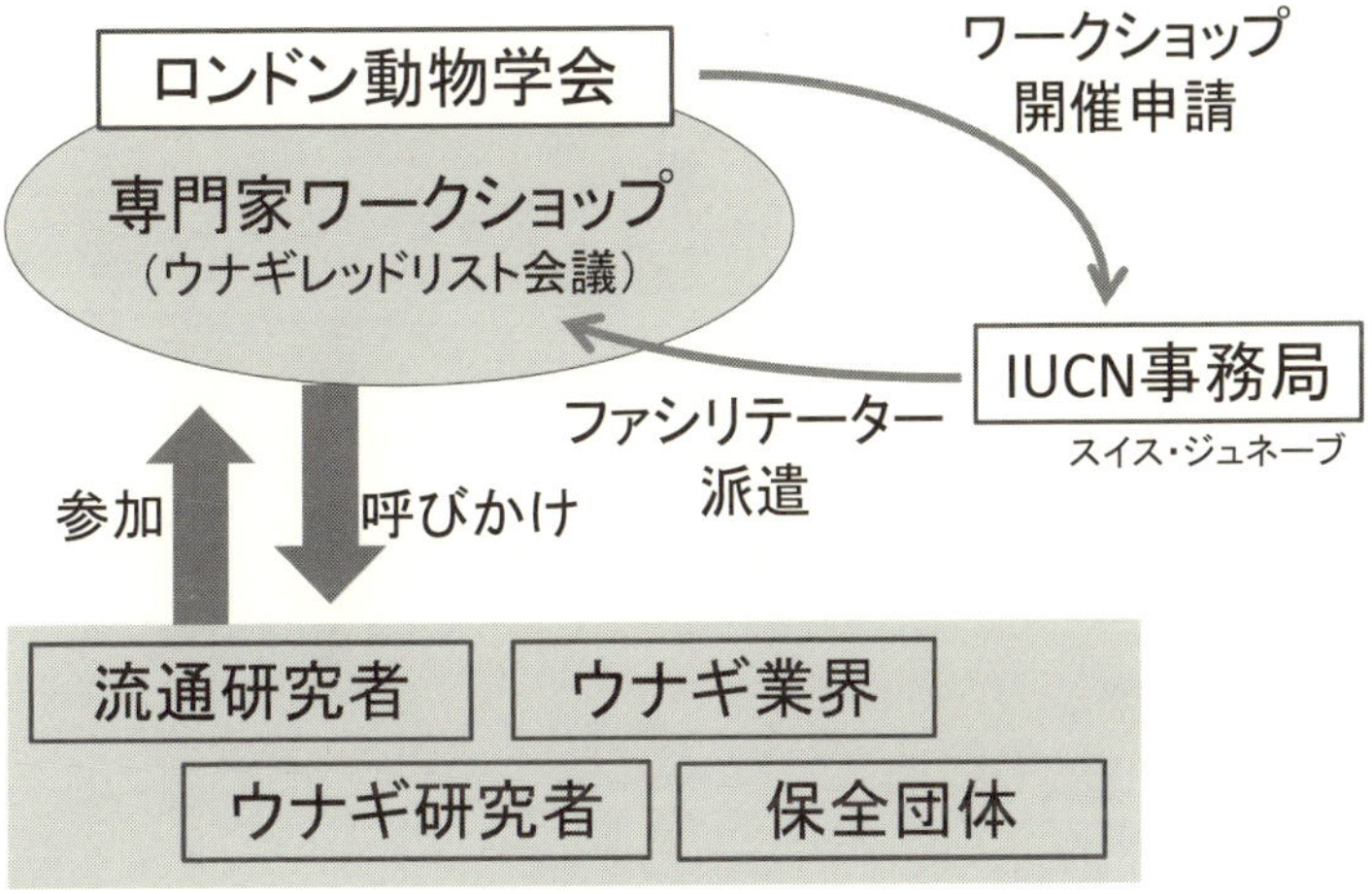

図３　ウナギレッドリスト会議 in London

図４　ロンドン動物学会正面玄関にて

専門家が集まってワークショップが開かれる時にＩＵＣＮの事務局からファシリテーター（物事の進行を促進する人）が派遣されます。私の参加したワークショップにもＩＵＣＮの人間が一人来まして、初日にほぼ丸一日かけて、ＩＵＣＮの基本的な考え方、ＩＵＣＮのレッドリストにはどのようなカテゴリーがあって、それぞれどのような基準を満たす必要があるのか、どのようなデータを使うのが適切で、どのようなデータを使うことが適切ではないのか、といったレクチャーを受けました。このほかワークショップの進め方についてもファシリテーターに教えてもらった上で、ようやく専門家ワークショップが始まる、という手順を踏んでいます。

専門家ワークショップの中では、様々な人間がデータを持ち寄り、どのデータを使うべきか、または使わないべきなのか、そしてどのデータに対してはどのような注意を払いながら解釈することが必要なのか、話し合いました。このように、おおよそ会議の中で行われていたのは、データの取り扱いに関する議論です。どのようなデータが存在するのか、存在しないのか、そしてそれらのデータをどのように解釈するべきなのか、ということについて話し合いました。

図４が集まった人間です（会場笑）。生態や資源量に関するデータをこのメンバーが持ち寄り、それらの適切性を議論しました。私は顔を出しても問題ないのですが、それ以外のメンバーには許可を取っていないので、この場ではお見せできません。しかし、この写真からでもちょっとだけ分かることがあります。この足元を見てみると、ジェンダーバランスが一対一に近いのです。私はこのことに感心しました。

現在の状況は、先ほど出た図2のうち上から二番目、既に専門家のワークショップが終わり、報告書の草案の作成が進められているところです。報告書草案が完成したら、様々な研究者に回覧されて、ようやく報告書が完成します。

「いつ発表されるのですか」と聞かれることが多いのですが、いったいいつになったら発表されるのか私にも先が読めないので、どうしても知りたい方はＩＵＣＮの本部に問い合わせてみてください。このワークショップを主催したロンドン動物学会を紹介してくれると思いますので、ここに質問すれば、何らかの回答があるでしょう。

さて、今後の展開です。ＩＵＣＮで絶滅危惧種として指定される可能性ももちろんあるわけです。既に環境省が日本のレッドリストで絶滅危惧種に指定しておりますので、ＩＵＣＮでも同じようにレッドリストに絶滅危惧種として記載される可能性は存在します。

しかし、既にお話ししましたように、ＩＵＣＮのレッドリストによって絶滅危惧種に指定されても、自動的になんらかの規制が発生するわけではありません。ＩＵＣＮのレッドリストは単純に絶滅リスクを評価することのみを意図しているからです。

しかし、これまでの講演の中にも出てきましたが、ＩＵＣＮによって絶滅危惧種に指定されると、ワシントン条約（CITES）に記載される可能性が生じてきます。ワシントン条約に記載されれば、国際取引が規制されます。ワシントン条約はそのための条約ですから。ワシントン条約はＩＵＣＮのレッドリストとは全く違って、国際取引がその生物種の絶滅リスクを高めているのか、いないのか、ということに重きを置いています。ですから、たとえば日本国内にしか存在しない生物であれば、ワシントン条約は全く感知しないのです。国際取引が存在しないからです。国際取引が存在して、しかもその国際取引が絶滅リスクを高めている場合に、ワシントン条約による国際取引の規制が行われるのです。

ところでワシントン条約には、規制は存在しますが法的拘束力がない。つまり罰則が存在しません。「じゃあ何でみんな守るの?」と関係者に聞いてみたところ、メンツが潰れるから守っているという話でした。(注:条約そのものに罰則規定は存在しないが、日本を始め、個々の参加国の国内法整備によって罰則が定められている場合が多い)

ワシントン条約ではＩＵＣＮの報告書を参考にするということですので、ＩＵＣＮの出した結論がワシントン条約にも影響を及ぼす部分はあるのでしょう。私はこの件については部外者ですので、これ以上詳しい説明はできません。

最後にロンドンで考えたことを二点だけ紹介したいと思います。

日本は様々な問題を抱えていますが、なかでも圧倒的なデータ不足を感じました。もちろん、種類によってはデータの殆ど存在しないウナギもあるのですが、ヨーロッパのヨーロッパウナギ、アメリカのアメリカウナギの豊富なデータ量といったら、私は日本人として恥ずかしくなるくらいでした。

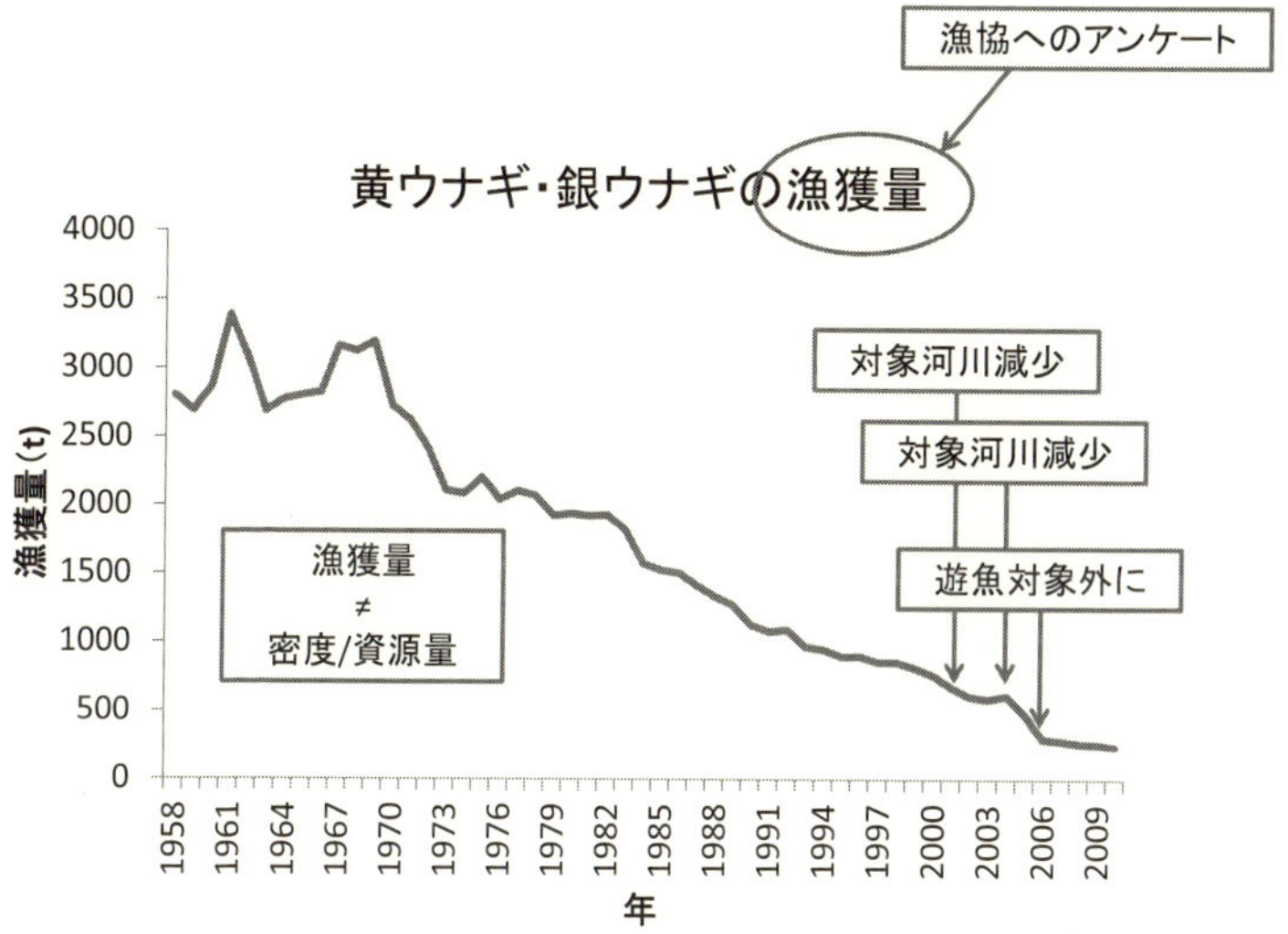

図５　日本が抱える問題点：データ精度

たとえば、図５は有名な漁獲量のデータですが、田中栄次先生のお話にもありましたように、これは漁獲量データに過ぎないのです。さまざまな要素要因がこの中に絡んでおり、資源量や密度をこの図から読み取ることは困難です。ですから、田中栄次先生は沢山のデータを集めて、その中に手を入れながら、実体がどのようになっているのか推測を重ねて郁必要があると述べているのです。われわれが持っている数字は、資源量や密度を表していない。しかも、この漁獲量は漁協さんへのアンケートによって作られている。その信頼性がどのようなものか、想像してみてください。

さらに、調査対象河川も減少している。あまり魚の採れないところを、調査対象から外しているのです。そうすれば当然漁獲量も減ります。さらに、遊び、レクリエーションでウナギを釣っている方々の漁獲量を二〇〇六年以降、やはり調査対象から外しています。

このように、唯一われわれが持っている漁獲量のデータというものも、その中身はなかなか厳しいものです。このデータからどのようにウナギの量を判断すればいいのか、非常に難しい問題です。

それに対して、アメリカやヨーロッパのデータはどのようなものだったか。日本のデータとの大きな違いの一つは、それが科学的なモニタリング・データであることでした。漁獲量ではなく、研究者や調査研究機関が直接サンプリングを行っているものが多い。漁業から独立したデータですので、信頼性が高い。

それから、成長段階別のデータが存在する。シラスウナギの数、成長期の黄ウナギの数、産卵回遊のために海に下りてきた銀ウナギの数。それぞれの成長段階ごとに科学的なモニタリングがなされている。このことに非常に大きな衝撃を受けています。もちろん、この状況については以前からある程度は知っていました。しかし今回、これだけ分厚いデータに直接触れる貴重な経験によって、改めて驚かされました。

もう一つ日本が抱えている問題点として自分が考えたことは、存在の軽さです。世界の中で生物の保全や資源の持続的利用を考える時に、日本のプレゼンス、アジアのプレゼンスが低いと感じました。

今回のウナギレッドリスト会議を主催したロンドン動物学会のホームページを見ると、IUCNのウナギ専門家サブグループの紹介があります（http://www.zsl.org/conservation/regions/uk-europe/iucnassg, 1863,AR.html）。この紹介ページは、イギリス・ヨーロッパのカテゴリーの中に含まれています。この中には熱帯ウナギもニホンウナギも全部入っています。アジアやアフリカ、オセアニアのウナギもヨーロッパ、イギリスの枠内で考えられている。歴史としてはヨーロッパウナギの保全からだんだん他の種類に広げていったということがあるのでしょうけど、一抹の寂しさを感じるわけです。

このことは、ウナギだけではなく他の問題でも同じだと思いますが、もっとルールメイキングの場に顔を出し、意見を言って、ルール作りを共に進めて行くことが、日本には必要なのではないかと感じました。

この二つが、私がロンドンから持ち帰った課題になります。以上で終わらせていただきます。

質問者　何カ国何名というのも秘密ですか？

海部　国の名前は控えさせていただきますが、全部で一六人です。意外と少ない感じです。

質問者　日本からは海部さんだけですか？

海部　いえ、私だけではありません。

ウナギの情報と経済

櫻井一宏（立正大学）

立正大学の櫻井と申します。今日の報告は「ウナギの情報と経済」というタイトルを付けさせていただきました。ウナギに関しまして私は正直素人で、現在、生態的な側面をはじめいろいろと勉強させていただいているのが実際のところです。ここでは、皆さんもご存知のことも多いかと存じますが、経済的・社会的な観点からウナギの「情報」が公共的なデータとしてどの程度得られ、どのように分析ができるかという点についてお話しさせていただきます。

内容は次の項目になります。

（1）ウナギの資源量、（2）ウナギの供給（養殖・加工・流通）、（3）ウナギの消費（食資源として）、（4）ウナギの経済的利用の全体像について、というこれら四つの話題について整理したうえで、今後ウナギを持続的に利用するためにどのような情報が必要になるかということをまとめたいと思います。

第一番目の項目に関して、本日の塚本先生や勝川先生の発表、あるいは既にさまざまなところで提示されていますが、漁業生産統計などに基づくシラスウナギ漁獲量のデータがあります［図1］。これをみると確かに漁獲が減少してきており、結果的にうな丼の価格が上昇するのも仕方ないように思えます。もちろん、これが間違っているというわけではないと思いますが、ここで注意が必要で、このデータはややもすると環境中に存在するウナギの資源量と考えられがちですが、あくまでも人間の手による漁獲情報であって、産卵場から東アジア一帯に存在しているニホンウナギの総資源量を表しているわけではありません。完全養殖が実現していない現状で、ウナギという水産資源がどのくらい存在するのかという情報は、残念ながらわれわれは持っていません。しかしながら、これが社会的なウナギ利用の原資となる基本的なデータであることは確かで、従来から整理されてきた統計データとして重要なものであることは事実だと思います。

次に、ウナギの社会的な利用について分析を試みます。われわれとしては、水産資源としてのウナギを持続的に利用したいということが大いなる希望であり目標にもなると思います。ここではわが国におけるウナギに関する経済活動を生産と消費の面から概観します。

二番目の論点として挙げた、ウナギの供給に関して情報をまとめてみます。わが国ではほとんどが蒲焼きをはじめとする食品として流通しています。毎年、土用の丑の日に供されるポピュラーな食べ物ということで人気が高いというのは周知の通りです。生産ということでは、先ほど述べたウナギ利用の原資となるシラスウナギの漁獲から始まり、養殖、加工、販売というルートで流通しているわけです。つまりウナギの生産は、天然資源であるシラスウナギが確保されない

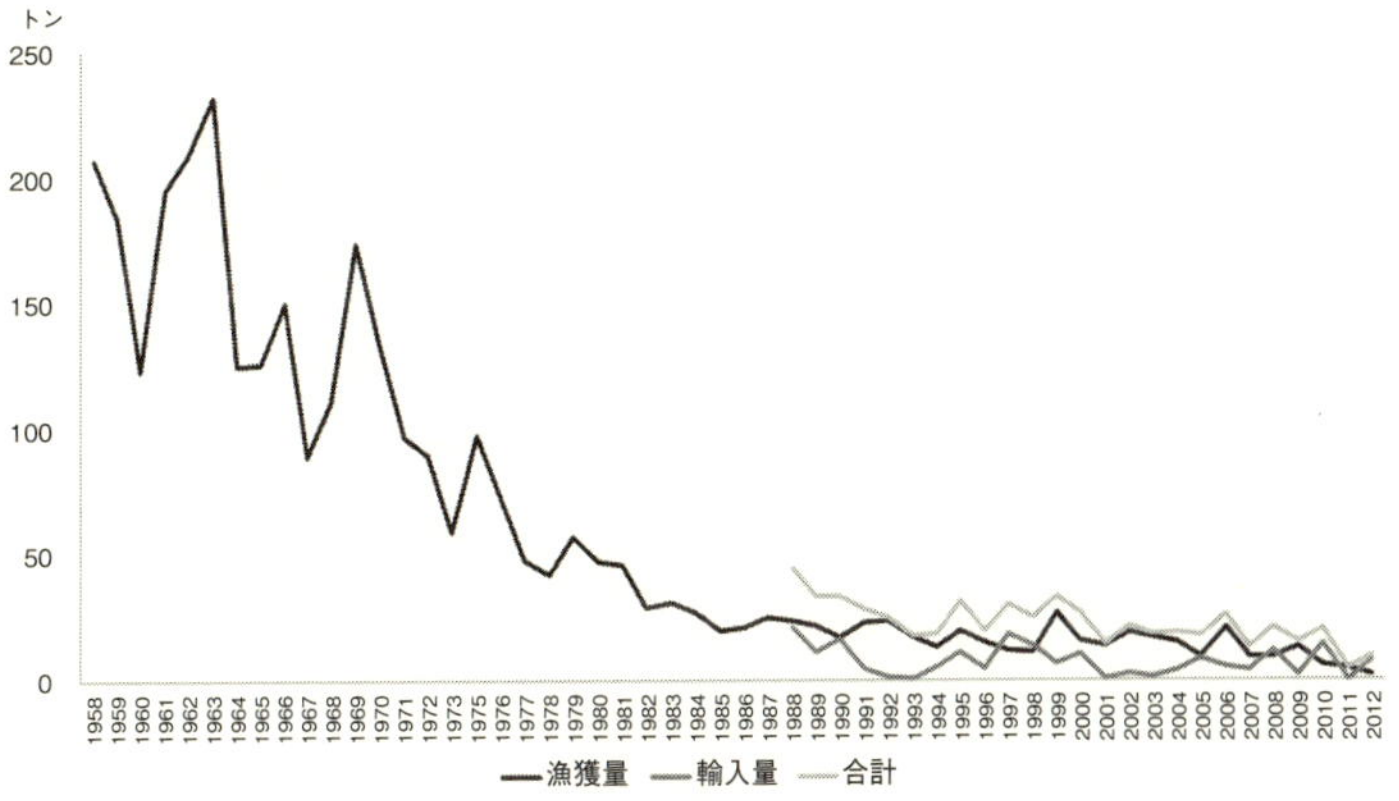

図1　シラスウナギ漁獲量の推移（1958年以降）
（漁業養殖業生産統計年報（農林水産省）より）

と始まらないということになります。

図2は、一九八〇年以降のウナギ（活鰻）の生産の推移を表したグラフです。これを一見すると、もともと天然ウナギとして漁獲された活鰻はごくわずかで、出回っているほとんどは養殖ウナギなので問題ないと思う人がいるかもしれません。しかし、この養殖モノのウナギも天然のシラスウナギを捕獲して育てたものなので、天然資源を利用していることと変わりありません。また、わが国のウナギ生産量は、天然ウナギ、養殖ウナギのいずれも減少傾向にありますが、特に二〇〇〇年以降、輸入によってカバーされてきたということが図2から分かります。

図3は活鰻だけではなく加工品輸入も含めた生産量を示したグラフです。二〇〇〇年をピークに減少しつつありますが、加工品についても輸入に頼っていることが分かります。また、シラスウナギの漁獲量の減少を反映してか、近年の生産量が全体的に減

りつつあることが明らかです。

図4は、（株）富士経済のデータによるウナギの蒲焼き販売の推移を示したものです。データを見ると、図3のウナギ加工品輸入量と同様に二〇〇〇年にピークを迎えています。この後ほとんど急落といってよい減少の仕方で、二〇〇八年に販売額が最低となり、最近の数年間はかなりの低水準で推移していることが分かります。まさに近年のシラスウナギの不漁が大きな影響を与えていると考えられます。


ここで供給側の情報をまとめますと、データの信頼性はともかくシラスウナギ、それから活鰻などの生産、そして加工品の推移などは比較的たやすく収集できます。しかし、最も明らかにしたい資源量そのものについては依然として不明であり、また、われわれが利用してもよい資源量についても全く予測がつかないのが現状であると言ってよいでしょう。さらに言えば、漁獲から流通してゆくプロセスそのものや、それを通じてどれくらいの規模の資源が移動しているのかといったデータも簡単には収集できない状況にあることが分かりました。

それでは三番目の論点として検討したいウナギの消費について見てみようと思います。図4のウナギの蒲焼き販売も消費と考えられなくもないですが、ここでは外食の売上と店舗のデータを図5に示しました。いわゆる専門店を中心にした外食サービスの提供です。一九八三年から二〇一一年までの推移が分かりますが、売上は二〇〇八年まで一二〇〇億円近くを保持してきました。

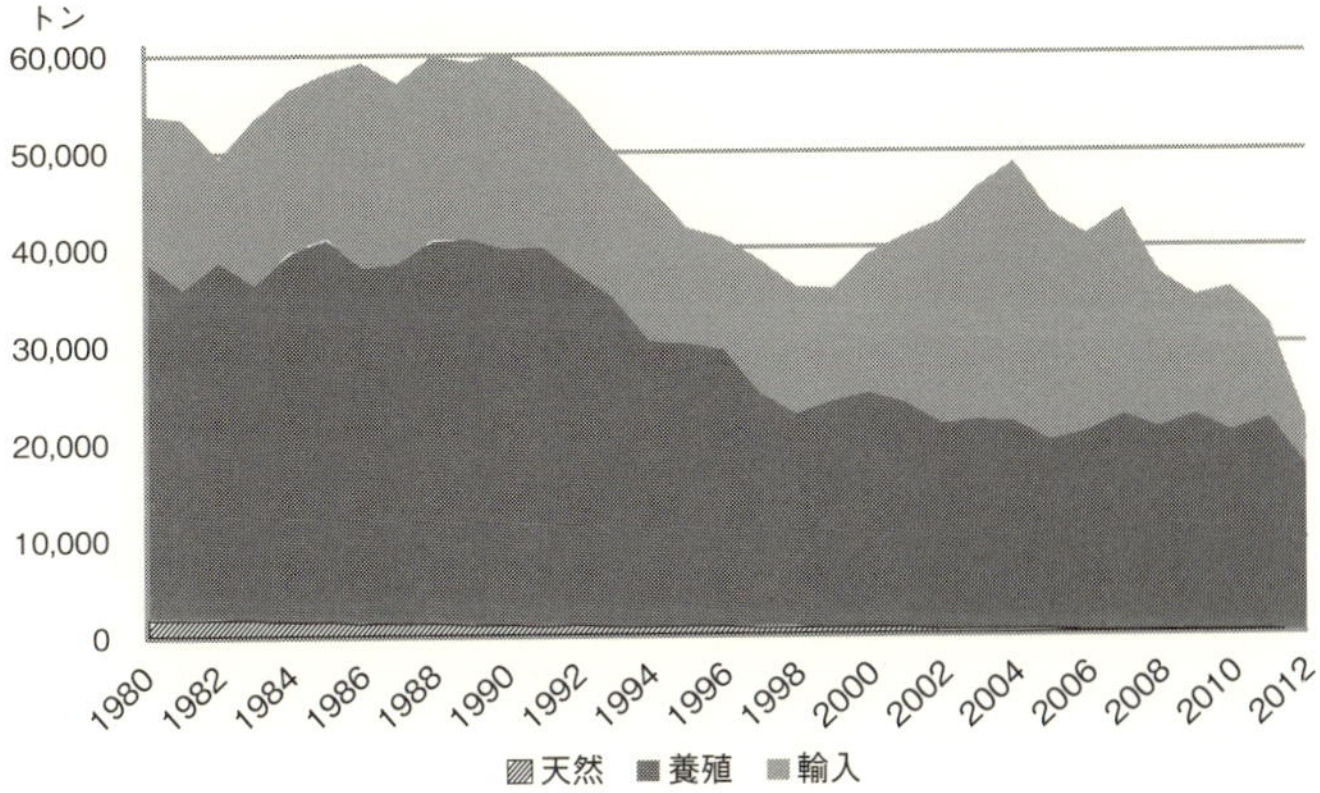

図２　わが国におけるウナギ生産（活鰻）の推移（1980 年以降）
（漁業・養殖業生産統計年報、内水面漁業・養殖業魚種別生産量累年統計、貿易統計より）

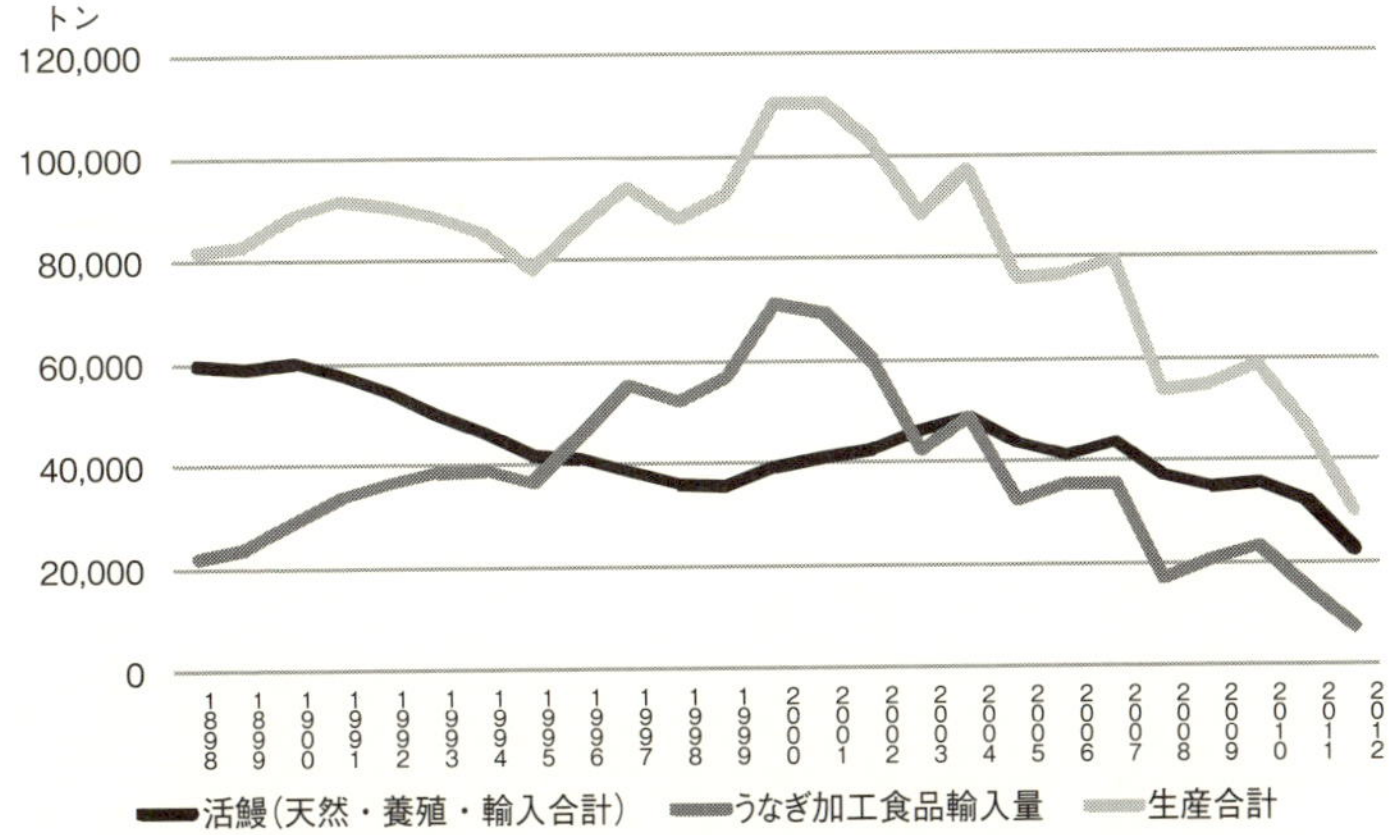

図３　ウナギの生産量の推移（1988 年以降）
（漁業・養殖業生産統計年報、内水面漁業・養殖業魚種別生産量累年統計、貿易統計より）

二〇〇九年以降、急激に落ち込んできていることが明らかです。近年の急落はシラスウナギの不漁にともなう市場価格の急騰などが売上に影響してきていると考えられるかもしれません。店舗数は、一九八六年までかなりの比率で増加し、そのままバブル崩壊まで３６００店舗程度で安定していたことが分かります。しかしその後徐々に減少し、二〇〇〇年頃にさらに減少傾向が強い様子が見られます。先ほど確認した蒲焼き販売の売上が二〇〇〇年に急増したのと対照的です。店舗で鰻料理を食す外食よりも蒲焼きをスーパーなどで購入して自宅で楽しむという中食（なかしょく、ちゅうしょく）と呼ばれる消費パターンに移行したのかもしれません。さらに二〇〇九年から現在にかけて売上高と同様、店舗数も激減してきています。二〇〇八年には３４００店舗ほどと見積もられていますが、二〇一一年のデータでは３１００店舗を下回り、今後もさらに減少することが見込まれます。二〇〇七年頃からは大手外食チェーンでうな丼を安価に提供するようになるなど、業界の競争環境もかなり変わってきていることも影響していると思います。いずれにせよ、従来からのウナギの消費形態や供給側の提供方法が大きく変わってきていると考えられるでしょう。

家計調査によるデータを図６に示します。やはり目立つのは二〇〇八年頃からの蒲焼き購入額が急落していることです。一九八〇年代から二〇〇〇年頃までは、一世帯あたり年平均でほぼ４０００円以上の支出がありました。二〇〇三年から４０００円を切り、上述した二〇〇八年に急激に支出額が減少し、３０００円以下になります。二〇〇三年前後の支出額の減少は先ほども触

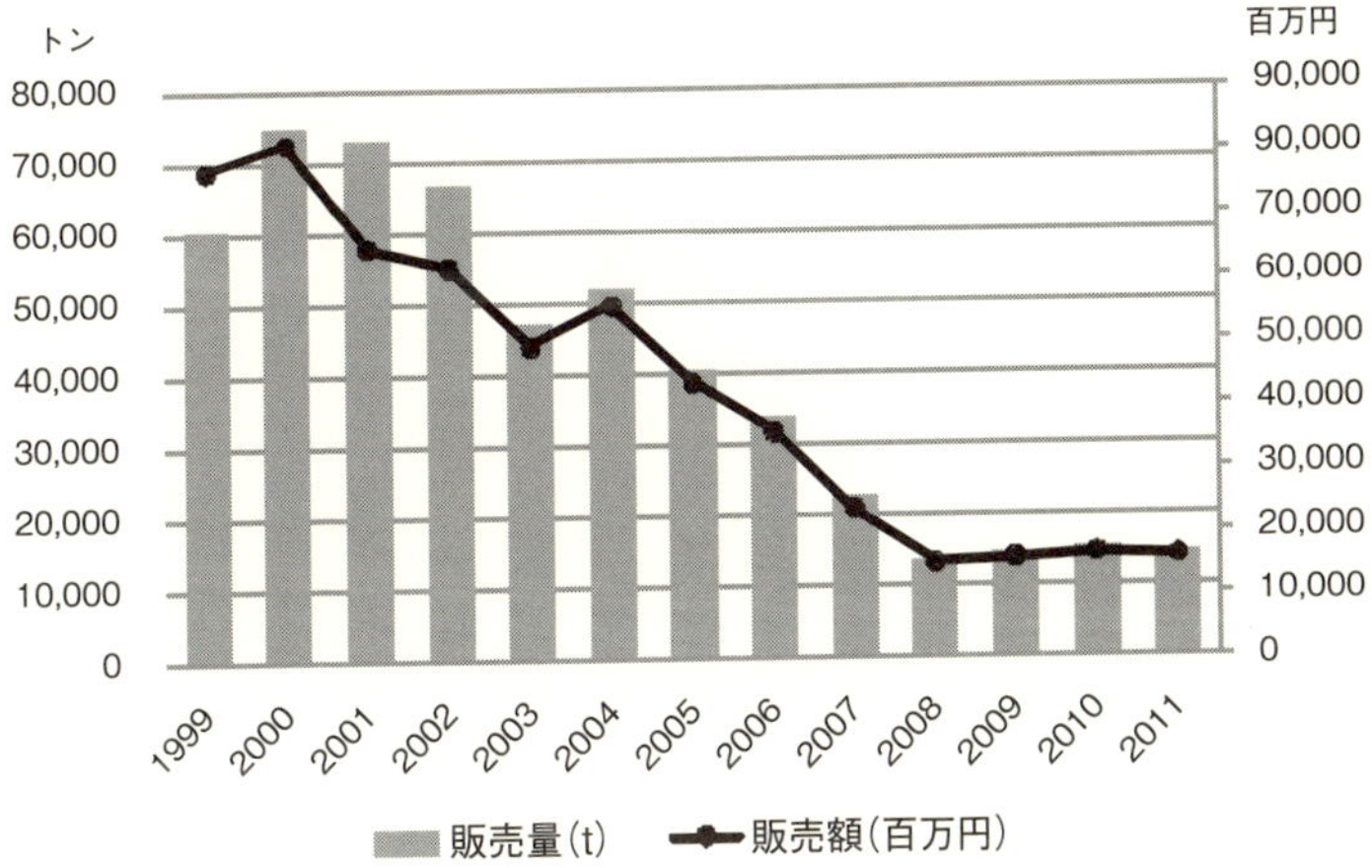

図４　ウナギの蒲焼き販売の推移
（(株）富士経済データより）

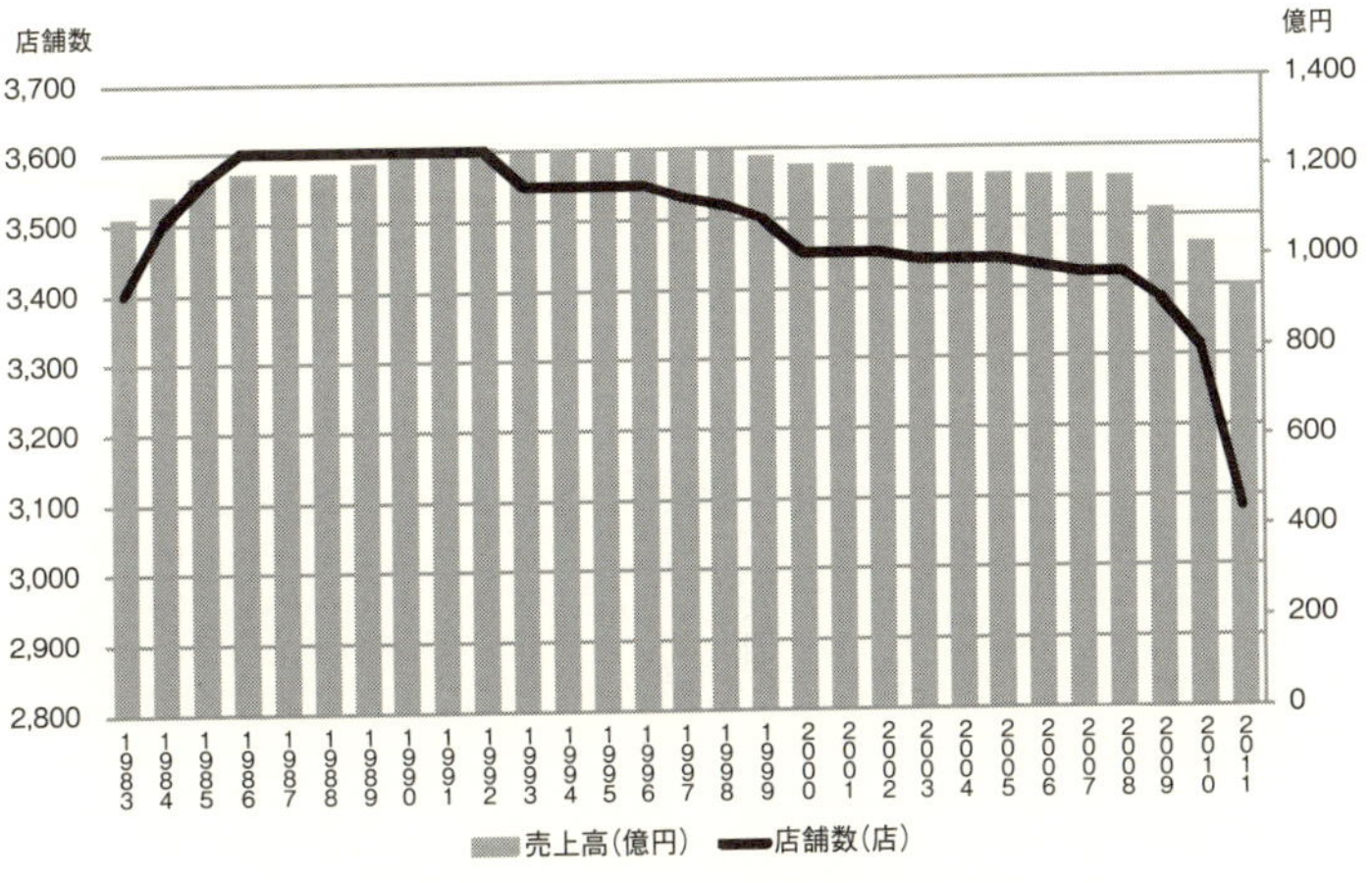

図５　ウナギの外食売上と店舗数
（(株）富士経済データより）

れた外食から中食への移行、二〇〇八年の急落は大手チェーンの低価格化販売などが影響しているのではないかと考えられます。その他にもスーパーやコンビニ等での販売などさまざまな要因があると思いますが、図6に示した蒲焼き購入額の食糧費に占める割合の推移を見ると、それぞれ二〇〇三年、二〇〇八年に大幅な低下が見られます。つまり、一世帯あたりの蒲焼きの購入について、量的に減ったのか、あるいは単価が下がったのかはハッキリしませんが、いずれにしても他の食品の購入額と比べるとその比率が低くなったということです。二〇〇〇年頃と二〇一二年の蒲焼き購入額の食糧費に占める割合を比較すると約半分になっているわけですから、低価格化と消費量の減少の両方が影響していると思います。

以上、ウナギの資源量や生産・消費に関して比較的入手しやすいデータを見てきました。あらためて述べますが、結局のところわれわれが考えたいのはウナギの持続的利用ということに尽きます。長い時間をかけて一般に親しまれてきたわが国の食文化という側面からも、経済的な面からの関連産業への影響ということからも、できれば今後もウナギ資源を活用したいというのが本音だと思います。そのために必要だと考えることを以下に述べます。

まず資源量に関しての調査や研究を進展させ、継続的なデータを整備してゆくということです。まだウナギの生態が解明されていないことから、簡単なことではないと思いますが、冒頭に述べたように漁獲に基づくデータだけではなく、漁期に影響されないかたちで何らかのモニタリング調査による資源量データを収集できればと思います。さらに、シラスウナギの漁獲データについ

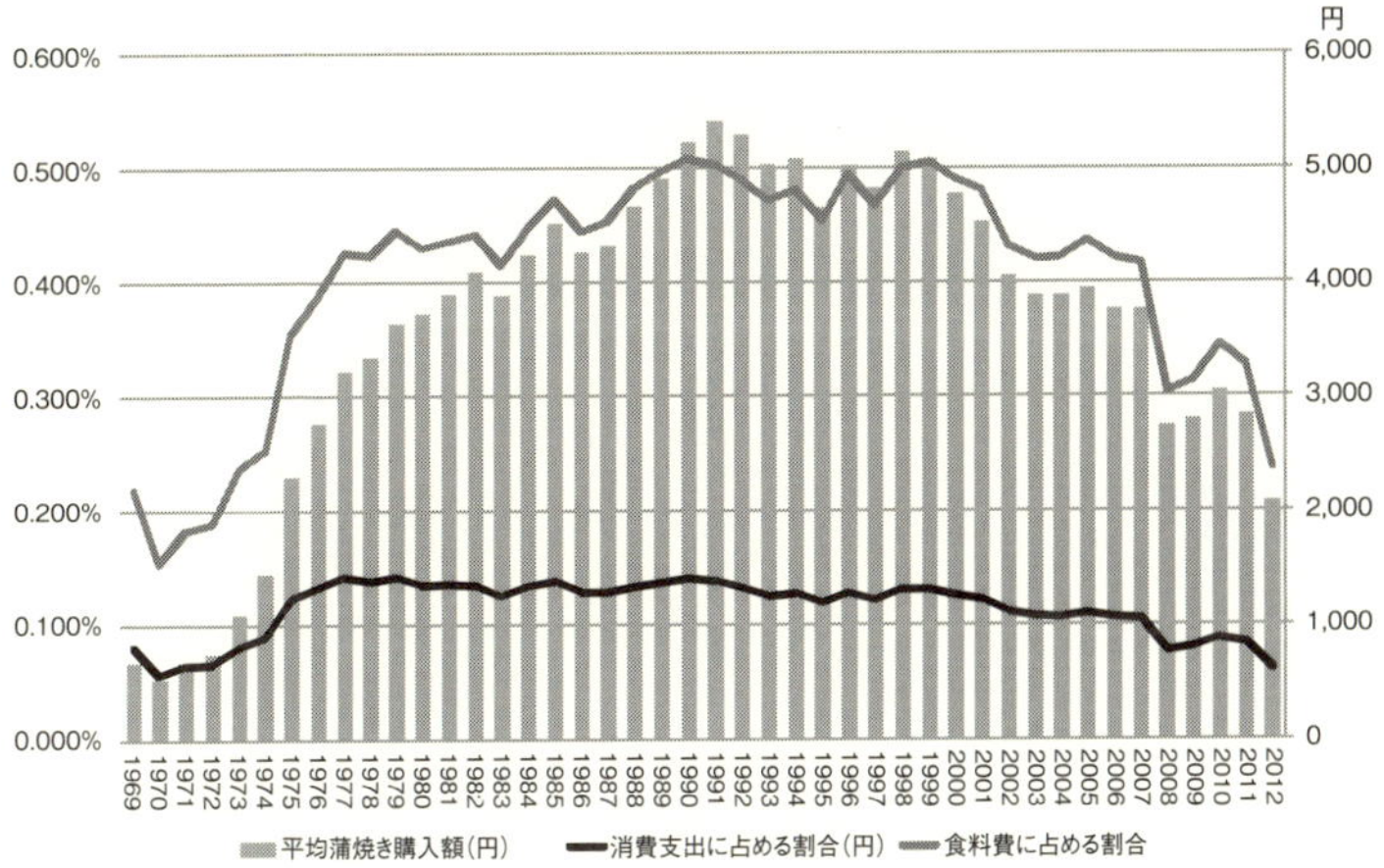

図６　１世帯あたりの年間平均蒲焼き購入額
（家計調査より）

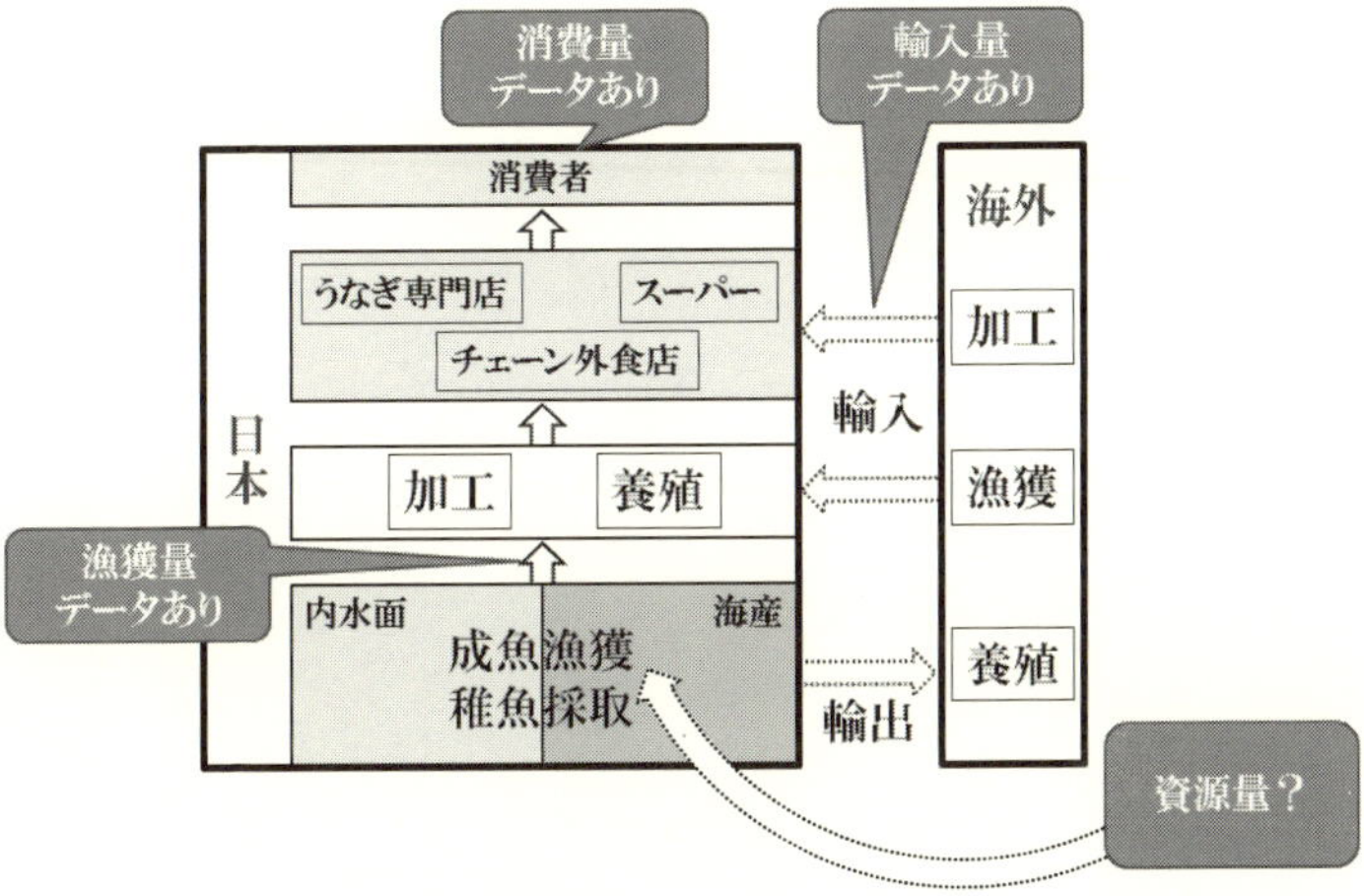

図７　社会におけるウナギのフロー

ても体系的に整理し、信頼性の高いデータベースを構築したいということがあります。ここをしっかりさせることで、漁獲以降の養殖や加工等の各プロセスでの流通データとあわせて関連情報を管理することにつながると思います。また、養殖にしても加工にしても、近隣諸国からの輸入などの貿易データも関係してくるため、これらの情報管理も重要なポイントになります。

最後に、データベースの整備と同時にわれわれがウナギをどのように利用しているのか、経済的なフローとその全体像を整理してみることが重要だと考えます［図7参照］。現実の世の中のことなので、いろいろと複雑な状況があるとは思いますが、先に述べた資源量の推計や漁獲量データ、それらの流通や販売、消費というウナギ資源の社会的な利用プロセスを把握し、不明なところや問題点を明らかにすることが必要だと思います。

産卵場調査から予測するニホンウナギの未来

渡邊俊（日本大学）

先ほど、塚本先生のお話にあったように、ニホンウナギは海と川を行き交う通し回遊魚です。ただ、食資源としてのシンポジウムになりますと、ニホンウナギが遠いマリアナ海域からはるばる日本へ来ることを忘れがちです。よって、今日は産卵場調査の結果からニホンウナギの未来について考えたいと思います。

図1は一九九〇年代前半のレプトセファルスの採集の分布データです。○はレプトセファルスが採集された定点、●は採集されなかった定点を示します。この図から、ニホンウナギのレプトセファルスは、北緯15度近辺で採集されていることが分かります。その後の調査から、ニホンウナギの産卵場は三つの海山から代表される西マリアナ海嶺付近に形成されることが分かりました。孵化したレプトセファルスは北赤道海流により、東から西へ流れて行き、フィリピンの沖で黒潮に乗り換えて、東アジアへやってきます。ここでもう一つ注目したい点は、北赤道海流がフィリピン沖で、北への黒潮と南へのミンダナオ海流へ二つにわかれることです。

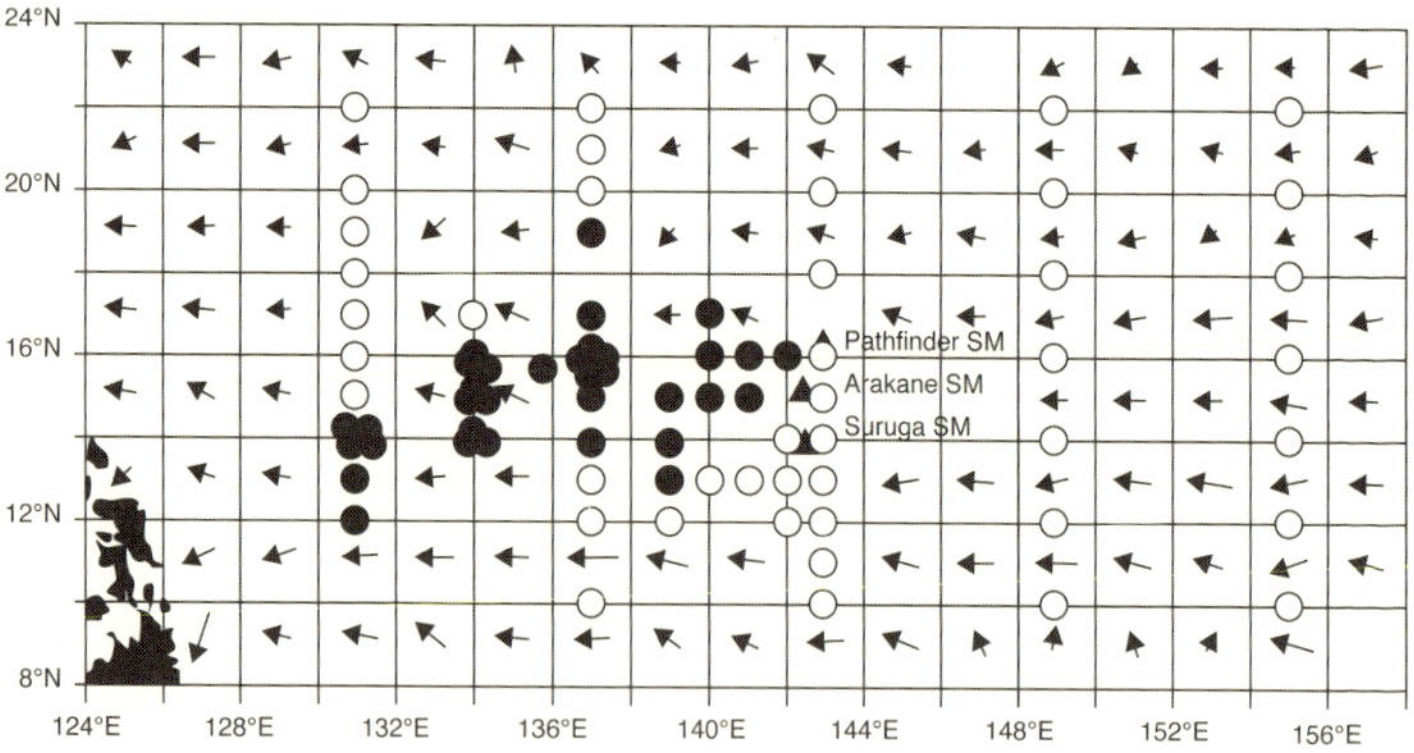

図１　1990年代前半のニホンウナギ産卵場調査から得られたレプトセファルスの分布

一九九〇年代前半は小型レプトセファルスの採集に力が注がれました。二〇〇五年にプレレプトが発見され、さらに二〇〇九年にはついに卵が採集され、西マリアナ海嶺がニホンウナギの産卵場であることが分かりました。一九九〇年代、西マリアナ海嶺付近でレプトセファルスは、北緯15〜17度で採集されています［図2］。それが二〇〇五年、二〇〇七年、二〇〇八年のプレレプトセファルスの採集では、14度と13度付近です［図2］。二〇〇九年および二〇一一年に卵を採集した場所は北緯13度付近、二〇一二年五月には北緯15度付近、また同年の六月には北緯14度付近でした［図2］。以上の結果から、ニホンウナギの産卵場は、年のみならず月によっても変動し、さらには一九九〇年代前半に比べ、近年では南下していると考えられます。

それでは、ニホンウナギの産卵場の南下が何を引き起こすかを考えます。図3は、東京大学大気海洋研究所・木村伸吾先生の研究室が行なった数値シミュレー

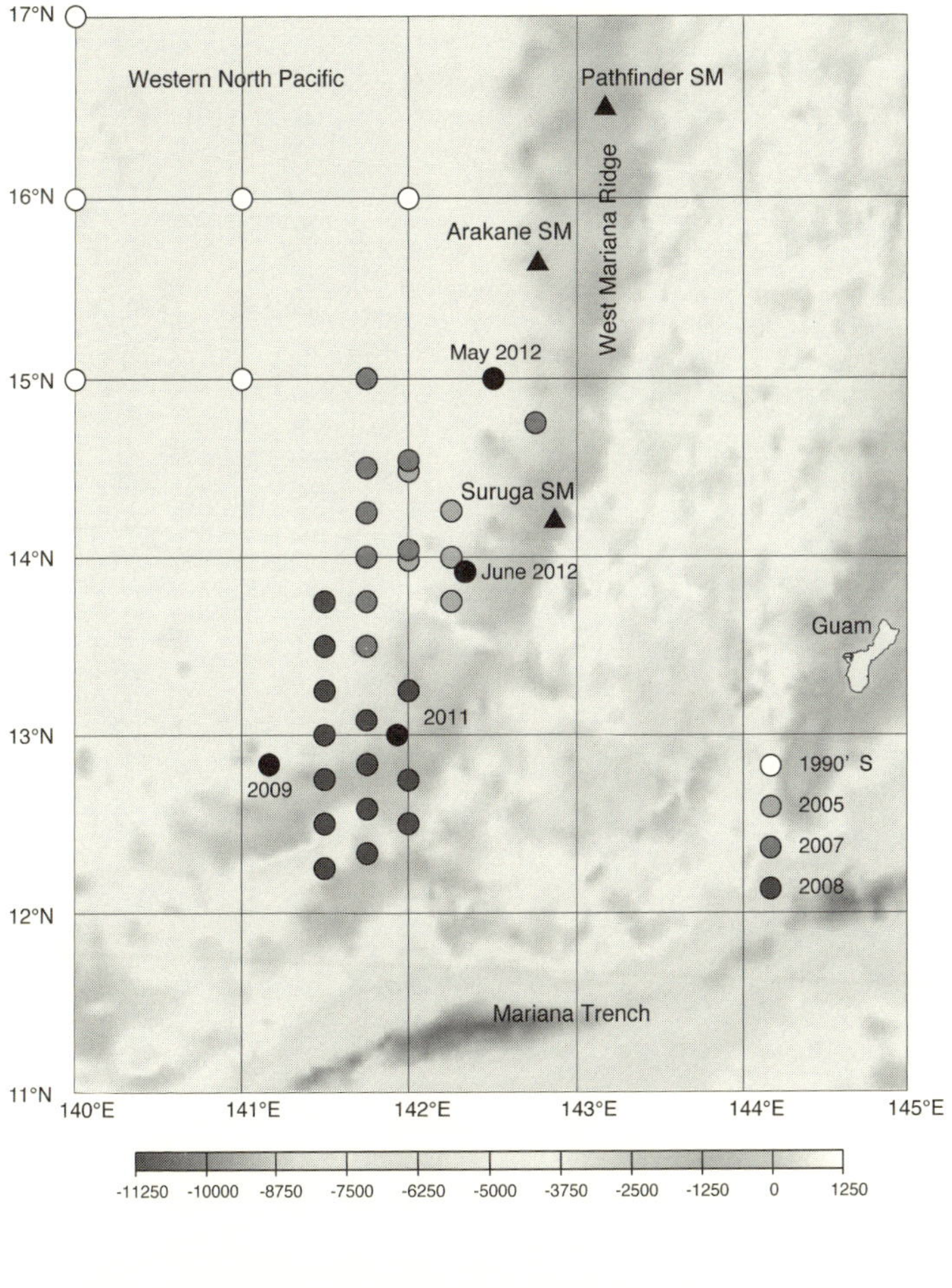

図２　西アリアナ海嶺周辺海域における小型レプトセファルス、プレレプトセファルス、卵の採集地点

ション（OFES）の結果の一部をお借りしたものです。この図は、エルニーニョでもラニーニャでもない二〇〇〇年六月の海流状況を用いて、東経１４２度の北緯14度（A）、13度（B）、12度（C）の１５０m層で１０００粒の粒子を流してみると、時間経過でどこへたどり着くかというシミュレーションの結果を示します。東経１４２度・北緯14度では５６・４％が黒潮に乗り、東アジア方面へ流れ着きます［図３A］。しかしながら、北緯13度と北緯12度では１２・９％と１・４％のみが黒潮に乗ることから、東アジアへ到達する割合が激減に低下します［図３B・C］。つまり、北緯13度と北緯12度では大方がミンダナオ海流に取り込まれ、セルベス海周辺に流れ着くことが予想されています。この結果は、ニホンウナギの産卵場の南下が、東アジアへ加入するシラスウナギの減少を引き起こす可能性を示唆します。産卵場の南下の原因は、主に地球環境の変動によるものと考えます。

実際、二〇〇二年一一月、セルベス海においてニホンウナギのレプトセファルス（42ミリ）の採集例があります。ニホンウナギのレプトセファルスがミンダナオ海流に乗り、セルベス海まで到達していることが判明しました。

ニホンウナギがセルベス海周辺の島々の河川に到達したとしても、そこには既に4種類のウナギ（*Anguilla celebesensis, A. marmorata, A. borneensis, A. bicolor*）が生息していますので、ニホンウナギがこれらの河川で生息できるかは疑問です。ミンダナオ海流に取り込まれたニホンウナギは死滅回遊になるかもしれません。

さてもう一度、産卵場調査の結果に戻りたいと思います。二〇一二年の五月は比較的、高緯度の15度で卵を採集することができました。そこで、この航海に参加した私たちは船上で、先ほどの数値シミュレーションの結果も考慮し、二〇一二年度のシラス加入が少しでも良くなるのではとの淡い期待を持ちました。しかしながら、二〇一二年度のシラス漁は過去最低の結果となりました。西マリアナ海嶺の北部で産卵が行なわれたのにもかかわらず、シラス漁が過去最低であったというこの二つの事実は、産卵場へ回遊する親ウナギがそもそも減少しているからと考えます。この親ウナギの減少は、乱獲と河川環境の悪化が主な原因と考えます。

今までの結果をまとめると、ニホンウナギの産卵場の南下は、東アジアのシラス加入に影響を及ぼします。東アジアに加入するシラスは漁獲され、養殖へと回されます。運良く河川に遡上し

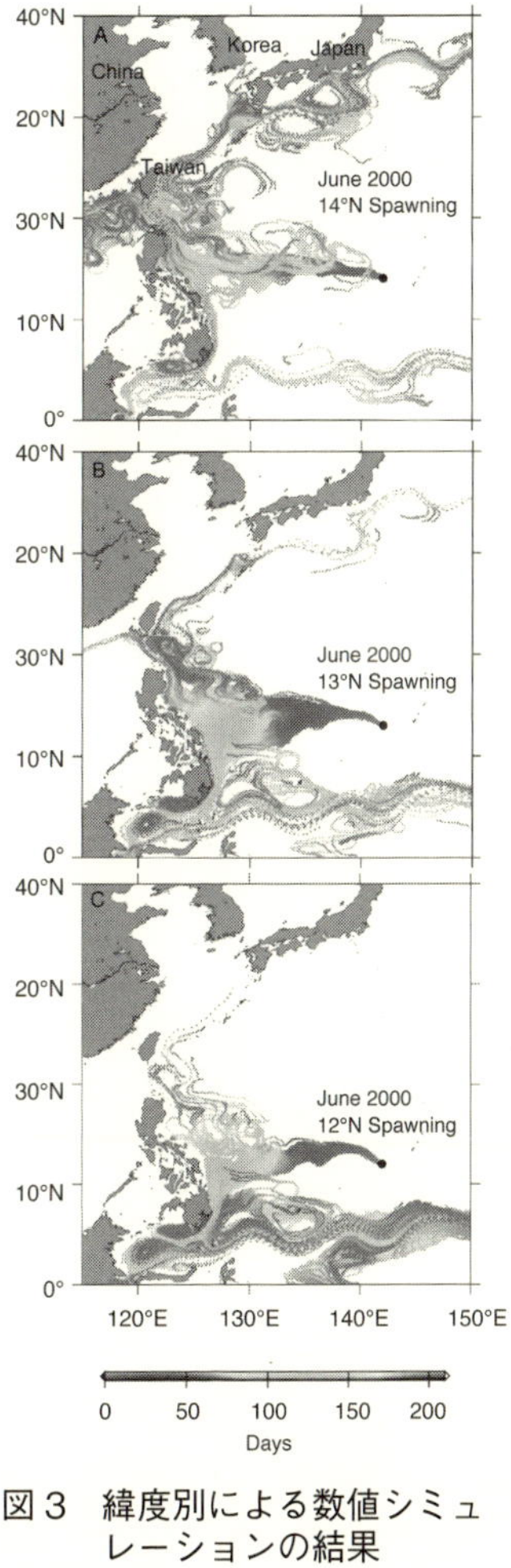

図３　緯度別による数値シミュレーションの結果

たとしても、成長すると漁獲圧を受けます。また、成育に適さない環境の河川に遡上してしまう可能性もあります。これら二つは黄ウナギ資源を脅かします。黄ウナギ資源の減少は、西マリアナ海嶺へ帰る親ウナギの減少へ直接つながります。さらに、これが負のスパイラルとなって、ニホンウナギの資源を悪化させます。地球環境変動、完全養殖、乱獲、河川環境については、私たちの力で改善できるものと考えます。

「一〇〇年後の地球がどうなっているのか?」については現在、様々な方法から予想されています。その一例では、私たちが経済重視で一〇〇年を過ごすと、地球全体の平均温度が約4度上昇すると考えられています。また、環境重視の場合でも約3度上がると予想されています。各地域の気温上昇は一様ではなく、北極圏が一番、温暖化の影響を強く受け、さらに北半球の様々な場所でも温度が上昇します。日本では約6度上がると報告されています。以上を踏まえ、一〇〇年後のニホンウナギの分布パターンを空想しました。

一つ目は、温暖化により北方（例えば、北海道など）へニホンウナギが進出できるかもしれません。二つ目は、気温上昇が熱帯ウナギに何かの悪影響を与え、それによりニホンウナギがセルベス海周辺の河川にも生息可能になり、分布域を北と南に広げることです。三つ目は、もはや東アジアにはいなくなり、セルベス海周辺の河川のみに生息するというシナリオです。しかしそれは、もはやニホンウナギと呼ぶには相応しくないと思われます。

ニホンウナギの未来は厳しい状況が待ち構えています。ただし、環境回復、漁獲規制、完全養殖など、私たちにはまだまだやることがあります。ニホンウナギには大変おこがましい言い方ですが、「彼らの未来は私たち次第でなんとか変えられるのではないか？」と思うのです。これで発表を終わります。ありがとうございました。

質問者1　産卵場が南下しているということですが、まだ仮説でしかないと思うのですが、温暖化して水温が上がっている中で南下するとさらに高くなるわけで、そのウナギにとってのメリットは何でしょうか。

渡邊　産卵場に西マリアナ海嶺を使うと思われるので、いくら南下しても海嶺が存在する12度までと考えています。よって、それよりも南下することはないと思います。南下してのメリットは分かりません。

質問者1　何故北上ではなく南下なのでしょうか？

渡邊　この海域は、多量に雨が降る所と降らない所の境目があり、それが表面の塩分濃度の差にも係わっており、ゆえに水塊の違いともなっています。現在、この水塊の違いがニホンウナギの産卵場の形成に関わっていると考えています。よって、この境目が南北に上下するため、ニホンウナギの産卵場もそれにあわせて変動すると思います。

質問者2　銀ウナギの降りのコースは分かっているのでしょうか?

渡邊　未だ分かっておりません。一つの仮説としては、黒潮から小笠原海流という小笠原海嶺から西マリアナ海嶺へ南下する海流に乗り継いで、産卵場へ至ると考えられています。

質問者2　真南を南下するということですか?

渡邊　はい、小笠原海嶺から西マリアナ海嶺へ南下すると考えます。

質問者3　九〇年代から二〇〇〇年代のデータの南下も地球温暖化の影響が考えられますか。

渡邊　そう思います。塩分フロントすなわち水塊の違いをニホンウナギは感知し、産卵場を形成すると考えます。その水塊が九〇年代に比べ、二〇〇〇年代ではどんどん南下しているという状況です。

質問者3　具体的にどのくらいの濃度ですか？

渡邊　濃度は絶対値ではなく、相対値と考えており、むしろ水塊が南下すると考えます。

質問者4　九〇年代の前には西の台湾、東シナ海で産卵しているのではないかと言っていましたが、それはデータも無かったし、現在になって、おそらく当時からこのあたりで産卵をやっていたと予測できるのか、東に移ってきたという予測があるのか、はたまた、やはり昔は西で産卵していたのでしょうか。

渡邊　昔から西マリアナ海嶺が使われていると考えます。

司会　どうもありがとうございました。

ています。割かれたウナギの蒲焼きが初めて登場するのは、元禄時代に刊行された雲風《うんぷう》子《し》林鴻《りんこう》の浮世草子『好色産毛』です（図１）。この挿絵には、頭に鉢巻きをして諸肌を脱いだ露天商の鰻売りが、割いて串に刺した蒲焼きを団扇で扇ぐ様子が描かれています。次第に調理法は洗練され、鰻屋の座敷で供される高級食になっていきました。

夏の「土用丑の日」にウナギを食べる習慣は、江戸中期に始まったとされています。由来についてはいくつか説がありますが、江戸の才人・平賀源内が考案したというのが最も有名です。夏場の売上げ不振に悩んだ鰻屋の知人に頼まれて、平賀源内が考えた客寄せのキャッチコピーが有名な「本日、土用丑の日」。これを大書して店頭に張り出したところ、その鰻屋が大繁盛したというものです。日本では今でも夏の土用の丑の日を中心にウナギの年間消費の３～４割が消費されており（図２）、いかに土用の丑の日にウナギを食する習慣が根づいているかわかります。「串打ち３年、割き８年、焼き一生」といわれるように、ウナギの調理には熟練の技を要します。こうした職人の技も含めて、ウナギ蒲焼きの伝統は、現代へ脈々と継承されてきたのです。

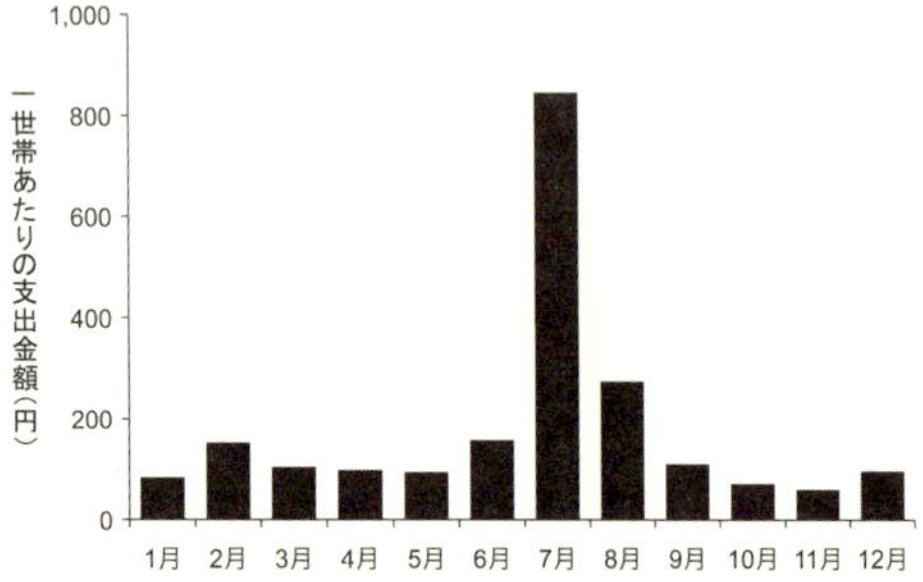

図２　2012年の１世帯あたりのうなぎのかば焼きの支出金額、２世帯以上（総務省統計局の家計調査を基に作成）

日本の食文化に深い関わりのあるウナギは、古典落語にも度々登場します。また、ユニークな形態や行動をもち、ことわざや慣用句にもなっているこの生き物は、昔から私たちにとって身近な存在でした。こうしたウナギと日本人との長いつながりが途絶えないよう、そしていつまでも日本の川にたくさんのウナギが暮らせるように保全努力をしたいものです。

コラム１●日本におけるうなぎ食文化

黒木真理（東京大学）

ウナギがこの地球上に現れたのは今から数千万年前。私たちホモ・サピエンスが地球上に現れた 40 万から 25 万年前に比べると、ずっと前からウナギは川にいたことになります。おそらく人類は昔からウナギをとって食べていたものと思われます。日本の縄文・弥生遺跡をみると、およそ 130 カ所の遺跡からウナギの骨が出土しています。当時川岸で簡単に獲れる栄養価の高いウナギは、重要な食資源だったのでしょう。全国でウナギ骨の出土した場所をみると、やはりウナギの回遊経路となっている黒潮の影響を受ける太平洋岸に多く、とくに東京湾や仙台湾の周辺ではたくさんの遺跡からウナギ骨が見つかっています。一方、日本海側で現在知られているのは、わずかに福岡県の新延貝塚と熊本県の阿高貝塚の２例だけです。最北端は北海道の美沢４遺跡です。今でも北海道でウナギが採れることが時々ありますが、約 4,000 年前の縄文中・後期にはこの地もウナギのシラスが漂着できるほど、暖かかったことがうかがえます。最南端は沖縄県・知場塚原遺跡で縄文時代晩期のもので、現在のウナギの地理分布を考えるとオオウナギの可能性もあります。

図１　浮世草子『好色産毛』巻三に描かれた鰻売り（天理大学附属天理図書館蔵）

江戸時代初期にはウナギは割かずに丸ごと串刺しにして道端の屋台で焼く、いわゆる庶民のファストフードでした。丸焼きにしたものに山椒味噌をぬったり、豆油《たまり》をつけたりして食べていたようです。そのぶつ切り、串刺しの様子が蒲の穂に似ていたので、「蒲焼き」の名がついたといわれ養鰻池に十分な酸素を送り込むための水車が導入されました。また、それまでは蚕の蛹《さなぎ》、イワシ、イカナゴ、近隣の水産加工場から出る加工残滓カツオの頭など安価な魚を大量に煮て、露地池に吊してウナギに給餌していましたが、1964 年から配合飼料の開発が始まりました。やがて配合飼料の開発により魚の成長が促進され、効率的でより計画的な生産ができるようになりました。

1970 年代になると、それまでの露地池を使った粗放的養鰻から、コンクリートの水槽をビニールハウスで覆い、加温した水でウナギを促成飼育する「加温ハウス養鰻」が主流になりました。これによって、冬は冬眠していたウナギが一年中餌を食べるようになり、効率よく養殖できるようになりました。こうした技術革新に伴い、養鰻は関西以西の四国や九州にも広がっていきました（図2）。高知では、園芸農家がそれまでピーマンなどの農作物を育てていたビニールハウスをそのまま養殖場に転用する形で、養鰻が行われるようになりました。一方、九州の鹿児島や宮崎では、コンクリート池の上に新たにビニールハウスを建てる大規模なハウス養鰻が展開され、現在では日本の養鰻業の中心地となっています。

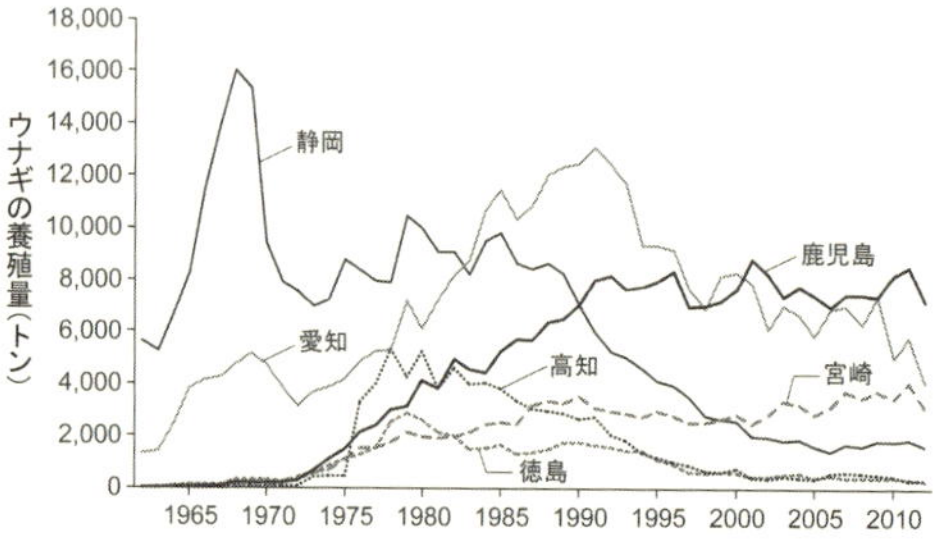

図２　主要６県のウナギ養殖量の推移（農林水産省統計を基に作成）

現在、私たちが消費しているウナギの 99.5%以上が養殖で、その約 70%は中国や台湾からの輸入です。養鰻の種苗は 100%天然のシラスウナギに依存していますが、近年、そのシラスウナギの資源量が減少の一途を辿っています。今後、ウナギ資源を持続的に利用し養鰻業を存続させるためには、科学的根拠に基づく資源管理や保全努力への取り組みが重要となるでしょう。また一方で、人工種苗生産技術の開発研究や天然ウナギの生態研究も大きな鍵となると期待されています。

コラム２●日本におけるウナギ養殖の歴史

黒木真理（東京大学）

日本の養鰻は、1879年に服部倉治郎によって始められたと言われています。服部家は長州藩・毛利家御用の「鮒五」という川魚問屋で、金魚や鯉、鮒、鼈《すっぽん》などの養殖も行っていました。ウナギの養殖に着手した倉治郎は、東京の深川（現 東京都江東区）で約２ヘクタールの池沼にクロコを放養して成鰻まで育て、ウナギ養殖の事業化に成功しました。川で獲れるウナギの漁獲量は季節による変動が大きく、当時、安定的に供給できる養殖ウナギは重宝されたことと思われます。その後、倉治郎は静岡の舞阪で本格的な養鰻を始めました。温暖な浜名湖周辺ではクロコが大量に採れ、大井川水系の豊富な水があり、ウナギの養殖に適した風土でした。また養鰻池を造成できる遊休地もあり、餌も安価に調達できました。さらに大消費地である東京と大阪の中間地点に位置し、鉄道も整備されて経済的利便性が高いという好条件が揃っていました。寒い冬の夜中にランプを照らして河口でシラスウナギを掬《すく》う風景は、今では冬の風物詩となっていますが、河口に接岸するシラスウナギを種苗として使うようになったのは1920年頃で、それまではある程度発達したクロコが種苗として使われていました。露地池を用いた養鰻は、次第に愛知や三重にも広がり、東海地方は日本の養鰻業の中心となりました（図１）。

図１　養鰻の盛んだった1960年代の静岡県榛原郡吉田町の航空写真（写真提供：丸榛吉田うなぎ漁業協同組合）

1930年頃には、ウナギの生産量は3,000トンを越えて、天然ウナギの漁獲量を抜きました。第２次世界大戦によって養鰻業は一時衰退しましたが、1960年頃には立ち直りを見せて戦前の生産量を上回りました。1955年には、

ウナギ人工種苗生産技術への取り組み——経過と現状

田中秀樹（水産総合研究センター増養殖研究所）

増養殖研究所の田中でございます。

ウナギの未来は厳しいというお話がありましたけれど、その厳しい未来をなんとか切り拓こうという技術がこの人工種苗生産ということで、非常に注目されておりますので、この取り組みの計画と現状についてお話しさせていただきます。

まず、ウナギは飼育条件下では成熟・産卵しないという問題があります。そのためにウナギの養殖は天然の稚魚を採って育てるということになってしまっています。人工的に卵を産ませてそれを育てるということは簡単にはできませんでした。

ウナギのお腹を開いてみますと、オスでは生殖腺の重量が、体重に対して何％ぐらいあるかということですが、——オスでは０・２から０・３％くらいしかなくて、精巣があるというのに普通はほとんど気が付きません。メスでは体重の１から１・７％くらいで、背中側に白いものとして卵巣があるんですけれども、じつはメスがほとんどいないということで、飼育下ではほとんど——90％以上がオスになってしまいますので、養殖ウナギのお腹を開いても滅多にメスの卵巣を見ることがないというのが現状です。ここでウナギの場合、メス化させること、成熟・産卵をさせること、という技術が必要となってきます。

ウナギの人為催熟・人工ふ化の研究自体は非常に古くから行なわれていまして、だいたい今から五〇年以上も前の一九六〇年代から始められています。一九六一年、ホルモン投与によりオスから精子を得ることに、東大の日比谷先生のグループが成功しています。そこから一〇年あまり経ちまして、一九七三年北海道大学の山本喜一郎先生のグループが世界で初めて人工ふ化に成功して、5日間の発生過程を観察しています。以後、静岡県水産試験場、千葉県水産試験場、東大でも成功しまして、七六年には北大で14日目までの発生過程を観察しています。

もうひとつ大きな転機は、九一年愛知県水産試験場でメス化養成親魚からふ化仔魚を得ることに成功しました。それ以前の研究というのは、メスに関しては天然の下りウナギを使っていたということで、研究の機会が限られていました。養殖ウナギをメスにして、それを育てて親として、子供をとる、ということができるようになり、季節を問わずウナギの人為催熟・人工ふ化の研究が出来るようになったのは九〇年代です。

ここまでの成果によって、受精卵は得られるようになりましたが、かなり不安定です。それから仔魚のエサが不明で給餌飼育ができない。14日とか17日とか飼育したという例があるのですが、これは卵の栄養だけで生き延びられる限界のところまでということで、給餌飼育はできていませんでした。

［図1］これはちょっと図が細かくて見にくいですが、水産総合研究センターにおけるウナギ種苗生産研究の歴史です。九〇年代から本格的に始まるということです。バイオメディアというプロジェクトの中で、まずウナギの催熟が課題となりました。このプロジェクトでは、ホルモン（内分泌）の研究が行なわれており、その出口としてウナギの成熟を促進する課題が行なわれました。

で、この課題の途中、一九九六年にふ化仔魚がサメの卵を食べるということが発見されました。これが非常に大きなブレークスルーになり、以降仔魚を飼育する研究が可能になったわけです。

その次、九七年から始まった水産生物育種というプロジェクトの中で、「ウナギの初期発生に対する内的外的因子の解明」という課題が与えられまして、今度はふ化仔魚の初期発生の研究が行なわれました。その課題の途中でレプトセファルスまでの飼育が可能となりました。さらに二〇〇一年からの栽培プロ研、水産総合研究センターの交付金プロジェクトで、「種苗生産技術の高度化」という課題が立てられ、初めて仔魚を育てることが課題となりました。このプロジェクトでは大学や県の水産試験場も含めウナギサブチーム6課題のかなり総合的な取り組みが行なわれました。その期間中の、二〇〇二年に初めてシラスウナギまで育てることができました。さらにその後、水産庁の委託事業、農林水産技術会議の委託プロジェクト――これは七年間続いたの

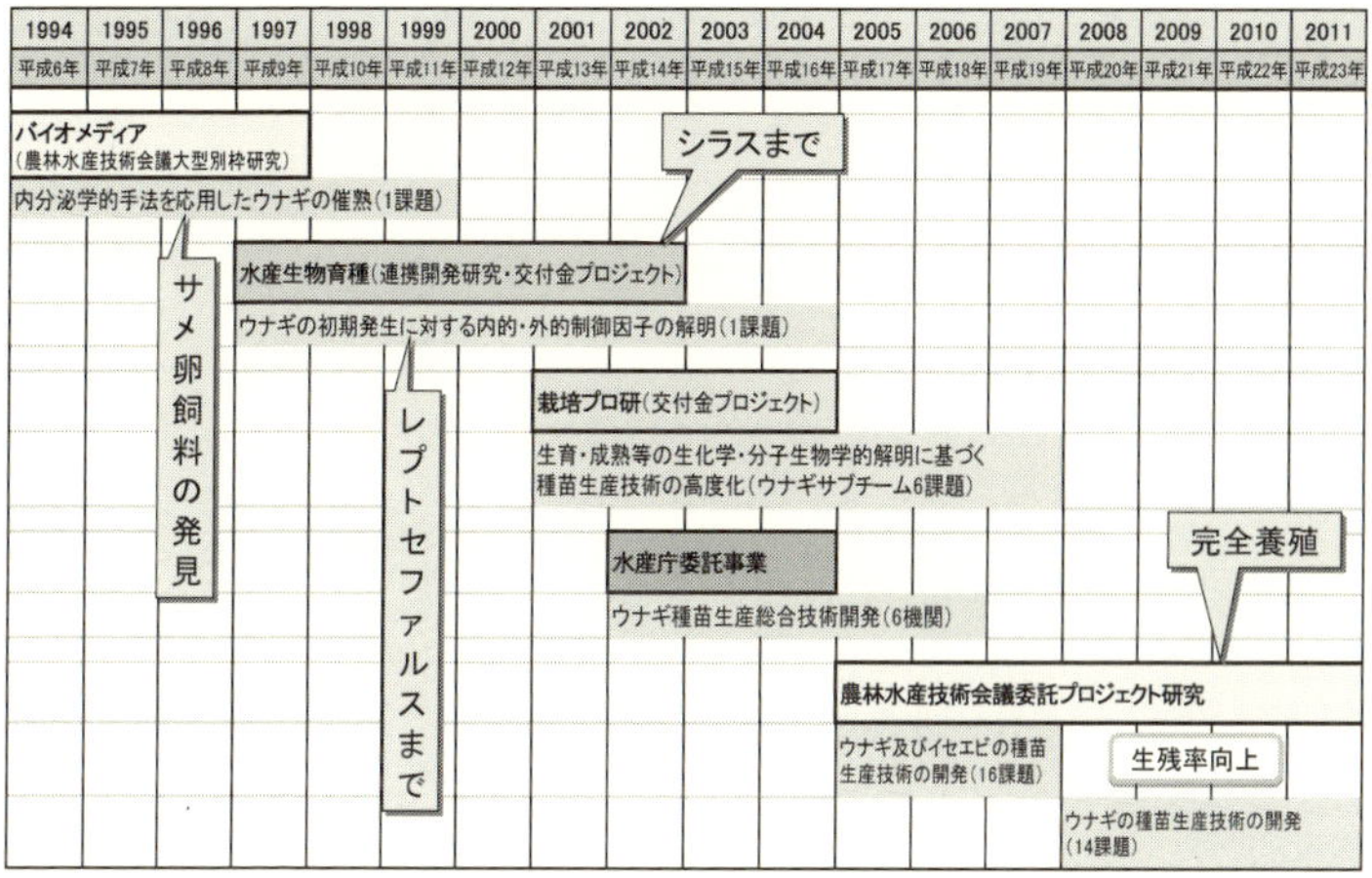

1994 1995 1996 1997 1998 1999 2000 2001 2002 2003 2004 2005 2006 2007 2008 2009 2010 2011
平成6年 平成7年 平成8年 平成9年 平成10年 平成11年 平成12年 平成13年 平成14年 平成15年 平成16年 平成17年 平成18年 平成19年 平成20年 平成21年 平成22年 平成23年
バイオメディア
(農林水産技術会議大型別枠研究)
内分泌学的手法を応用したウナギの催熟(1課題)
サメ卵飼料の発見
シラスまで
水産生物育種(連携開発研究・交付金プロジェクト)
ウナギの初期発生に対する内的・外的制御因子の解明(1課題)
レプトセファルスまで
栽培プロ研(交付金プロジェクト)
生育・成熟等の生化学・分子生物学的解明に基づく
種苗生産技術の高度化(ウナギサブチーム6課題)
水産庁委託事業
ウナギ種苗生産総合技術開発(6機関)
完全養殖
農林水産技術会議委託プロジェクト研究
ウナギ及びイセエビの種苗
生産技術の開発(16課題)
生残率向上
ウナギの種苗生産技術の開発
(14課題)

図１　水研センターにおけるウナギ種苗生産研究の歴史

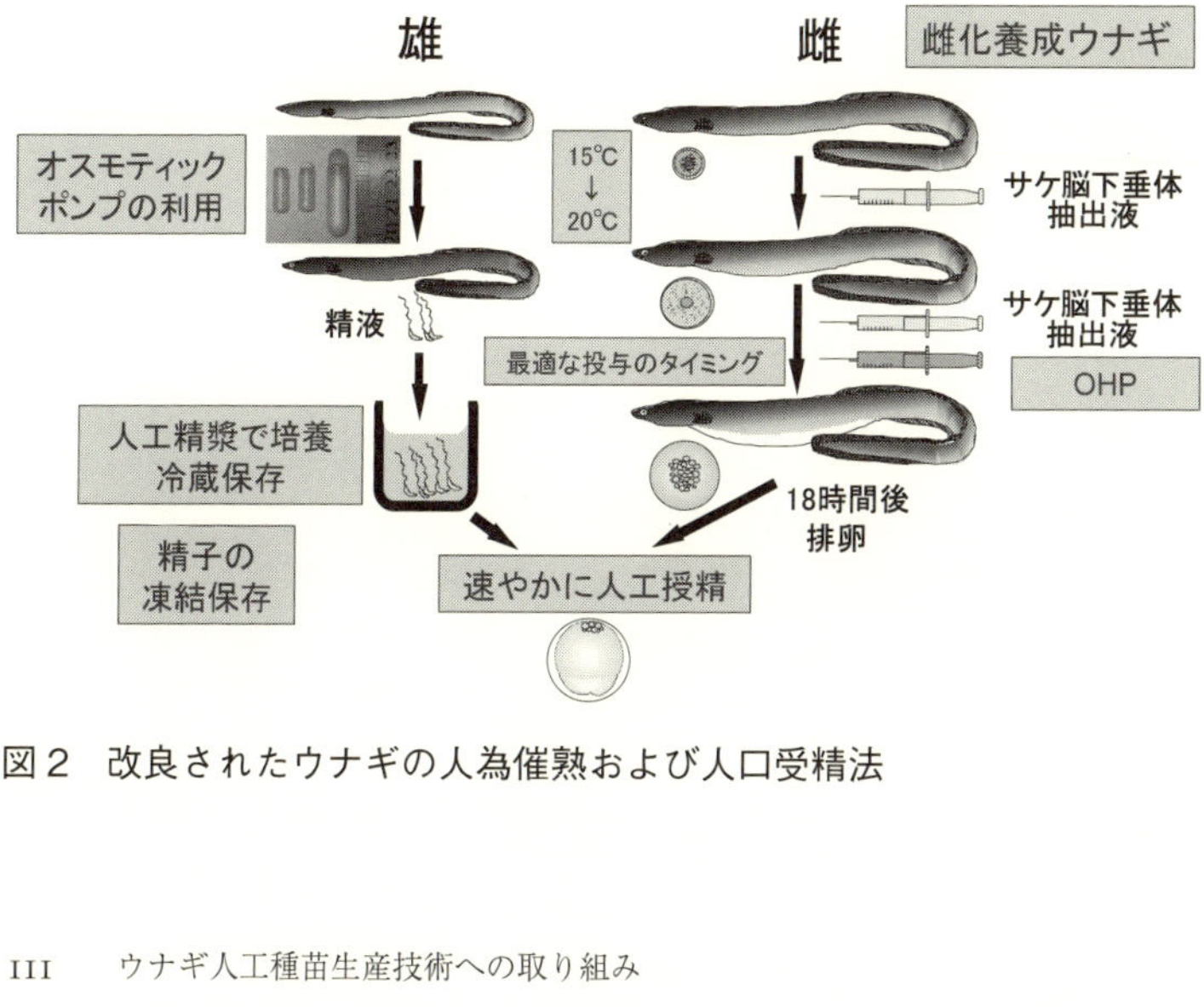

雄
雌
雌化養成ウナギ
オスモティック
ポンプの利用
15℃
↓
20℃
サケ脳下垂体
抽出液
精液
サケ脳下垂体
抽出液
最適な投与のタイミング
OHP
人工精漿で培養
冷蔵保存
18時間後
排卵
精子の
凍結保存
速やかに人工授精

図２　改良されたウナギの人為催熟および人口受精法

ですが——ここでは、「ウナギおよびイセエビの種苗生産技術の開発」ということで、たくさんの課題が立ちまして、生残率の向上をめざした研究が行なわれました。このプロジェクトの期間中の二〇一〇年、人工ふ化したウナギの第2世代が生まれました。即ち、完全養殖の成功ということですが、この間の進歩についていろいろとお話しいたします。

［図2］まず人為催熟技術ですが、従来、メスは下りウナギを用い、サケの脳下垂体の抽出液を、週に1回の注射を繰り返して成熟させていました。排卵する場合もありますが、排卵せずに過熟になることが多いという問題もありました。

オスに関してはHCGというヒトの胎盤性の生殖腺刺激ホルモンを毎週1回投与して成熟させます。しかし精液は取れるものの、しばしば活性が低いという問題がありました。またウナギ本来のものとはかなり違う種類のホルモンですので、ウナギに抗体ができてしまうこともありまして、成熟が始まってすぐに止まってしまったり、まったく成熟しないものの割合もかなりあるという問題が指摘されていました。なかなかうまくいかないという状況でしたが、その後、メス化養成ウナギを使うようになって、ふんだんに研究ができるようになりました。最終成熟の最適なタイミングを見はからうために、飼育温度を初期は低めにしておくということが効果的なことも分かりました。

最終成熟誘起ステロイド、DHPあるいはOHPを使えば、かなり計画的に排卵させることができることが分かりました。オスに関しては活性の低い精液を、人工精漿で培養してやることで活性を高められ、希釈した状態で数週間、冷蔵保存できることが分かりました。人工授精のタイミングは排卵後すみやかに行なう方がよいことも明らかにされました。

さらにホルモンの投与法ですが、オスモホティックポンプの利用によって、毎週注射をしなくても、それにHCGを入れて体内に埋めこむことによって、長期間、自動的に少量のホルモンを放出し続けて成熟を促すことが出来るようになりました。精子に関しては凍結保存技術もできました。まだ大量に凍結保存するということが課題ですが、長期保存が可能になりました。

採卵の方法に関して、人工授精法に加えて誘発産卵法、これは昔は自然産卵と呼ばれていたのですが、ホルモンを投与して成熟を促した後でオス、メス一緒に収容して自然に産卵させる方法で、かつて静岡県水産試験場、千葉県水産試験場でも試みられており、現在、いらご研究所でも実用化されておりますが、オスメスを産卵水槽に一緒に収容して水温を上げてやることによって自然なタイミングで産卵します。この方法で人工授精よりも一般的に高い受精率で卵を得ることができるようになりました。

仔魚のエサですが、ウナギの仔魚には非常に長い牙があります。〔図3〕その点がこれまでに仔魚飼育が可能であった海産魚とはまったく違っています。海産魚の仔魚飼育の定番の餌であるワムシを繰り返しやったりしましたが、なかなかうまくいきませんでした。さまざまなエサを検討したのですが、冷凍ワムシ、天然プランクトンも少しは食べますが、育つほどは食べません。天然のエサの候補として挙げられているオタマボヤの沿岸のものを採ってやってみましたが、食

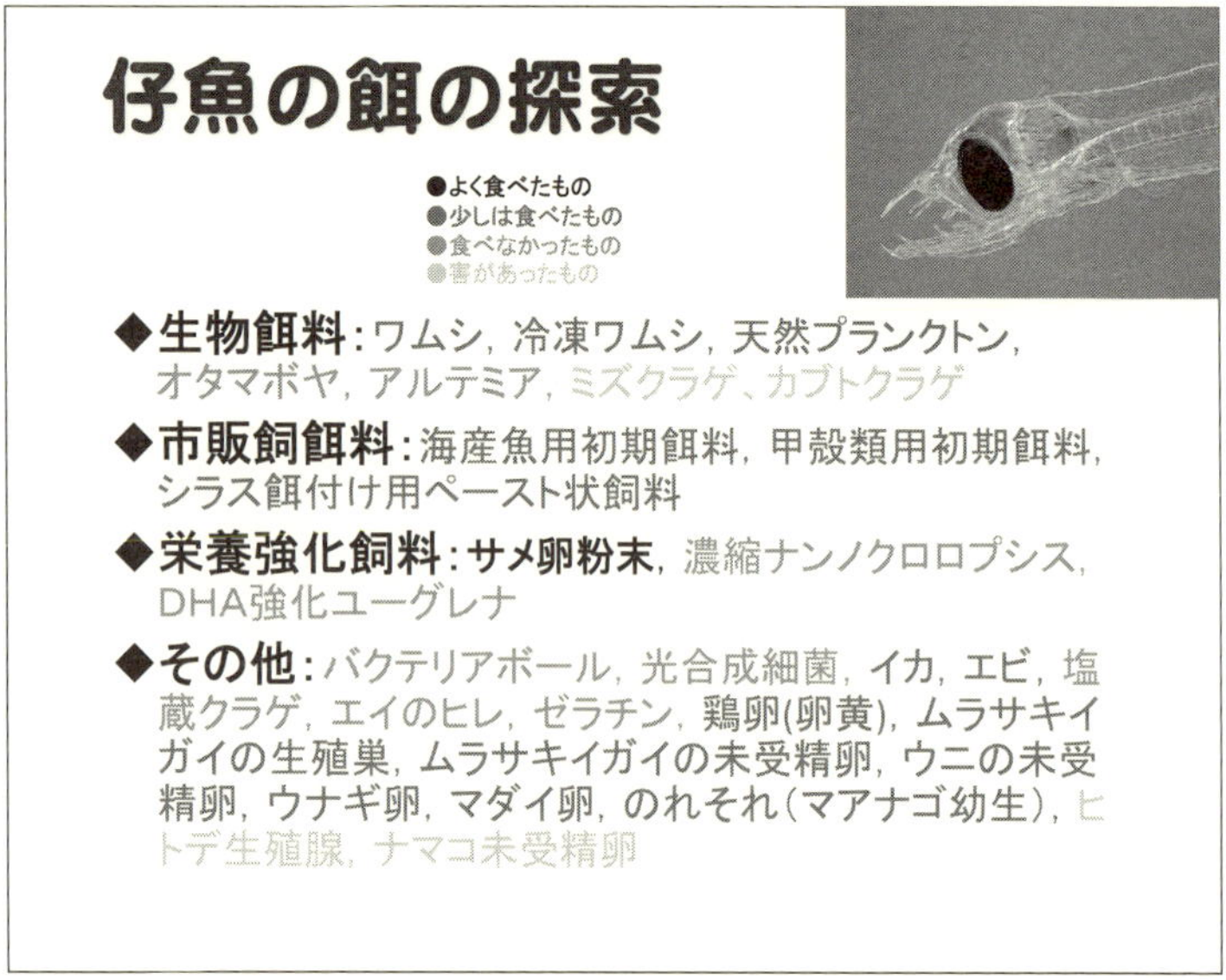

図３

べてくれませんでした。ゼラチナス・プランクトンということでクラゲをやってみたところ、クラゲが仔魚を食べてしまったということで……（会場笑）。市販の初期餌料、海産魚用初期餌料、甲殻類用初期餌料、シラス餌付け用ペースト状飼料、こういうものは少しは口に入って、消化管内に入るようですが、成長するほどではありません。それから栄養強化飼料、これはワムシ、アルテミア等、餌料生物の栄養強化のために市販されているものです。その他、エサになりそうなものをいろいろやってみたのですが、イカとかエビとか、ウナギの卵、ウニの卵。これらも、少しは消化管に入るのですが、成長するほどではありませんでした。ヒトデの生殖腺、ナマコの未受精卵。これらはどうやらサポニンがあるせいで、これをやるとウナギの仔魚は痺れたように動けなくなってしまいます。
ということで、栄養強化飼料として市販されていたサメ卵粉末ですが、これを仔魚は非常によく食べるということが分かりました。それ以降これを中心にエサの研究が進んでいきました。九六年サメ卵の粉末を食べるということが分かりまして、成長の確認ができました。ただサメ卵だけでは一か月程度で調子が悪くなって死んでしまいます。サメ卵だけではそれ以上育ちませんでした。その後、様々な餌の改良をしまして、サメ卵にオリゴペプチド——タンパク質を酵素分解して分子量を小さくして吸収しやすくしたもの——を加えると育つということが分かりました。これらエサの材料を混ぜ合わせてポタージュスープのようにしたものをよく食べます。このエサにより九九年には、200日、全長3センチくらいまで育てることができましたが、ここが一つの壁で、この後いくら繰り返してもなかなかこの壁を越えることができませんでした。何が悪いのかいろいろと検討した結果、先ほどのオリゴペプチドの中に、フィチン酸と呼ばれるリン化合物が含まれていて、それがどうも良くないということで、これを低減したものを企業との共同研究によって作ってもらいました。オキアミについても抽出液だけではなく、分解物も使うようになりました。サメ卵は粉末のものが手に入らなくなって、冷凍のものを使うようになりました。これらの餌材料の変化があり、その後急速に成長が進むようになりました。そして二〇〇二年にシラスウナギまで到達することができました。［図4］
そしてできた人工生産シラスは外見上、天然のものと変わらないものです。そして二〇〇九年、

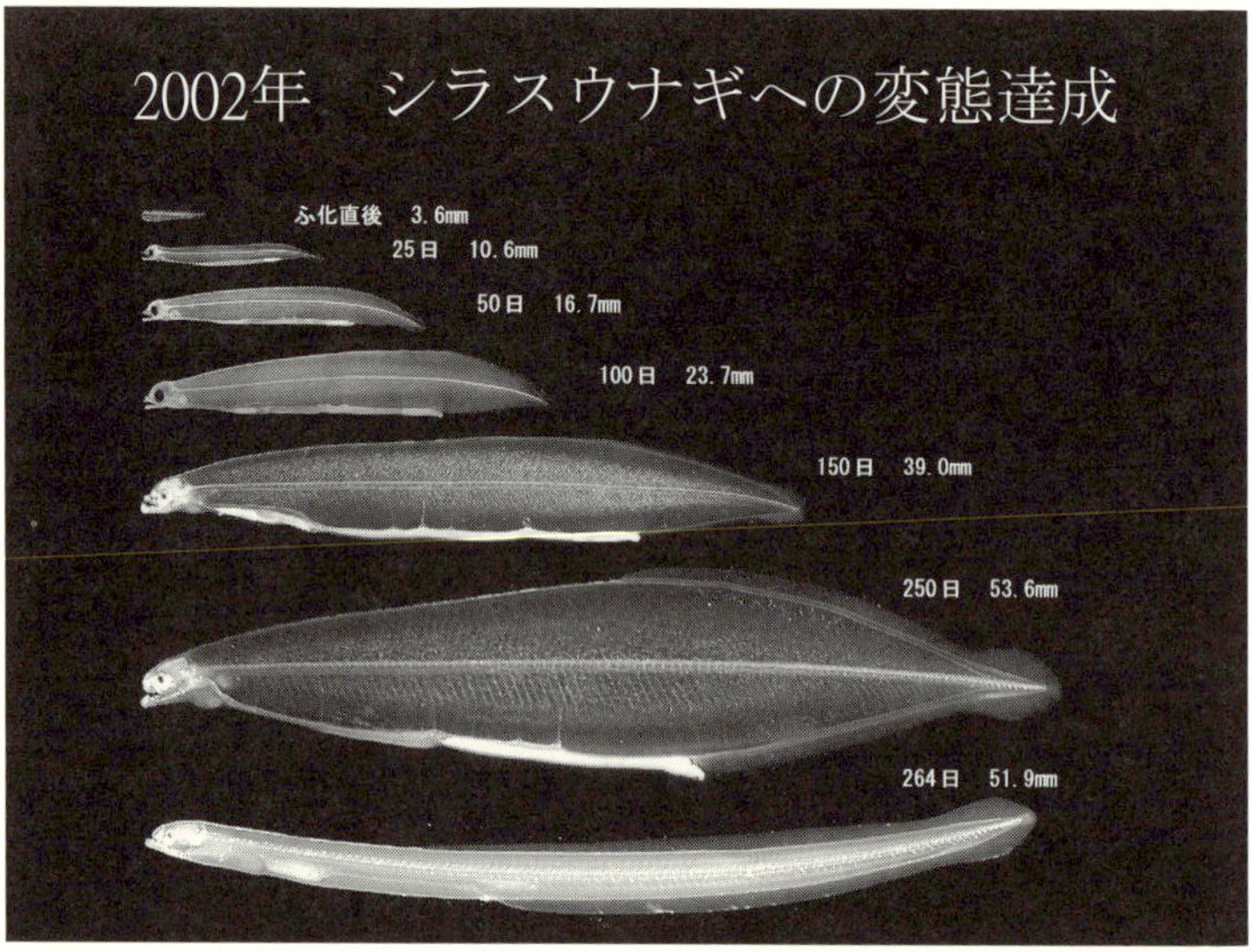

図4

シラスウナギは成熟可能なサイズまで育ちました。

そこでそれらについて人為催熟を行ないましたところ、きちんと成熟しまして、さらに次世代の仔魚が得られ、二〇一〇年に完全養殖が達成されました。

完全養殖達成のニュースは非常に大きな話題になりましたが、完全養殖達成までの道のりを説明しますと、九一年に、メス化養成ウナギを作る技術ができまして、以後、成熟ウナギから受精卵を得て、レプトセファルス、人工シラスとなって、人工の親魚、そして第2世代。ここまで約二〇年を要しました。

完全養殖ができて、次のステップは何か、ということになるのですが、安定的量産技術の確立ということになります。そこで二〇一二年から農林水産技術会議の新たなプロジェクト研究が始まりました。二〇一二年から一六年までの五年計画で、「シラスウナギの安定生産技術の開発」というプロジェクトが始まっています。この中には三つの柱があります。一つはウナギにおける催熟技術の高度化。ここではウナギ成熟誘導ホルモンを利用する技術の高度化。これまでは他の種の成熟誘導ホルモン、サケの脳下垂体の抽出液とかHCGを使っておりましたが、遺伝子工学的手法によってウナギの生殖腺刺激ホルモンを作ることができるようになりまして、これを使った成熟誘起技術の高度化に取り組んでいます。これにより安定して確実に良質の仔魚を作ることを目指します。その良質の仔魚が得られましたら、仔魚からシラスウナギまでの飼養技術の高度化。ここではエサの改良、それから飼育方法の改善。そしてもう一つ、育種技術の開発。完全養殖ができるようになって、世代交代を人為的に繰り返すことができます。ここで育種という可能性が出てきます。そこでは基盤的な技術ということで、精子の大量凍結保存、遺伝的基礎情報の整備という二つを柱として、将来的には継代飼育による遺伝的改良を施してより飼育しやすいウナギを作る。それで大量生産につなげようということなのですが、目標としましては、二〇一六年までにシラスウナギを1万尾安定生産する技術を開発したい。これが目標になっています。

さて、現在の技術では、どこまで量産できるかということを考えてみました。この技術レベルとしていろいろ数字を上げるのですが、この数字は必ずしも平均値ではなく、大きなトラブルがなければ可能な数字と考えているものです。私が独断で考えているのですが、賛否両論あると思いますので今後修正していかなくてはならないと思います。分かりやすいように、現在の技術レベルをざっくりとした数字で挙げていきます。

まず、親魚が成熟して排卵する率ですが、現在だいたい90%ぐらいあると思います。1尾あたりの排卵数は60万個。もともと600グラム平均ぐらいの親魚を使ったとして順調に排卵すれば、60万個くらいには達するだろうという計算です。

ふ化率。これは非常にばらついています。いい時は80%以上というところですが、悪い時はまったくふ化しないという場合もあるので、平均して30%という数字にしました。

仔魚の生残率。孵化から摂餌開始まで。ここはそれほど落ちない場合が多いです。飼育環境によってはもっと落ちる場合もあるのですが、80%としました。

エサをやり始めて飼育をしてからシラスウナギに到達するまで。ここが早くて半年、長いと一年かかります。ここの生残率が現在はいい時ですと10%以上に達する場合もあるのですが、平均すると5%。こうやって率を見ていきますと、ふ化率、そして摂餌開始からシラスウナギに到達するまでの、この二つが非常に低い。生残率の歩留まりが低い。逆に言うと、これからの向上の余地が非常に大きいということが言えます。

現在量産化が実現されていない原因として、生残率が低いからとよく言われますが、じつは必ずしもそうではない、という話をいたします。

もし仮にシラスウナギ5トン。今年の国内の捕獲量がだいたい5トンくらいということで、こ

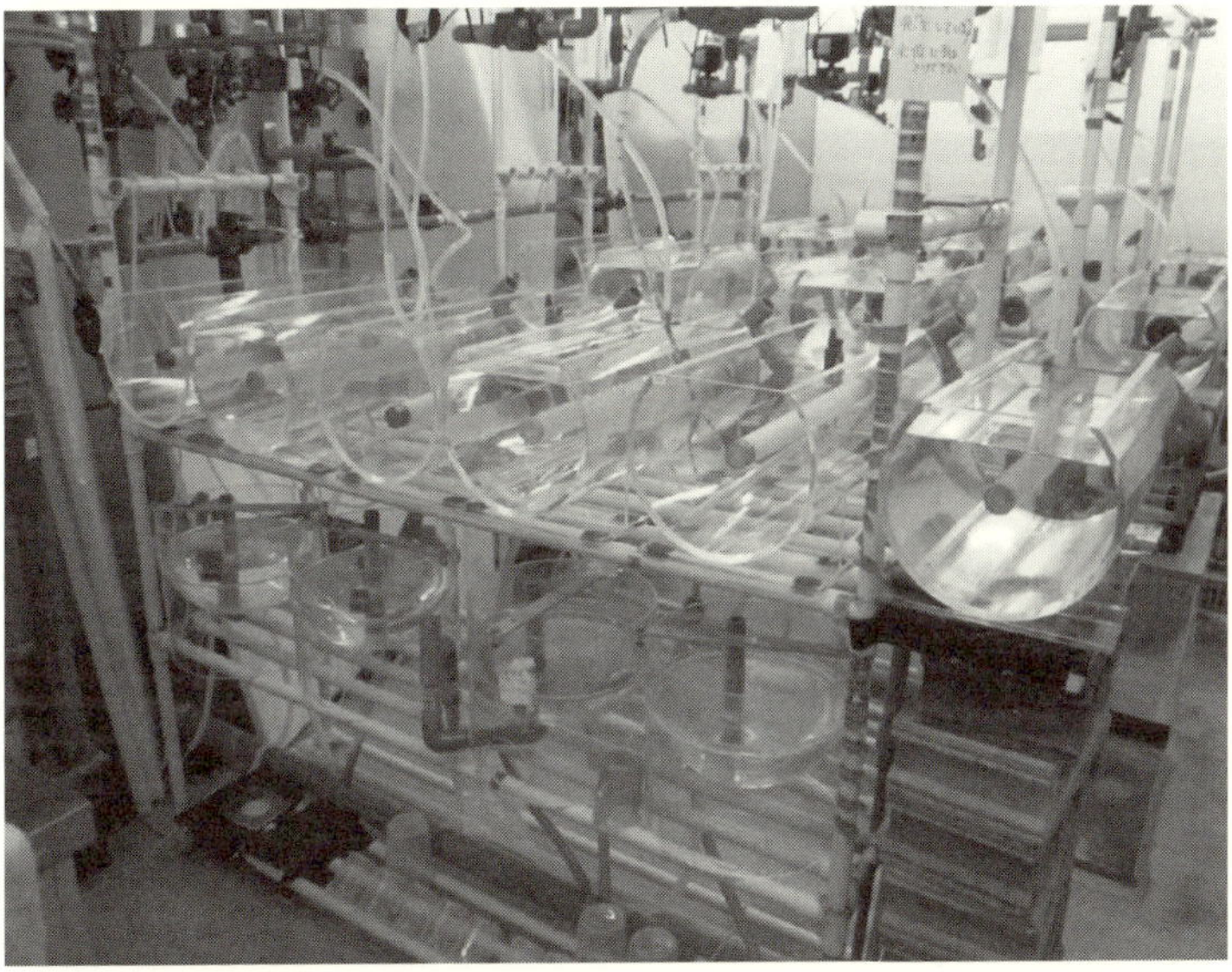

図５　増養殖研究所の飼育実験施設

ういう計算をしてみました。５トンといいますと１キログラム５０００尾で計算しますと、２５００万尾。もしこれを人工生産するとなると、それぞれのステップでどれだけの数が必要かというのを試算して見ます。

まず摂餌開始時のレプトセファルス。これが５億尾必要になります。シラス２５００万尾をシラスまでの生残率５％で割ってやると５億尾になります。５億尾の摂餌開始時のレプトセファルスを得るためには、ふ化仔魚は６・２５億。その前の受精卵になると２０・８億というとんでもない数字になります。とんでもない数と思いますが、ウナギは大変たくさんの卵を産みます。雌１尾あたりの産卵数６０万で２０・８億を割ってやると、排卵親魚数としては３４０

0～3500くらいでまかなえるということになります。これを成熟排卵率でさらに割ると400尾弱です。4000尾弱の親魚を成熟させるというのは必ずしも不可能ではありません。どこが一番困難で現在実現していないかというと、摂餌開始時の5億尾、この数を作れても、飼育できないというのが現実の困難です。大量の仔魚を飼育する方法、施設、人手をどう可能にするか。これが実現しない原因というのはコストがかかるからということですが、そこへ向けて何をどう改良していくかというのがこれからの課題です。

［図5］これが現在の増養殖研究所南勢庁舎の飼育実験施設です。この水槽は20リットルの容量で給餌開始時に1000尾収容して飼育を開始しています。さきほど飼育開始時からシラスウナギまで5％と申しましたが、この1000尾から始めて50尾くらいシラスウナギができるというのが現在の技術です。

現在のプロジェクトで1万尾生産できる技術を作るということですが、実際にシラスウナギ1万尾をここで作るというのはとうてい無理です。実際にシラスウナギを量産するというのでなく、量産できる技術を示すというのが現在のプロジェクトの目的です。今後は、量産化の実現に向けて、効率化、省力化、低コスト化を進めていく必要があります。

今の技術でも、ニホンウナギを絶滅から救うという意味では可能かもしれませんが、商業レベルでは使えるようになるのはまだ少し先になるでしょう。しかし、努力を続けていけば必ず可能になるだろうと考えております。

司会　何かご質問やコメントがあればお受けしたいと思います。

質問者1　1万尾というのは、国全体で1万尾なのか、それともひとつの養殖施設で1万尾なのか、お教えください。

田中　1ユニットと呼んでいるのですが、この20リットル水槽一つで50尾くらいのシラスが作れますので、これが200あれば1万尾です。水槽を9組設置している飼育室の面積は10平方メートルですが、200平方メートル弱の規模の施設を作れば1万尾という計算になります。

質問者2　エサの確保が気になるのですが、そのへんについてはどうでしょうか。

田中　現在サメ卵がエサの原料に不可欠ですが、サメ卵は将来的に安定大量供給できるかというと、これが非常に危ういです。ですのでサメ卵を使わないエサの開発が必要となります。今年の春の水産学会では、鶏卵でシラスウナギまでの飼育が可能になったという発表をしております。少なくとも鶏卵を使えば、シラスウナギまで育てるエサはできます。鶏卵に関しては必要に応じて増産もできますので供給可能であろうと考えています。さらに鶏卵を使わなくとも食品工学的ないろいろな技術を使えば、必要な栄養分を含んだエサは作れると考えております。そちらのほうの研究も進めていきたいと考えています。

司会　田中さん、どうもありがとうございました。

異種ウナギは救世主になれるのか

吉永龍起（北里大学）

私は異種ウナギについてお話しします。講演順が後ろの方になりますと、前の発表者にすべて喋られてしまって大変苦しいのですが（笑）、最新のデータなども使いながら異種ウナギについて紹介します。

まず今日の話の内容ですが、前半では「異種ウナギとは一体何者か？」という話をします。そして後半では「食資源としての異種ウナギ」について話をしたいと思います。

ウナギ属の魚類は19種・亜種が知られています。この世界地図は、ウナギ属が分布する地域を示しています［図1］。温帯に生息する種はニホンウナギを含めて6種・亜種です。一方でインドネシアなど熱帯には13種・亜種が生息しています。したがって、ウナギ属の19種・亜種のうち、3分の2は熱帯に生息しているということが分かります。私たちにとってなじみ深いのは日本の河川に生息しているウナギの姿ですが、ウナギというのは実は熱帯の魚なのです。

熱帯のウナギはどんな姿をしているのかというと、こんな巨大なものもいます［図2］。このオオウナギは西日本にも一部生息していますが、全長は2メートル近くにもなります。

19種・亜種のウナギを、形態の違いによって分類したものがこの図になります［図3］。図中に四つの囲み線がありますが、まず一番上のものは体表に斑紋がなく、背鰭が前の方に出てきている長鰭型という種類です。このグループには、ニホンウナギに加えて、ヨーロッパウナギ、アメリカウナギ、そして最近輸入がはじまったアフリカのモザンビークウナギや、ニュージーランドやボルネオ島のウナギが含まれます。

二番目のグループは、体表に斑紋がなく、背鰭が後ろの方からはじまる短鰭型というものです。「ビカーラ」と呼ばれるバイカラウナギ、オーストラリアウナギなどが含まれます。

三番目と四番目のグループは、体表に斑紋があるグループです。「太い」「細い」という記述がありますが、これは上顎の骨の太さを表しています。これらのグループには、それぞれセレベスウナギやルソンウナギ、オオウナギやラインハルディウナギなどが含まれています。

ここでみなさんに知っておいていただきたいことは、ウナギ属19種を形態の違いによって四グループに分類することができるのですが、それぞれのグループの中、例えば一番目のグループにいる6種類は形態の違いでは区別できません。みなさんがウナギを持ってきて、「このウナギは何という種類ですか?」と聞かれても、専門家でも分からないのです。

ここに点で示されているのは、すでに何らかの形で日本に入ってきたことを私が確認したものです［図3］。19種類のうち少なくとも7種類が、養殖用の種苗として、あるいは活鰻の状態で

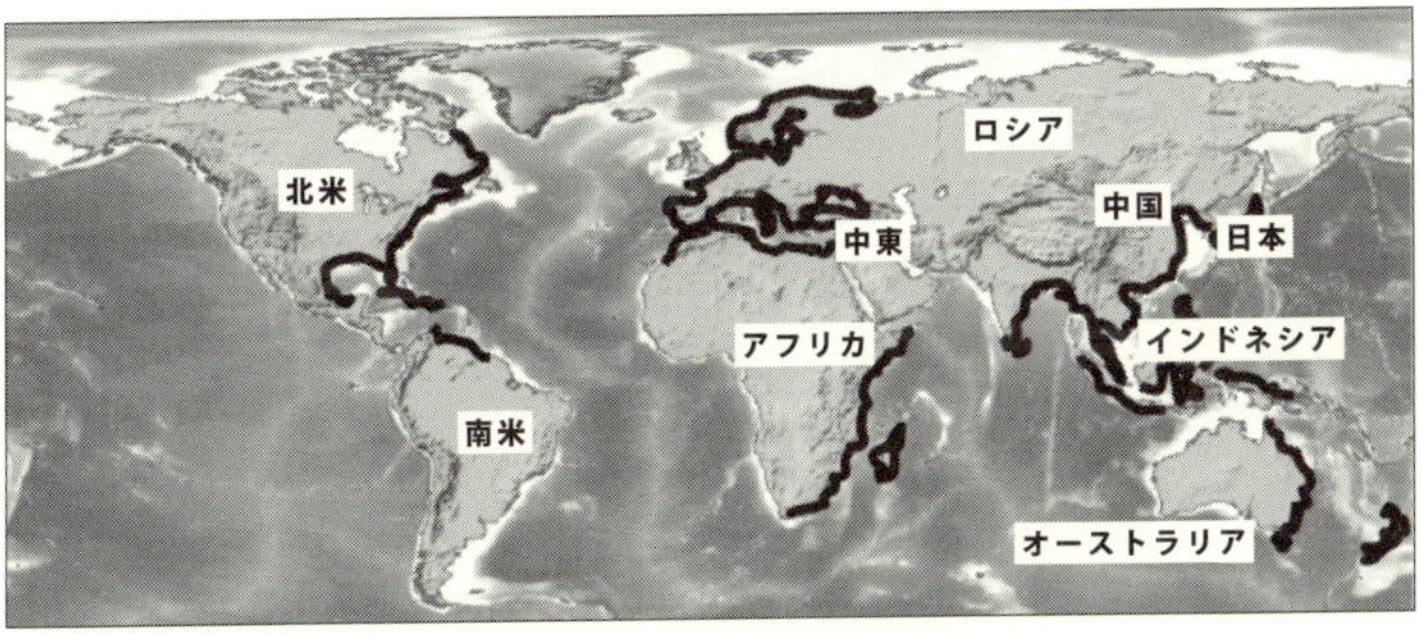

温帯（6種・亜種）

ニホンウナギ
ヨーロッパウナギ
アメリカウナギ
オーストラリアウナギ（2亜種）

熱帯（13種・亜種）

バイカラウナギ（2亜種）
セレベスウナギ
インテリオリス
オオウナギ
ボルネオウナギ
ネブロッサ
ラビアータ
オブスキュラ

図１　ウナギ属：19種・亜種

オオウナギ

Anguilla marmorata

PHOTO: Seishi Hagihara

図２　本場のウナギ

日本に持ちこまれています。

形態の違いでは区別できないウナギがどの種類なのかを調べ、その流通の状況を知るために、市場に出回る蒲焼きについてDNA鑑定を行なっています。この調査は二〇一一年から行なっていて、今年で三年目になります。ここでは、その結果をざっくりとお伝えします。

日本で現在流通しているものは主に2種類です。日本に元々生息しているニホンウナギと、今まで何度も話に出てきたヨーロッパウナギです。これ以外に、一部の商品にはアメリカウナギ、バイカラウナギ、オーストラリアウナギといった種類が使われていたということが分かっています。この結果の詳細については、今日発売の『AERA』(二〇一三年七月二九日号)に掲載されています。私は『AERA』の回し者ではありませんが(笑)、「この店のウナギは何だ」とか、「塚本先生がすき家で召し上がったような牛の種類」といったことが詳細に書かれているので、ぜひお近くのコンビニでお買い求めください。

皆さんご存知のように、ヨーロッパウナギはワシントン条約の附属書IIによって輸出入が制限されています。このなかにはカバ、ウミイグアナ、ケープペンギンといったものも含まれているのですが、ヨーロッパウナギは二〇〇九年から商取引に制限がかかっています。しかし現在、日本ではこのヨーロッパウナギが普通に流通しています。私は流通の実態についてはよく分かりませんが、例えばインターネットサイト「alibaba. com」のサーチフィールドに「*Anguilla*」というウナギ属の学名を入れて検索してみると、ヨーロッパウナギが出てきます。最少注文量は8ト

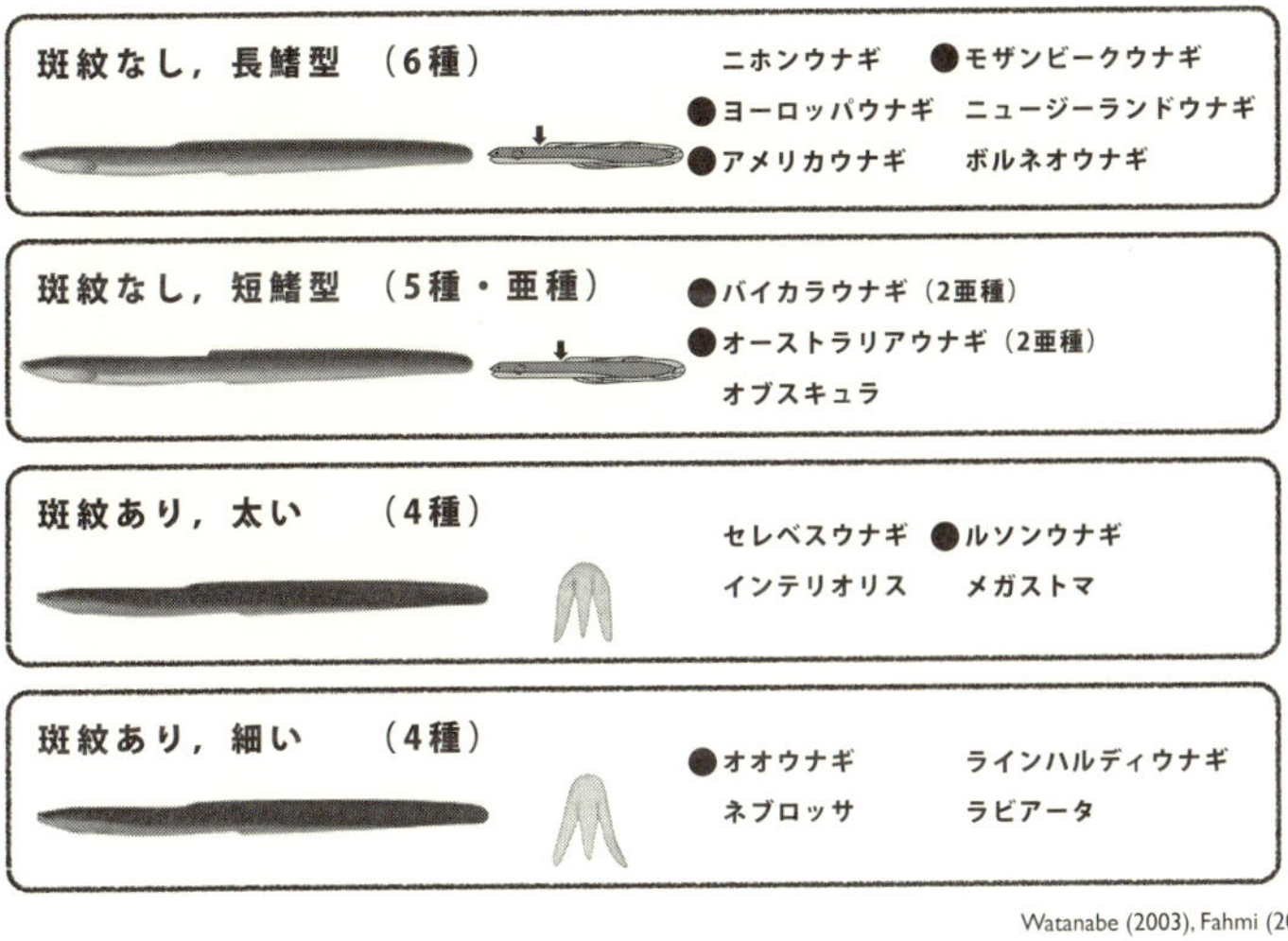

図３　ウナギ属の形態

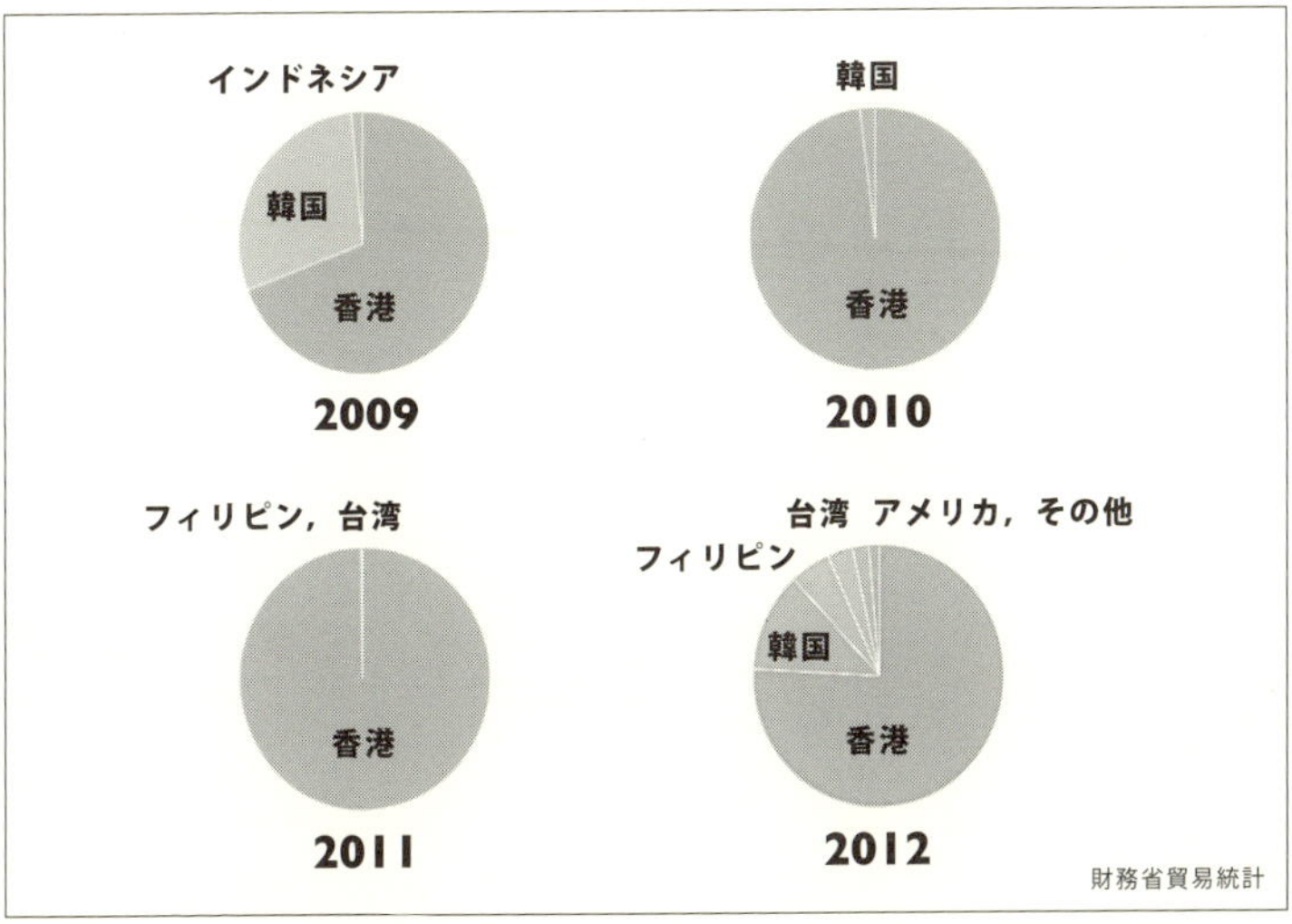

図４　シラスウナギの輸入

ン、原産地は中国で、有効期間は二年間と書かれています。しかし、ここには各種の安全基準をクリアしているということは書いてありますが、産地に関する記述は一切ありません。このウナギがどのようにして輸出入されているのかということはよく分かりませんが、この会社の主力商品を見ると、日本語で「蒲焼鰻」と書かれていて、ターゲットは日本であると考えられます。

ここからは、食材としての異種ウナギを考えてみます。そもそも、食材としての必要条件とは何かを考えてみると、まず一つ目は味や食感です。「食べて美味しいかどうか」ということです。二つ目は安定して供給されるかという点です。「いつでも必要な量が安定した価格で手に入るかどうか」ということです。味や食感については、私は異種ウナギを食べたことがないのでよく分かりませんが、すでに流通していることを考えれば、十分な質を備えていると考えて良いのでしょう。

次に、安定供給の面について考えてみたいと思います。もう皆さんには説明する必要のないことですが、海で生まれたウナギは川へやってきて、シラスウナギが黄ウナギに成長し、やがて銀ウナギとなって海に帰って産卵します。私たちが食べているウナギは、すべて海で生まれて川にやってきたシラスウナギを漁獲して、これを大きくしてうな丼にしているわけです。

養殖用のシラスウナギについて、先ほどもいくつかお話がありました。この図は二〇〇九年、二〇一〇年、二〇一一年、二〇一二年に日本がシラスウナギを輸入した国です。財務省の貿易統計からとってきました［図4］。この四年間を見ると、年によって輸入した国は違いますが、いずれの年においても香港の割合が非常に高いということがわかります。

一方、私が知る限り香港にはシラスウナギ漁業の実態はありません。つまり香港産のシラスウナギというのは、実は世界中のあらゆるところで獲られたシラスウナギが集まってきているものだと私は理解しています。「香港産のシラスウナギとはウナギ属のどの種類なのか」ということは、この貿易統計からは何も見えてこないのです。

ここで、私たちが最近とったデータをお見せしながら、熱帯種のシラスウナギについてお話ししたいと思います。フィリピン北端のルソン島北部にカガヤン川という大きな川があります。このカガヤン川河口のアパリという町で、どんな種類のシラスウナギがやってくるのかを調査しています。

これが結果になります［図5］。未発表なので本当はあまり出したくなかったのですが（笑）、ウナギたちのためにここでお見せします。このデータは、二〇一一年一一月から毎月アパリで集めたシラスウナギを調査した、一三ヶ月分のデータです。このグラフでは4種が示されており、バイカラウナギ、オオウナギ、ルソンウナギ、そしてセレベスウナギです。この河川にはニホンウナギも接岸することが知られています。つまり、このカガヤン川には最大で5種ものウナギが接岸するということになります。

ここでみなさんに気づいて頂きたいことは、二〇一一年一一月から毎月データを採っていますが、月によって接岸してくるウナギの種類が違うということです。少し分かりづらいですが、グラフの左右、二〇一一年一一月と二〇一二年の一一月を比較すると、同じ月でも年によって接岸してくるウナギの種類がまったく違うということがお分かりいただけると思います。

次に、養殖の元である種苗について、温帯と熱帯で比較してみたいと思います。冒頭でお話ししたように、ウナギ属は温帯に6種、熱帯に13種が生息しています。温帯である日本の河川には、正しくは3種類のウナギ属が接岸しますが、ほとんどがニホンウナギです。したがって、日本の河川で採取したウナギはすべてニホンウナギと考えられます。一方、熱帯の場合には、同一の河川に複数の種類がやってくるため、混獲を避けられないということがお分かりいただけると思います。

次に、最近注目を浴びているバイカラウナギについて説明したいと思います［図6］。この世界地図は左にアフリカ、中央にインド、右に太平洋があり、「ビカーラ」と呼ばれるバイカラウナギが生息している範囲を示しています。ニホンウナギの場合は台湾から日本にかけて生息していますが、バイカラウナギは西はアフリカからインド、スリランカ、そして東側はパプアニューギニアまでと、非常に広い生息域を持っていることが分かります。

バイカラウナギの産卵場は特定されていませんが、インド洋ではマダガスカルの南あたりとスマトラ島の南のメンタワイ、そして太平洋でも場所は分かりませんが産卵場が一箇所あり、どうやら三箇所の産卵場がありそうだということが分かっています。

また詳細な遺伝子の検査によって、インド洋と太平洋のものは遺伝的に異なっているということ

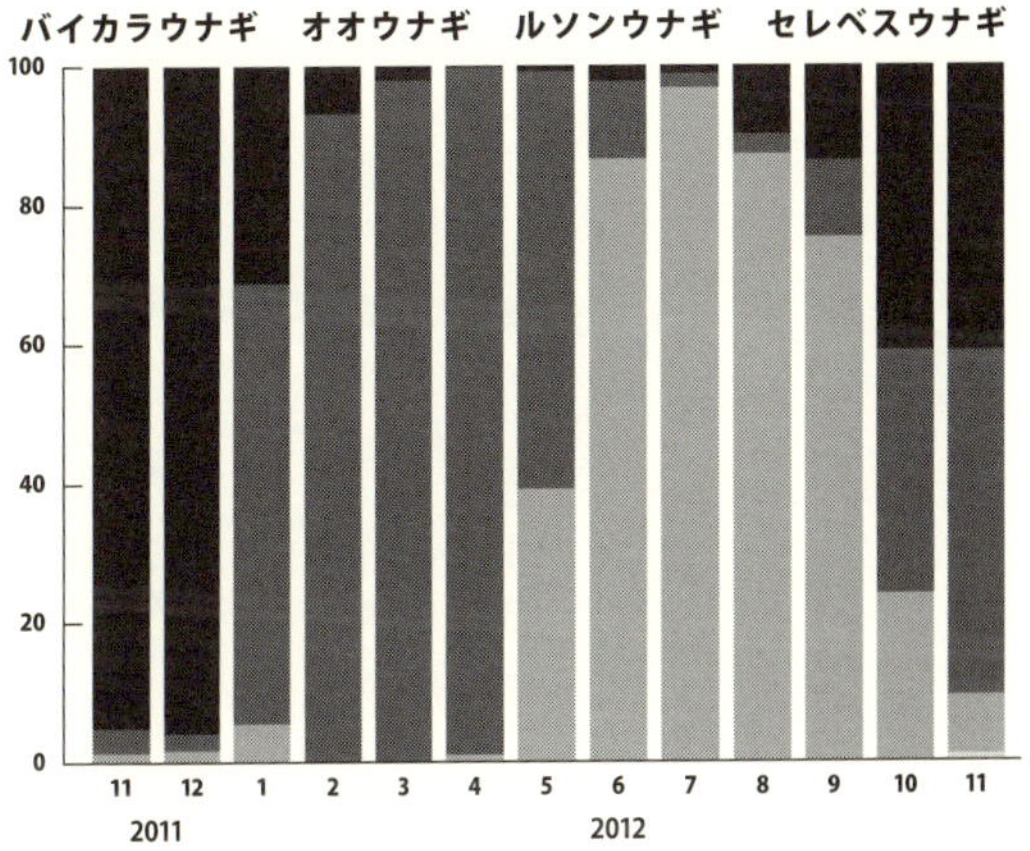

Yoshinaga et al (unpublished data)

図５　複数種が来遊

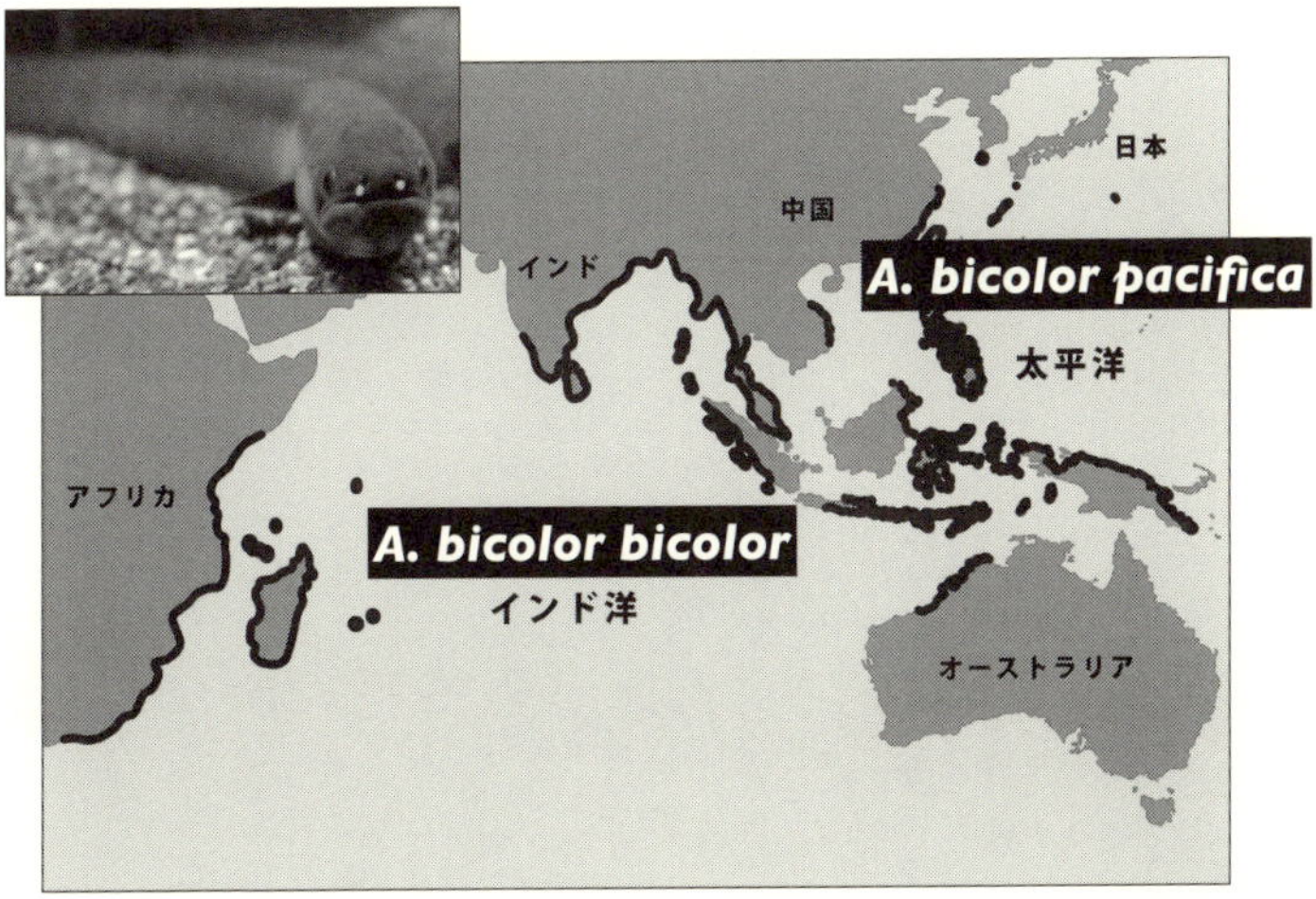

Minegishi et al (2012)

図６　ビカーラ（*Anguilla bicolor*）

とが分かっています。これを亜種と言い、インド洋のものは「アンギラ・バイカラ・バイカラ *Anguilla bicolor bicolor*」、太平洋のものは「アンギラ・バイカラ・パシフィカ *Anguilla bicolor pacifica*」と呼ばれています。したがって、バイカラの資源管理はインド洋と太平洋のものを別個に扱う必要があることが分かります。またインド洋の場合は西と東に2箇所の産卵場がありますが、アフリカ周辺とインドの周辺にそれぞれ再生産する集団があるわけではなくて、東西である程度の交流があると考えられています。これは自然科学として生態を考えると非常に面白いのですが、このバイカラという種類は資源管理がとても難しいということがお分かりいただけると思います。

また、バイカラが分布している国を数え上げると、三〇ヶ国近くになります。ウナギというのは海で生まれて河川にやってくる魚です。その資源管理をする際には、バイカラが分布するこれらの国が、それぞれ自国にバイカラがどれくらいいるのかを調査し、そのデータを集積して行なわなければならないわけです。しかし現状を考えると、四ヶ国にしか分布しないニホンウナギでさえ、それは非常に難しいのです。これらアジアやアフリカの国々が協調して資源管理を行なうということは非常に困難であると私は考えています。

次に、外来種という面から異種ウナギを見てみます。これは日本地図です［図7］。この調査は新潟県の魚野川と、東シナ海でウナギを採取し、どの種類かを調べたものです。その結果、まず新潟県魚野川を見てみると、これは一九九七年に46個体を調べたものですが、そのほとんどが

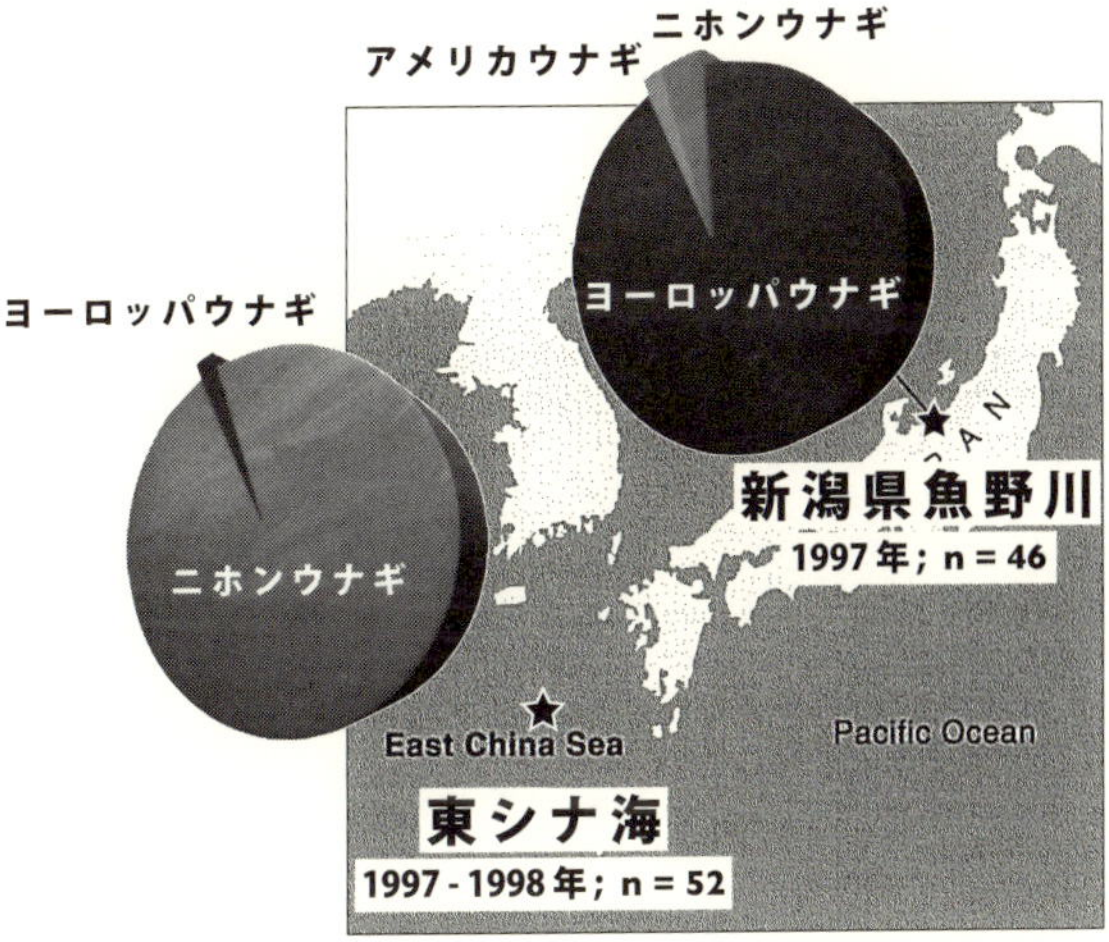

Aoyama et al (2000)

図７　外来種

1. 資源管理，乱獲の回避

2. 天然水系への散逸防止

3. 寄生虫，病原菌の対策

図８　事前に解決すべき課題

ヨーロッパウナギであることが分かりました。また東シナ海では、これは産卵場に向かう集団と考えられますが、その52個体中にもヨーロッパウナギが混じっていたことが分かっています。おそらくこのヨーロッパウナギは、放流事業で日本の河川に流されたものと考えられます。

以上をまとめます。異種ウナギはニホンウナギを補うために注目されていますが、私たちがこの異種ウナギを代替種として利用するには、次のような事前に解決すべき課題があります［図8］。一つ目は、乱獲しないように資源管理をするという問題です。二つ目は、先ほどもお見せしたように、日本の天然水系に散逸することを防止しなければならないということが挙げられます。もしニホンウナギと異種ウナギが天然の河川の中で生態的に競合し、そして異種ウナギが勝つということになると、ニホンウナギはさらに深刻な状況に追い込まれてしまうということが容易に想像されます。三つ目としては、寄生虫や病原菌が持ちこまれるという危険があります。寄生虫や病原菌の問題については、会場の外に掲示されているポスターに北海道大学の片平さんがまとめてくださっていますので、それをご覧いただきたいと思います（コラム6参照）。

私がここで強調したいのは、異種ウナギを使いたいのであれば、事前にこうした問題を解決しなければならないということです。ただし、私はそれは不可能であると思います。しかし私たちは、原発という人間には管理ができないものによる事故を経験しました。人間には管理できないことによって、非常に深刻な問題が起きているわけです。したがって、人間が管理できることか、管理できないことなのかをよく考え、管理できないと判断した場合には諦める必要がある、と私は考えています。以上です。

司会　この講演に対して質問やコメントのある方はお願いします。

質問者1　オオウナギは日本では蒲焼きとして流通しているのですか？

吉永　ないと思います。ただ中国では、最近商品価値が高まってきて消費されるようになってきたと聞いています。

司会　他に質問はありますか？

質問者2　外に展示されているオーストラリアウナギの寿命は三〇年と言いますが、ビカーラ（バイカラ）の成長度合いや寿命といったことは分かっているのでしょうか？

吉永　多少研究がなされて分かっている部分もありますが、ほとんど分かっていないと思います。

司会　どうもありがとうございました。

コラム４●河川環境とニホンウナギの生息域利用

〜大規模河川における護岸と分布の関係〜

板倉光・木村伸吾（東京大学）

ニホンウナギは、河川や湖沼の岸や底の岩陰、植生、砂、泥の中に身を潜めて暮らしているため、このような隠れ家は彼らの生活に欠かせない。彼らの餌となる生物にとっても同じだ。その隠れ家を破壊する存在としてコンクリート護岸による河川改修が挙げられる。利根川水系におけるコンクリート護岸が設置された護岸域と自然状態を維持した自然河岸域においてウナギを捕獲し、その生態を調べた結果、ウナギは自然河岸域に豊富に生息する一方、護岸域にはあまり生息していなかった。また、捕獲した個体の胃内容物について調べたところ、護岸域では餌を食べている個体数が少なく、また食べていたとしてもその量は自然河岸域に生息する個体と比べて少ないことが分かった。護岸域では隠れ家が失われ、餌生物が減少することで生息環境が悪化して彼らが住みにくい環境を作り出す一方、餌が豊富な自然河岸域は住み易い環境となっているのだろう。次に、発信機を装着した個体を放流して約１年間河川内を追跡した。すると、個体毎に護岸あるいは自然河岸域のどちらか一方の水域を限定的に利用しており、両水域間の移動は稀であった。つまり、ウナギは生息環境への強い定着性を持っていて、長期間護岸の影響を受けていることが分かった。

コンクリート護岸

護岸は私たち人間にとって治水や利水などの重要な役割を果たしている。

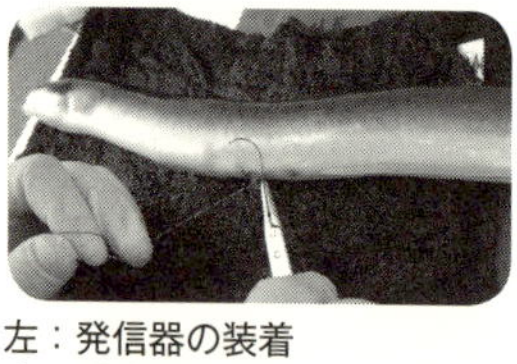

左：発信器の装着
右：護岸域に分布した１個体の水平位置。白線が護岸、灰色線は自然河岸を示す

そのため、ウナギの生息に悪影響を与えるからといって直ちに取り除くわけにはいかない。自然河岸と同様に生物が生息しやすい機能を持った護岸を設置し、生息環境を改善しているかどうか、その効果を十分にモニタリングしていく必要があり、そのような試みがニホンウナギ資源の保全の第一歩となるだろう。

コラム3●黄ウナギの生息域利用

横内一樹（長崎大学）

ウナギは、成長期を河川や河口域で過ごします。その時期のウナギのことを、体色がオレンジから黄色味を帯びることから黄ウナギと呼びます。一方、産卵回遊を開始し川を下り始めたウナギは、降海時のサケと同じような銀の体色をもつことから、銀ウナギと呼ばれます。研究者の間でも、黄ウナギと銀ウナギは yellow eels, silver eels のように区別されます。これは、闇雲にウナギを採集しても、それが黄ウナギなのか銀ウナギなのかによって、採集した標本が持つ生態学的な情報が異なるためです。世界の黄ウナギの研究は、1970 代から主にヨーロッパにおいて盛んに行なわれるようになり、黄ウナギは緯度・水系や生息域ごとに、性別の割合が異なったり、成長が早かったりと、様々な特長をもつことが分かってきました。

私達の研究グループでは、静岡県浜名湖の流入河川において 4 年間、標識を使った移動追跡調査を行ないました。その結果、黄ウナギ 265 個体の採集データから、上流ほど大型個体が低密度に分布すること、河川内には雌が多いことが分かりました。調査期間中に再捕できた 38 個体のうち、その 8 割の個体の移動距離は、放流地点から 200 m 以内でした。また移動状況を統計処理した結果、黄ウナギは大きな移動能力があるにも関わらず、強い定住性を示すことが明らかになりました。河川環境と分布密度にも強い関係性がみられ、植物の生育する岸があり、天然の河床であることが黄ウナギの分布密度を高めることが分かりました。

黄ウナギにとっては、多様な自然の残る好適な定住先を見つけられることが重要であるといえます。黄ウナギの必要とする生息域のつながりを効果的に維持・回復していくためには、さらなる生態情報の収集が求められます。日本では、黄ウナギの生態を調べたケーススタディがまだまだ少なく、これからも全国的に長期間にわたるモニタリング調査が行なわれることが期待されています。

セッション2

資源回復への試み——ステークホルダーからの提言

漁業者の役割——蘇るか浜名湖ウナギ

吉村理利（浜名漁業協同組合）

ただいまご紹介にあずかった浜名漁協の吉村と申します。浜名漁協と言いますと、皆さんご存知と思いますが、浜名湖が一つになった漁協です。浜名湖と言えばウナギの代名詞のように言われているところなのですが、ウナギが絶滅危惧種になっているということで、じつは私ども漁業者とこれからの資源管理をどのようにしていこうかと話し合っているのですが、午前中の先生方のように理詰めの話ではありません。非常にどんくさい話をします。

まず、漁業者にウナギ資源をどうしたらいいだろうと問いますと、口をそろえて「シラスウナギを獲るのをやめればいい。四、五年獲るのをやめれば、たぶんウナギが戻ってくるよ」とこう言います。セッション1の中で、会場からもシラスウナギを獲らないでいたらどうか？という声もありましたが、先生の答えでは日本だけで獲っているのではないからという、そんなお話がありました。

じつは、シラスウナギを本当に獲らないで四、五年経ったらどうなるか。おそらく養鰻に関連

浜名湖ウナギ漁の変遷
台風13号養鰻池氾濫、鰻全部逃げる
シラスウナギ不漁が問題になる
シラスウナギ大豊漁
天然ウナギ豊漁
養鰻ブームになる
中国へシラスを求めて調査に乗り出す
九州、四国へ調査に行く
養鰻業ピーク
フランスウナギ入荷する
ニュージランド、オーストリアよりシラス入る
ウナギの価格が上がる
路地池からハウス養殖になる
日中国交断絶　更に価格上昇
台湾へ養鰻技術伝授
シラスの国外輸出禁止で製品化急増
シラスウナギの人工ふ化成功する
シラス高騰ｋｇあたり25万円
平年並み漁で12万円になる
シラス価格ｋｇあたり3万円に
シラス価格乱高下繰り返す3万円から15万円
中国ウナギ量産体制に
成鰻価格値下がり、養鰻業者倒産する
バブル崩壊　　1軒当り10万尾生産
シラスの不正販売
全国でシラスウナギ22トン大ピンチ
慢性的なシラス不足時代に
1軒当り12万尾生産
シラスｋｇ50万円　世間相場100万円
シラス価格100万円、世間相場230万円
シラス価格100万円、世間相場250万円

する皆さんは廃業せざるをえないだろうと思います。最近魚離れというか魚が売れなくなっているのですが、ウナギは例外ですね。非常に皆さんから愛されている。そういうウナギを私たちの食卓から葬り去ってしまう。資源を守るというだけで葬り去ってしまうというのは、いかがなものかと、非常に悩むわけです。ジレンマです。

私どもがあれこれ悩んでいるときに、ウナギの丼屋さんの組合長さんと、ウナギを主に仕入れる仲買さんが、私どものところに来られて、いわゆる銀ウナギを買い上げるから、少し安くしてくれないか、安く買い上げてそれを放流しようじゃないかと。漁協も手伝ってくれませんかという話が来ました。私どももそれはいい話じゃないかということで、三年前からそういう奇特な方

年度	養鰻生産（単位トン）	戸別生産量（トン）	販売単価（kg）	丸浜養魚生産者数	シラス漁	天然ウナギ（トン）
S２４	2	0.01	525	154	○	
S２５	52		444		○	
S２６	158		514		○	
S２７	362		414		○	
S２８	526		410		○	
S２９	681	2.8	414	236	●	
S３０	573		447		○	
S３１	727		394		◎	
S３２	910		374		○	
S３３	1181		295		○	
S３４	863	3.3	365	254	○	62
S３５	697	2.6	450	263	○	
S３６	685	2.1	433	317	★	
S３７	756	2.2	543	341	○	
S３８	721	1.8	556	383	◎	
S３９	989		477		○	
S４０	926		463		○	
S４１	793	1.8	599	420	◎	
S４２	1141	2.6	493	433	○	
S４３	1383		567		○	
S４４	1467		769		★	
S４５	768		1182		○	
S４６	608		1307		○	28
S４７	533		1750		○	29
S４８	649		1357		○	11
S４９	514		1803		◎	49
S５０	916		1778		◎	22
S５１	1436	3.3	1685	429	●	13
S５２	1524		1777		◎	9
S５３	1460	3.6	2050	400	●	
S５４	1435	3.7	1748	384	○	13
S５５	1522	4.2	1622	356	○	15
S５６	1711	4.8	1623	351	○	6
S５７	1696	4.9	1856	345	●	17
S５８	1610	7.5	1887	214	●	12
S５９	1754	8.8	1782	198	◎	7
S６０	1768	9.6	1482	184	●	9
S６１	1690	10.1	1609	167	●	6
S６２	1775	11	1710	160	◎	7
S６３	1904	12.6	1430	150	○	11
H１	1873	13.3	1524	140	○	10
H２	1802	16	1204	112	○	9
H３	1909	19.8	1353	96	○	10
H４	1824	20.2	1435	90	○	21
H５	1684	18.9	1644	89	○	18
H６	1504	16.8	1824	89	●	10
H７	1576	22.1	1889	71	◎	10
H８	1630	23.2	1894	70	○	16
H９	1667	24.8	1759	67	●	16
H１０	1600	23.8	1900	67	◎	14
H１５	1300	37.1	2050	35	★	18
H１８	950	27.1	2650	35	★	18
H１９	870	27.1	2800	32	★	20
H２０	690	23	3500	30	★	16
H２２	580	23.2	3700	25	●	16
H２３	510	21.2	3800	24	●	13
H２４	472	19.6	4000	24	●	14

表１　◎大豊魚　○豊漁　★不漁　●大不漁

のお力を借りて放流を続けています。

銀ウナギの放流を続けているのですが、水産試験場の先生方によれば、ウナギは鮭のように育ったところに戻ってくるような性質のものではないから、つまらないからやめなさい、と言われるんですね。われわれは頭で考えるのではなくて体で考えるほうですから、とにかくやってみなきゃしょうがないから、良いことだったら何でもいいからやろう、ということでやっているのですが、じつは皆さんから本当に支持されるかどうか、今日は皆さん方からいろいろ教えていただこうと思っています。

かつて漁業者はシラスウナギを獲ればウナギは絶滅すると言っていました。明治時代から浜名湖周辺ではウナギの養殖が始まっていましたが、戦後昭和二三年から浜名湖周辺に一つの養鰻組合ができました。静岡県にはいくつかの養鰻組合があったのですが、現在二つの養鰻組合に収斂されております。当時シラスウナギなんか獲ってしまったらウナギが絶滅してしまうぞと漁業者は言っていました。

表1の丸印と星印のところをご注目いただきたいのですが、丸印は、普通くらいに獲れていた年。星印は非常に獲れなかった年。二重丸印は非常にたくさん獲れた年です。それで絶滅すると思っていたら、四、五年経っても割合に獲れたのですが、昭和二八年にいきなり獲れなくなった。この年は全然シラスが獲れないので、漁業者は愈々絶滅するわ、と言っていたら、二九年になったらまたものすごく獲れたんですね。そんなふうに四、五年獲れたり獲れなんだりということが、

ずっと続きました。昭和四二年ごろには、養鰻業者の皆さんが、これからはシラスウナギが手に入らなくなるぞということで、フランスからニュージーランド、オーストラリアと、世界中を駆け回ってシラスウナギを探し求めるようになったのです。

そうこうしながらも、獲れたり獲れなんだりの年月を繰り返しながら、平成二一年あたりから非常に深刻になりました。表の一番下の方が星印、星印で、しまいには黒丸印になるのですが、

図1

図2

シラスウナギの値段ものすごく高くなりまして、平成二二年には一キロ当たり100万円。これは浜名湖の場合ですが、日本国内の一般的な相場は200万くらいしていたようです。昨年は平均で248万です。平均というのは、浜名地区みたいに一キロ100万円のところもあれば、一キロ300万のところもあるので平均にするとこのような数字が出ています。

ここで、浜名湖でのシラスウナギの獲り方を紹介します。シラスウナギを集める道網という網ですが、V字形の網が50メートルくらい張ってあります。そのちょうど真ん中あたりに、図1のように筒状になった袋が付けてあります。シラスウナギがその中に入るという仕掛けです。

図2は浜名湖の入り口でシラス漁をしている様子です。船がずらりと並んでいますが、漁をするときにはこのように並んで漁をします、シラスウナギは決まった水域を潮に乗って入ってきます。従って漁をする場所が決まっています。シラスウナギは満ち潮の時にしか入ってきません。引き潮の時には入ってこないのです。いつごろ入ってくるかが分かっているのです。潮が止まった瞬間にこの作業をしないと潮が動き出すととても網をかけることができない。潮が止まっている一〇分くらいの間に急いで網をしかけるのです。図3で分かると思いますが、この棒が十メートルくらいの長さで、太さは20センチメートルくらいあります。その根元に腕ほどの鉄の杭棒が1メートルついていて、これを二本湖底に付きさして、その丸太棒に網を固定させてシラスウナギを獲ります。

こういうふうに船と船を接近させて、隣の網と全然隙間をないようにしています［図4］。

図5はシラスウナギではなくて親ウナギを獲る仕掛けです。小型定置網です。魚というのは網にぶつかると網に沿ってまっすぐ進む習性があります。どんどん進んでいくとその先に仕掛けてある袋に入ります。この網はウナギだけを獲るのではなくて、いろいろな魚が入ります。

このように十重二十重と網が仕掛けてあり、網と網との間隔がないくらいたくさん張ってあります［図6］。

図3

図4

これはウナギを獲る竹壺漁です［図7］。だいたい1メートルくらいの竹を二、三本束ねて湖底に沈めておくとウナギが入ります。これは漁業者でなくてもできるのですね。

浜名湖には海鵜が一万羽もいるのですが、海鵜は一日に1キロ魚を食べます。ウナギも大好きなので、われわれの共存者でもあり、漁業者の大敵でもあります。

毎年養鰻組合がウナギの供養祭をやっていまして、養殖していた数十キロのウナギを放流します。氷で冷やされているのでウナギは硬直していて、放流してもふらふらしています、近所の人たちがタモを持って来て皆すくって持っていってしまいます。放流してもなんにもならんですね（会場笑）。

養鰻組合の皆さんに、これだけ放流すればかなりシラスウナギが増えると思いますかと聞いたら、養殖ウナギは全部オスだからあまり関係ないということで（会場笑）、まあこれは供養だからこれはこれでいいのではないかと……。

これは先ほどウナギの井屋さんと仲買人が買い上げてくださったと言いましたが、その銀ウナギです。じつは遠州灘の沖までわざわざ放流しに行きます。浜名湖の中で放流するとまた小型定置網にかかってしまうので、遠州灘まで持って行きます。しかし銀ウナギとしてはたいへん迷惑なことではないかと思います。今まで汽水域にいたのがいきなり黒潮の流れているところへドボンと放り込んでしまうのであまりよくないのではないかとも思うんです。先生方に見ていただくと、バカなことをやっているなあと思われるかもしれませんが、とにかくこうやって資源を増や

図 5

図 6

図7

そうじゃないかということでやっています。

　この写真は、昭和四〇年くらいまで、路地池と言いまして、こういう格好で露天でウナギを飼っていました［図8］。どんどん廃業したあとはゴルフ場などに変わって使われたりしています。こちらは現在の養鰻池です［図9］。手前にタンクがあります。燃料をものすごく使うのですね。養鰻業者の方々も非常に苦労しながら仕事をされているわけですが、私どもは、三方一両損と言いますか、漁業者がシラスウナギを獲らなければいいじゃないかという簡単な問題ではなくて、漁業者が獲ってきた銀ウナギを少し安く買っていた

図8

図9

だき、銀ウナギの放流をしようではないかということでやっているのですが、静岡県の水産業局長が、それは面白いから手伝いますよと言っていただいて、今月（七月）の三〇日に関係者に集まっていただいて、これから親ウナギを放流する会を作ろうじゃないかと取り組んでおります。

今日はいろいろお話したいこともあったのですが、あまり長くなると予定が狂ってしまいますから、あとはご質問があればお答えすることにして、漁業者が何とかして資源を甦らせようとこんな努力をしているということをご披露しました。

司会　放流事業のあり方は今いろいろと大きな問題ですので、貴重なお話だったと思います。それでは質問などおありの方はいらっしゃいますか。

質問者1　以前、「森は海の恋人運動」で有名になった畠山重篤さんがいらっしゃいますが、宮城県の方で植林活動をしたらウナギが戻ってきたということもありましたが、浜名湖周辺では植林運動で川そのものの生態系を取り戻そうという動きはあるんでしょうか？

吉村　浜名湖の周辺にはたくさん木があるのですが、全部みかんの木なんですね。私どもは木を植えたいと思ってはいます。浜名湖の上流に都田川《みやこだがわ》という川があるのですが、その周りは全部杉なんですね。私どもも針葉樹よりも広葉樹を植えたいと思っていますが、杉は切らしてもらえないのです。本当は畠山さんみたいに広葉樹を植えたいのですが……。また浜名湖でもカキの養殖をしていますので、浜名湖にもっと良い水が流れてほしいと思います。私も畠山さんと一緒に歩いたこともあるのですが、ここじゃしょうがないねと言われたことがあります。(会場笑)

司会　どうもありがとうございます。

養鰻業界の役割――養鰻業界が行なっているウナギ資源保護対策

白石嘉男（日本養鰻漁業協同組合連合会）

ただいまご紹介いただきました日本養鰻漁業協同組合連合会の白石と申します。

今日はいままで養鰻業界が、行なってきたウナギ資源の保護対策についてお話しさせていただきます。

1　養鰻業の現状について

現在の養鰻場はビニールで覆って保温しています。ハウス内部の水温は摂氏30度前後で、水車も数台回っています［写真1］。エサはアジやイワシを主原料とした配合飼料を水で練って与えています［写真2］。昭和四四年頃の静岡県大井川周辺の養鰻場の風景ですが、上から見ると田んぼのように見えますがすべて養鰻場です［写真3］。昭和四〇年代後半から五〇年代前半には全国で三千を超える養鰻経営体がありましたが、平成二〇年には四四四に減少して現在はさらに

写真１　養鰻池内部

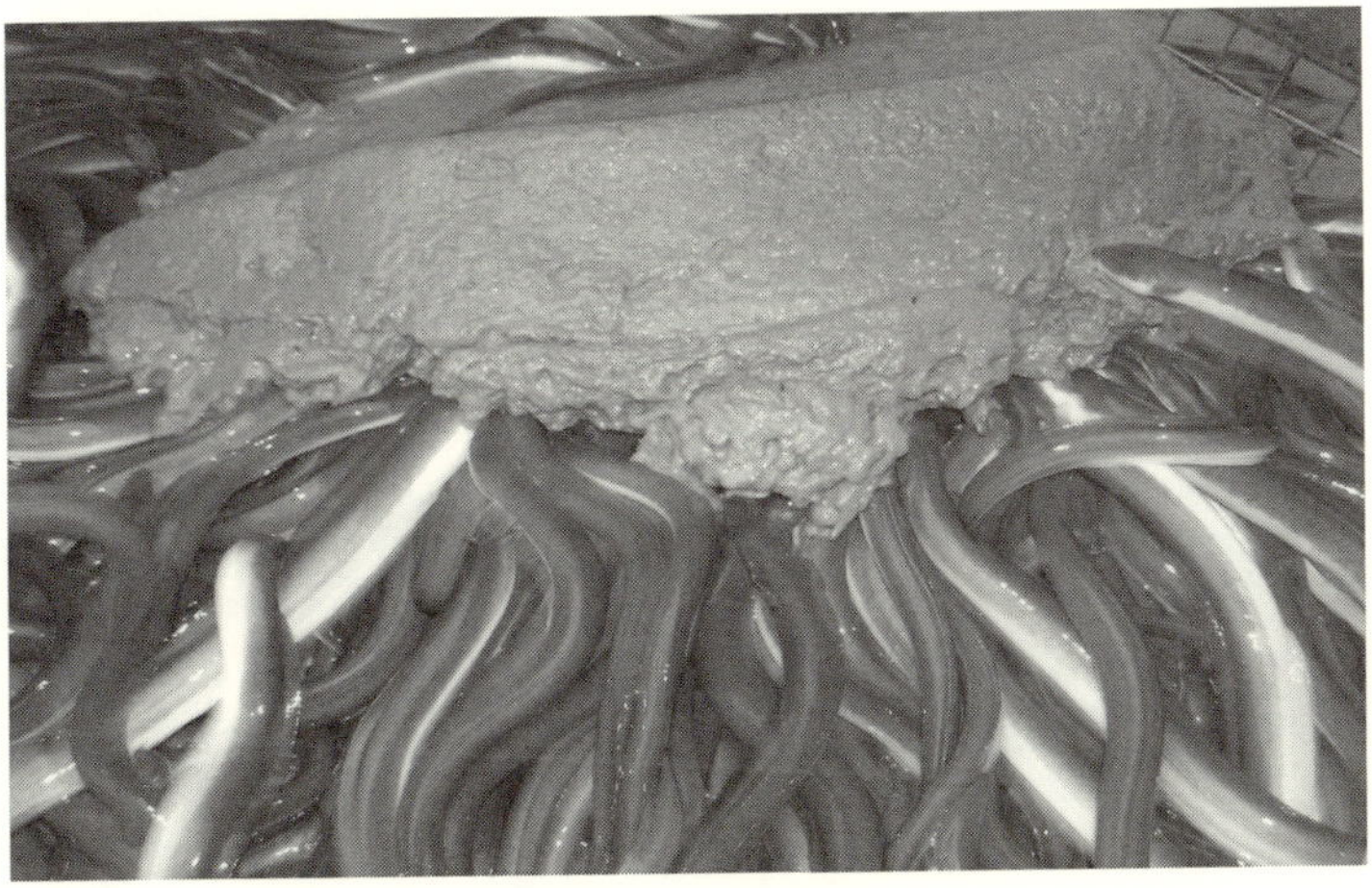
写真２　給餌風景

減少していると思われます。その理由の第一に、安価なウナギの輸入量の増大があります。

ウナギの国内生産量と輸入量の推移ですが［図1］、国内生産量は最大で約4万トン、台湾からの輸入量は最大で6万トン。中国からの輸入量は昭和六〇年にはわずか1000トンでしたが、平成一二年には10万トンを超えました。

日本市場へのウナギの供給量は平成一三年、一四年には最大で16万トン近くにまで達し、供給過剰のためウナギの価格は千円以下となりました。しかし一二年をピークに輸入量が減少してきました。その理由として、一つに輸入ウナギの医薬品残留問題、二つ目には輸入ウナギの偽装問題があり、これにより消費者のウナギ離れが起こりました。しかし二三年、二四年の減少はシラスウナギの不漁によるものです。二四年は国内生産量と輸入量を合わせてもわずか3万7000トンでした。

養鰻経営体減少の第二の理由に、シラスウナギの不漁と価格の高騰があります。

シラスウナギは体長が5～6センチ、体重が0・2グラム、体色は透明です［写真4］。養鰻業者は沿岸で採捕された天然のシラスウナギを専門業者から購入して養殖しています。このシラスウナギの不漁が近年続いています。

養鰻業界が行っている資源保護対策ですが、第一にウナギの放流事業。第二に放流に適したウナギの育成試験。第三に海外養鰻団体へのウナギ資源保護対策の提案。第四に天然ウナギの保護対策、などがあります。

写真３　昔の養鰻場の風景

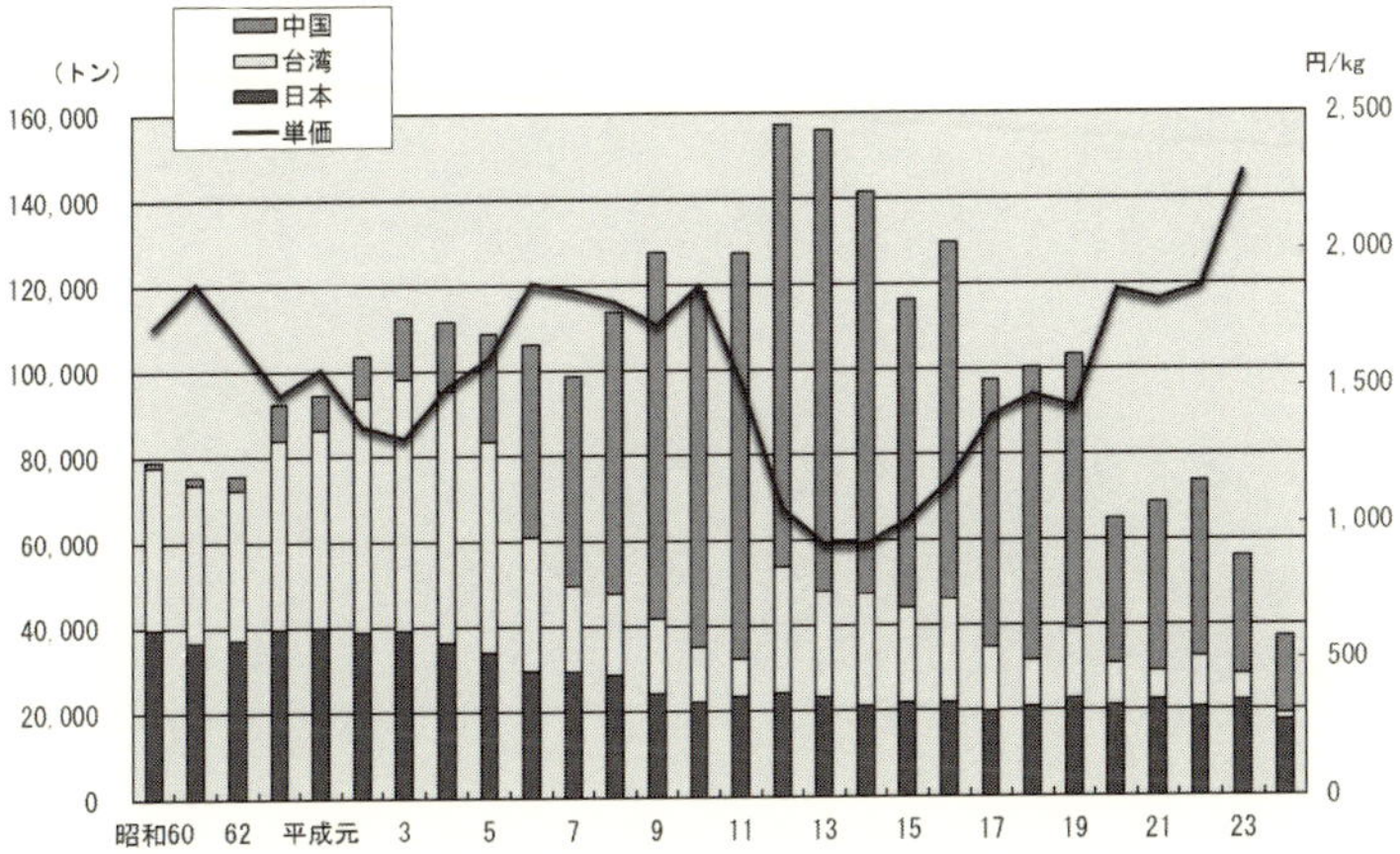

図１　ウナギの国内生産量と輸入量の推移

2　ウナギの放流事業について

ウナギ放流事業の一例ですが、愛知県養鰻漁業者協会は三〇年も前からウナギの放流事業を行なっており、一九九九年のように多い年には約五トンを放流しました［表1］。全国の養鰻組合では多かれ少なかれ放流事業を実施しています。

また、標識放流と言って、一部の放流用ウナギの眼の周りに蛍光樹脂を注入して放流するとともに再捕情報提供お願いのポスターを河川組合などに配って放流後の移動を調べています。

3　放流に適したウナギの育成試験について

平成二四年度には試験研究機関に依頼し、自然界に近い水温での飼育、飼育密度を低く抑え飼育時のストレスを取り除き、また天然に近いエサを与えるなど、放流に適したウナギを養成するためのさまざまな試験を行ないました。

4　海外養鰻団体へのウナギ資源保護対策の提案について

われわれは中国・台湾・韓国の養鰻団体と定期的に会議を開催してきました。そして、日本のシラスウナギ採捕制度の説明や放流事業の実施拡大を提案してきました。また、東アジア鰻資源協議会会長の塚本先生に海外でご講演をお願いし、ウナギの資源保護の重要性などを訴えていた

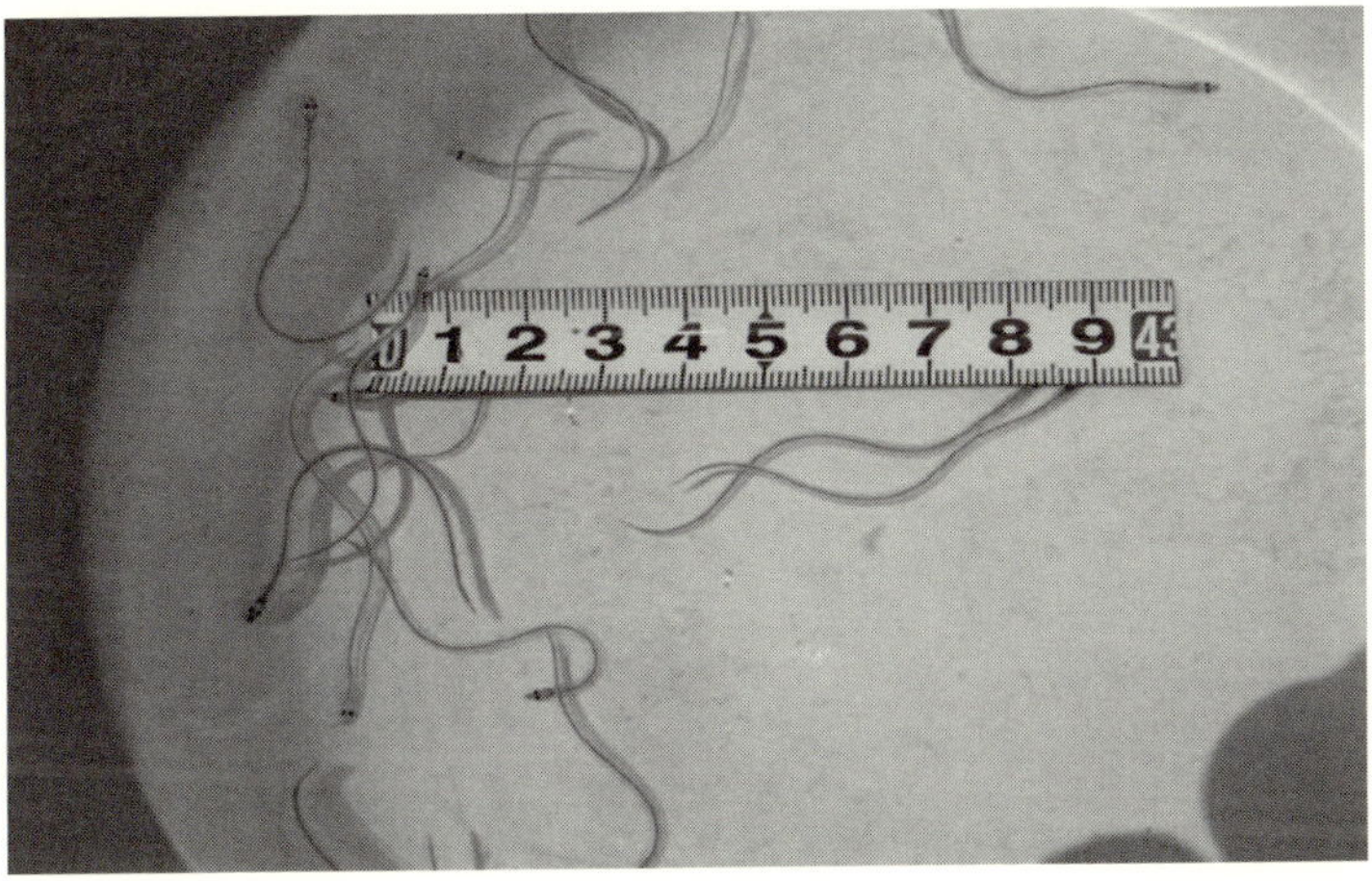

写真４　シラスウナギ

年	数量 (kg)	年	数量 (kg)	年	数量 (kg)
1983年	700	1992年	800	2001年	2, 720
1984年	700	1993年	800	2002年	2, 100
1985年	900	1994年	1, 513	2003年	1, 820
1986年	890	1995年	987	2004年	856
1987年	840	1996年	1, 855	2005年	1, 529
1988年	924	1997年	2, 299	2006年	2, 045
1989年	535	1998年	2, 412	2007年	1, 395
1990年	1, 080	1999年	4, 889	2008年	1, 444
1991年	800	2000年	2, 676	2009年	1, 600

表１　愛知県養鰻漁業者協会の放流実績

だきました。

台湾の養鰻場の風景です［写真6］。台湾は暖かいため、加温などはしていません。素掘りの養鰻池で昔の日本の養鰻場と似ています。中国の養鰻場もほぼこれと同じです。

台湾政府が発行している書籍には［写真7］、われわれが提供した日本のシラスウナギの採捕制度や日本の水産資源保護法、日本におけるシラスウナギの輸出規制等の情報について解説しています。

台湾では資源保護対策として、一九七六年から現在に至るまで、放流事業を行なっています。二〇一一年の時点でその回数は37回、放流数量は35トン、7万尾とのことです。また人工的に成熟させたウナギの放流やウナギにマイクロチップを埋め込み追跡調査なども行なったとのことです。

韓国の養鰻場は日本と同じ加温ハウス養殖ですが、外側は遮光され、その内部は真っ黒でいくつもの円形水槽が並び循環ろ過方式で行なっています［写真8］。なおすべての養鰻場がこの方式ではなく、日本と同じ方式の養鰻場もあります。

韓国における資源保護対策について、昨年度の会議で、韓国の養鰻団体から以下の報告がありました。
（1）ウナギ稚魚の放流について。遺伝子調査を行い放流前にウナギの種類を確認している。
（2）シラスウナギの遡上および親ウナギの降下時期における魚道の運用について。

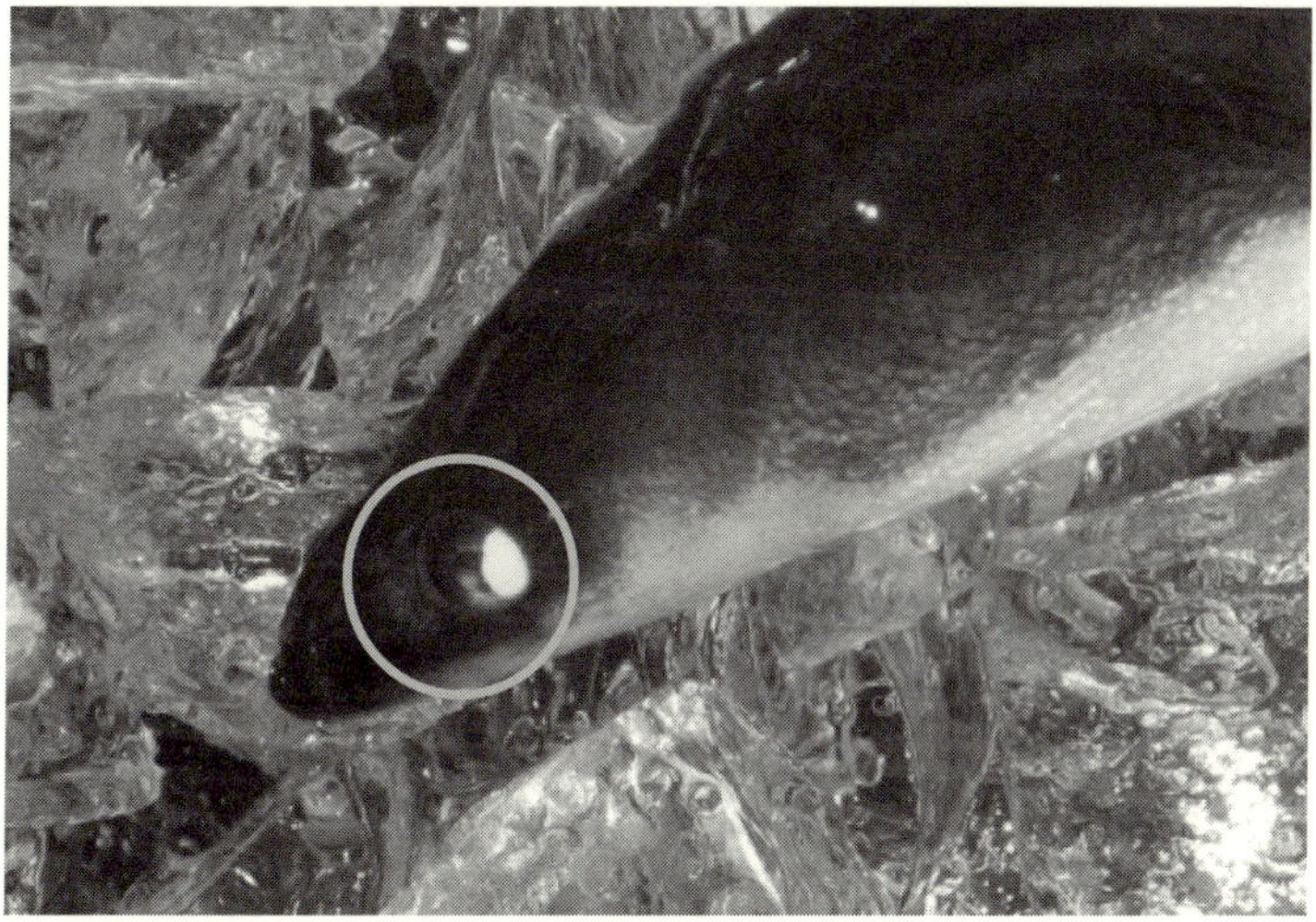

写真５　蛍光樹脂による標識

写真６　台湾の養鰻場

（3）禁漁時期の設定について、などでした。

次に、中国江西省のウナギ蒲焼事情の新聞記事を紹介します。「養殖場の稚魚放流の積極性は高くなく、放流量も少ない。情報によると、二〇〇九年、稚魚放流量は二〇〇八年の70％前後だけだという。そのうち、欧州ウナギの稚魚放流量は二〇〇八年のわずか10％を占めた」とあります［日刊水産経済新聞（二〇〇九年九月一日）］。中国の河川に生息していない欧州種を放流しています。この過ちは、過去に日本でもありました。ここ数年、中国との会議が途絶えておりますが、このような誤った認識を正していくことも日本側の役割だと考えております。

5　天然ウナギの保護対策について

先ほども浜名漁協の吉村さんからお話がありましたが、静岡県の浜名湖地区では、秋口に産卵場に向かう天然ウナギを全量買い取り、放流することを決定しました。

また、愛知県では、シラスウナギの採捕期間の短縮に加え、産卵のために海に下るウナギを漁獲したら、放流してください、とのポスターを作成し、ウナギの資源保護を呼びかけています。この他にも下りウナギ保護のため、宮崎県では一〇月から一二月まで25センチ以上のウナギの漁獲を禁止。鹿児島県では、一〇月から一二月まで河川および海面における21センチ以上のウナギの漁獲を禁止した他、シラスウナギの採捕期間を二〇日間短縮します。

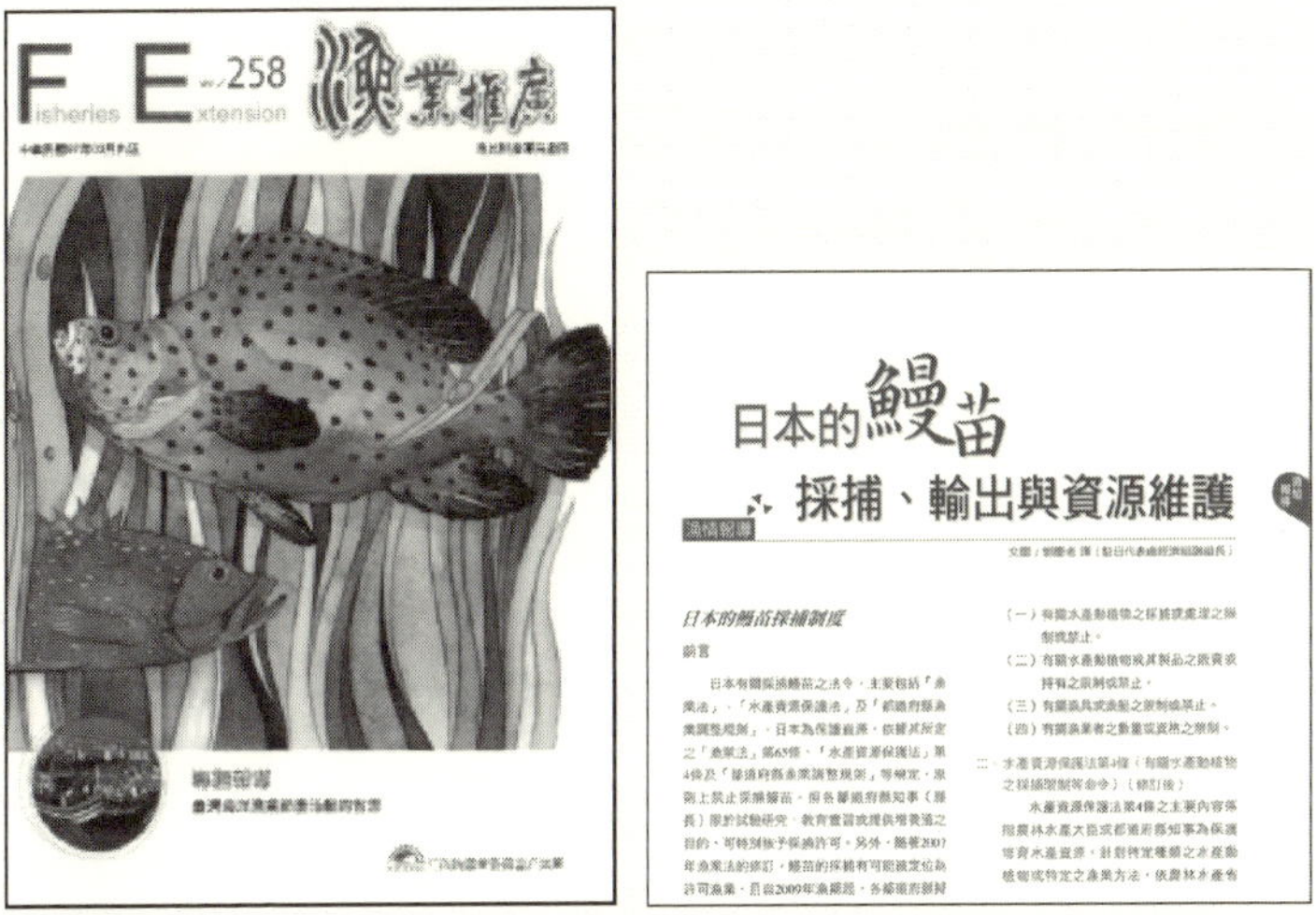

写真７　台湾政府が発刊した書籍

写真８　韓国養鰻場内部

6　これからの資源保護対策について

養鰻業界ができる保護対策は限られていると思います。今まで実施してきた資源保護対策の充実と拡充を図っていくしかありません。

（1）放流事業については、放流数量の増量やより効果的な放流方法の開発。例えば、いつ、どこで、どのようなウナギを放流すれば効果的なのか。また、性が未分化の小型魚や逆にメスの大型魚の放流が考えられます。

（2）養鰻国との協力体制について。国からの助言も受けながら、中国・台湾・韓国等と連携し、ウナギの国際的な資源保護管理を推進する必要があります。

（3）天然ウナギの保護については、河川漁業者の方々にウナギ資源保護について、理解と協力を求め、天然ウナギ漁獲抑制の実施県を拡大する、などが考えられます。

最後に

日本の伝統的な食文化であるウナギを未来永劫伝承させるためには、ウナギ資源の保護と回復が最も重要であります。国や試験研究機関、産業界が一体となって協力し、この難局を乗り切っていくことを強く望んでおります。以上で終わります。

司会　それでは質問等ある方はいらっしゃいますか？

質問者1　中国との交渉は最近あまりないとのことですが、今後はまた情報交換など行なわれそうでしょうか？

白石　水産庁は「ウナギの国際的資源保護・管理に係る非公式協議」を中国・台湾・韓国と開催しており、その際にわれわれの意向を伝えていただき、中国との会議を再開したいと思います。

質問者2　親ウナギの放流でシラスウナギが増えて、全体として資源のかさ上げにつながれば、養鰻業界の方だけでなく河川漁業の方も潤うと思うのですが、河川の漁業組合と養鰻組合が同じ土俵で放流効果について話し合うことはありますか？

白石　全国レベルでの話し合いは今のところありませんが、ウナギ養殖の盛んな県では養鰻組合と河川組合が話合いをしています。今すぐにできることは親ウナギの保護ということで一致しています。なお、静岡県の河川組合も親ウナギについて休漁期を設けてよいと言っています。

司会　どうもありがとうございました。

蒲焼商の役割

湧井恭行（全国鰻蒲焼商組合連合会理事長）
堺美貴：代読（全国鰻蒲焼商組合連合会事務局長）

こんにちは、全国鰻蒲焼商組合連合会事務局長の堺でございます。今ご紹介いただきましたように、本日は土用丑の日、蒲焼店が一年で一番忙しい日でございますので、私が理事長に代わって声明文を読み上げさせていただきます。

声明文

ウナギ業界は主にシラスを獲る漁業者、それを育てる生産者、流通させる問屋、そしてわれわれ蒲焼店とで成り立っています。川上の漁業者から川下の蒲焼店まで、それぞれに利害の対立する部分もありますし、当然ながら立場によって目線も異なってきますが、ニホンウナギのシラスの枯渇が危惧されている今、業界一体となってこの難局に取り組む姿勢が必要です。

四年連続のシラスウナギの不漁により、ウナギが暴騰し蒲焼店はまさに瀕死の状態が続いています。事実ここ三年ほど閉店する蒲焼店が増えています。

そもそもなぜ、これほどまでにシラスウナギは減少してしまったのでしょう。塚本勝巳教授をはじめ研究者の話をまとめると、その原因は主に三つあると考えられてるようです。シラスウナギの回遊条件の変化、河川環境の悪化、そして何と言っても乱獲です。現在われわれ蒲焼店が使っているウナギの量は全体の三割程度です。あとの七割はどこへ行ってしまったのでしょう。加工です。冷凍技術の向上により、加工業者は大量のウナギを加工し、ベルトコンベアに載せています。

数字的に見ると日本国内のウナギの生産量は、一九八〇年代後半まで、年間4万トン程度で、これに台湾からの輸入が2万5千トンから4万トン程度加わるという状況でした。この数字に変化が現れるのが、一九八〇年代終わり頃からで、一九八八年のウナギの加工品の輸入は、前年の倍の3万トンになります。これは中国で日本向けのウナギ養殖が盛んになり、安い労働力を利用した結果です。二〇〇〇年には中国・台湾から過去最高の13万トンのウナギが輸入され、国内の流通量も過去最高の16万トン近くに達しました。ことほど左様に、日本のウナギの消費量は増えたのですが、その大半はスーパーの店頭に並ぶパック詰めの加工蒲焼、コンビニ弁当、ファストフード店のウナギ丼などで使用されています。先にあげたように蒲焼店での消費は全体の三割程度でしかないのです。

今年の二月一日、ニホンウナギが環境省のレッドリストに指定されたことにより、ウナギを食べてもいいのかといった不安感から、消費者の〝ウナギ離れ〟も進んでいます。六月末には、国際自然保護連合がニホンウナギを絶滅危惧種に指定するかどうかを検討するといったニュースも流れ、ますます〝ウナギ離れ〟現象が進むことが懸念されます。これについては継続審議がなされるようですが、指定されれば、さらに三年後にはワシントン条約の規制対象となり、輸入に規制がかかるかもしれません。われわれ蒲焼店は危機感を募らせています。

しかしながら一方、われわれ蒲焼店は国際的にニホンウナギの資源保護が叫ばれている今、ウナギの大量生産、大量消費を見直す絶好の機会とも捉えています。

日本の蒲焼文化を作り上げ、それを担ってきたのはわれわれ蒲焼店です。現在、日本食文化をユネスコ無形文化遺産登録に申請中です。この秋には日本食文化が世界遺産に登録される可能性が大きいのです。日本食文化にはもちろんウナギの蒲焼も入っています。日本の食文化、蒲焼文化を絶やさないために、食べ物に「安さ」だけを求めるのではなく、職人の技で焼き上げられた蒲焼を蒲焼店でご賞味くださいますよう、消費者の皆様にもお願い申し上げます。

シラスウナギの資源保護に直接つながる手段として、ウナギの完全養殖のさらなる進歩、また秋口から産卵に向かう親ウナギの漁獲禁止。シラスウナギの漁獲制限が望まれます。同時にウナギの生息環境の改善について、研究者や行政の皆様に引き続きのご努力をお願い申し上げます。

暴騰とも言えるシラスの値上げについては、いくらシラスが不漁とはいえ、一部の生産者がわれわれ蒲焼商や消費者に、まったく目を向けていないことの証しとも言えるのではないでしょうか。

養殖業者に対するシラスの購入資金の助成額については首をかしげざるを得ません。シラスの価格にも規制を設けるべきだと考えます。

繰り返し申し上げますが、われわれ蒲焼商だけで消費するのであれば、シラスは12トンもあれば十分に間に合うのです。大不漁と言われる今期の池入れ量でも間に合うのです。

こういったシラスウナギの不漁、価格高騰から、ニホンウナギ以外のロストラータやビカーラといった異種ウナギが注目され、実際に中国、台湾、日本で生産され、マーケットに登場しています。この異種ウナギは一時的には救世主になりうるかもしれませんが、塚本教授はじめ研究者は警鐘を鳴らしています。異種ウナギは、ニホンウナギより数が少ないため、資源管理ができていない現状下ではすぐに獲りつくしてしまうことになりかねないのです。

われわれ蒲焼店が今できることは、日本食文化を代表する「ウナギの蒲焼」を絶やすことのないよう、苦しいながらも何とかやりくりし、暖簾を守ってゆくことしかありません。〝蒲焼専門店〟の暖簾に恥じぬよう、専門店ならではの美味なる蒲焼を提供できるよう手を抜くことなく技術の研鑽に努め、さらなる努力を続けてまいります。同時にウナギの資源保護への関心をより一層高められるよう、引き続き勉強会などを開き、専門家の意見に耳を傾け、また産卵に向かう親ウナギの使用は控えるよう、組合を通じて呼びかけてまいります。

消費者の皆様、この夏はぜひ職人の技と秘伝のタレで焼き上げられた、専門店の蒲焼を召し上がってください。
以上でございます。

報道の役割――ウナギ問題をどう伝えるか

井田徹治（共同通信）

こんにちは、共同通信のウナギ記者をやっております井田と申します。今日はウナギ報道を考えるという題をいただきまして、最近はウナギが減ったなど関心が高まって多くの報道がありますが、その実例から批判的に検討してみようというのが私の話の趣旨です。

一つ特徴的な報道として、「安いウナギは素晴らしい」という報道があります［図1］。実はわが社も似たような記事を書いておりまして「安いウナギは素晴らしい」という報道が非常に多い。ただし、すでに皆様からも指摘があったように薄利多売の問題が報道の中できちんと問われているのか、と思うわけです。

大量消費はその後減ったのですが、八〇年代後半から海外のウナギの大量輸入が始まって、薄利多売の加工品のパックが主流になって、価格は一時的に暴落しました。ヨーロッパウナギの一時的大量消費は、ヨーロッパウナギの絶滅危機を招いて、国際自然保護連合（ＩＵＣＮ）のＣＲ

安いウナギは素晴らしい？

「かば焼き値下げするＳ社・Ｄ社の魔術」

「高値ウナギ予約で安く　量増やして単価下げ

トクホ飲料付き」

「「土用の丑」前にもうなぎ　Ｄ社、連休の販売強化」

「国産うな重、300円安く　Ｓ社、父の日に合わせ」

Ｄ社は「手軽においしいうなぎを味わってほしい」としている

図１

（最も近い将来絶滅の恐れが極めて高い種）とまで言われています。ＣＲというのは意外に少なくてパンダやトラですらＣＲではなくてその次のランクなのですね。ＣＲというと、ボルネオのオランウータンとか、数頭しかいないシロサイと同じレベルです。

このウナギの消費のパターンがその後も続いていて、資源が減ったにもかかわらずその後も薄利多売のパターンが続いているのは皆様ご指摘された通りで、われわれ報道の一翼を担う者としてもどう伝えてきたのかを反省しないといけないと思います。

その次のテーマは「異種ウナギは救世主か？」というものです。去年のテレビ番組ですが、「いかに日本の人たちが世界を駆け巡って、おいしいウナギを集めているか」というものがありました。その時のコメンテータの発言はひどいもので「レアメタルと同じで、マダガスカルのウナギを中国に押さえられるより前に日本の商社が押さえてしまえ」というのがあったりする。こういう報道をしていていいのかと思うのですが、他にも「初輸入のアフリカ産は期待のルーキー」といって世界中から美味しいウナギを求めるために奔走する商社と、「プロジェクトX」ふうに描かれていたりする。

これは今年の報道ですが、ある商社がインドネシアでウナギ養殖を始めたのが救世主になるか、というのもありました。外来種というのも問題が多く、異種ウナギも、池から逃げ出したとたんに外来種ということになりますし、すでにご指摘のあったように生態系とか在来種への影響、寄生虫、病気への懸念もある。さらにこれをやっていくうえで問題なのは、資源評価や資源管理が皆無だということです。私はこれを「乱獲のヒット・エンド・ラン」と呼んでいるのですが、魚種交代や漁場交代が行なわれることによって、乱獲の連鎖が続いていくという状況があり、これがウナギでもそれ以外の魚種でも世界的に続いています。これが、勝川さんがご指摘になったように、魚はいつまでもいっぱいいるのではないかという錯覚を招いて危機を見えないものにし、乱獲構造の改革を遅らせることになります。

世界資源研究所（ＷＲＩ）というアメリカのシンクタンクの報告によれば、ウナギではなく北大西洋のタラの仲間に関するものですが、まず、タラが獲りすぎで減りました。減ったとたんにスケトウダラの漁獲が増えてきた、スケトウダラもあっという間に獲りつくしてしまったら、今度はホワイティングという魚種を獲る。これが典型的な魚種交代による「乱獲のヒット・エンド・ラン」、乱獲の連鎖を示しています。勝川さんもご指摘のように、サバがなくなったらタイセイヨウサバを獲ればいい、タラがなくなったら、南太平洋からホキを持ってくればいいじゃないのか？　あるいはモロッコのタコが獲れなくなったら、モーリタニアのタコを獲ればいいのか。ニホンウナギ、ヨーロッパウナギと乱獲を招いたのですが、今言われているように東南アジアやマダガスカルでヒット・エンド・ランをやっていいのか？　こういう問題を、われわれメディアはどれだけ深刻に受け止めてきたのかということを自戒を込めて申し上げておきたいのです。

もう一つここで忘れていけないのは、環境への影響です。「フードマイレージ」という言葉がありまして、それは、われわれの食べ物が日本の食卓にやってくるまでにどれだけの環境負荷をかけたかという指標の一つになります〔図2〕。遠くから飛行機で運ばれてきたウナギは明らかに、国産のウナギとは環境へのインパクトは違うだろうということです。このようなインパクト、とくに温暖化を招くエネルギー負荷もわれわれメディアも考えないといけないことです。

もう一つ、ウナギを巡る昨今の典型的な報道に、ワシントン条約の対象になること自体が危機であるというものがあります。「ウナギ、ますます高くなる？　国際機関が絶滅危惧種検討　指定なら規制も」「規制ならさらに品薄・高騰」というような見出しがあります。さらにひどいのは「ワシントン条約で絶滅危惧種になると稚魚の輸入が禁止されるので国内の養殖業者が廃業せざるを得なくなる」といったものもあります。ここには大きな誤解があります。

まず、忘れていけないのはウナギの国際取引が極めて不透明であるということです。二〇〇六

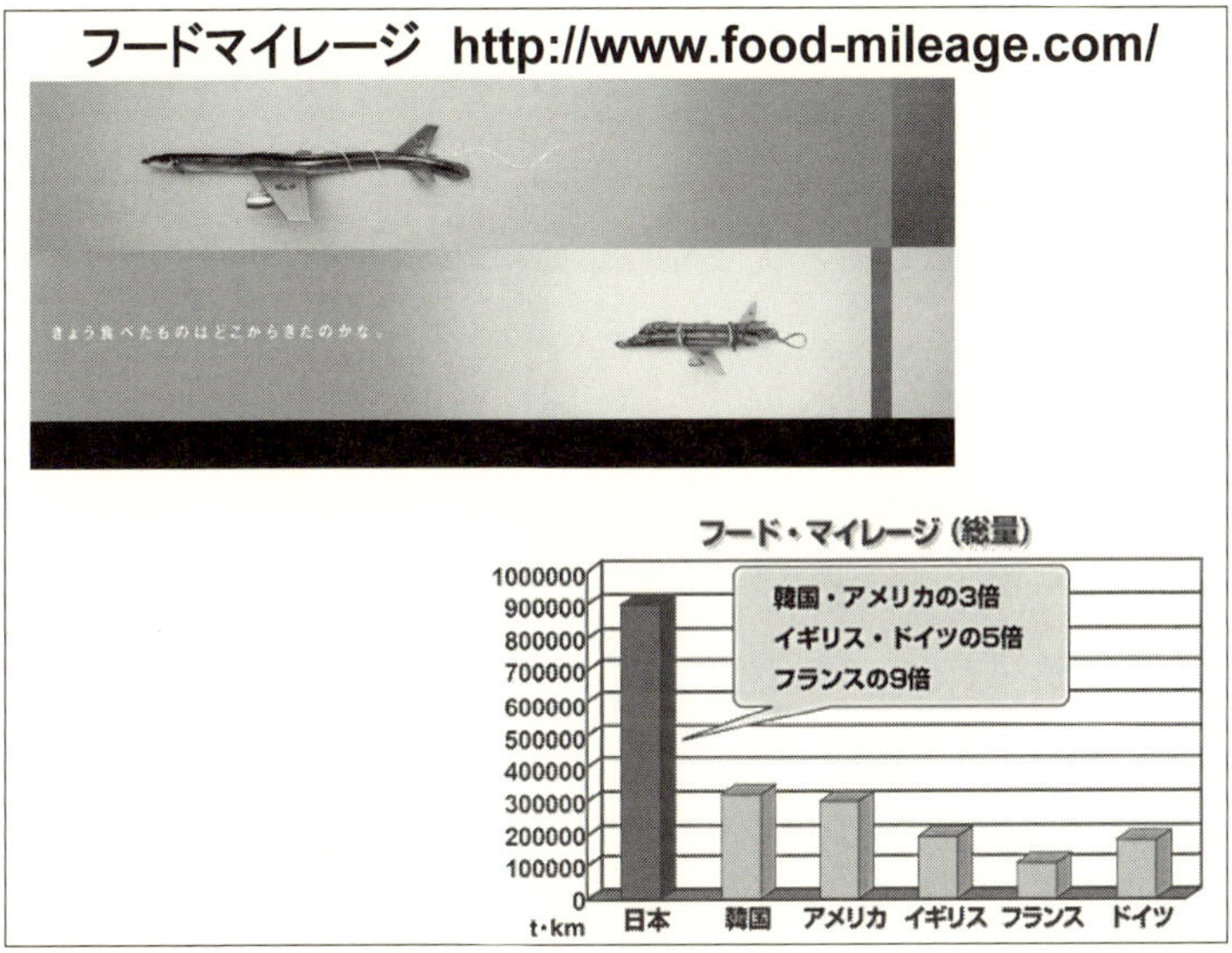

図2

タイトル	品別国別表					
輸出入	輸入					
年月	2006年全期					
品目	品目コード指定	'030192100				
国	全対象指定					
単位:(1000円)						
品目	国	国名	第1単位	第2単位	累計第2数量	累計金額
0301.92-100	'103	大韓民国		KG	922	11025
0301.92-100	'106	台湾		KG	4514	1528163
0301.92-100	'205	英国		KG	30	2320

年月	2010年全期					
品目	国	国名	第1単位	第2単位	累計第2数量	累計金額
0301.92-100	'103	大韓民国		KG	287	8687
0301.92-100	'108	香港		KG	14251	12878964

図3　ウナギの取引は不透明

年の統計によると、台湾から大量のシラスウナギが入ってきています［図3］。台湾が二〇〇七年に禁輸をします。すると急に二〇〇八年には香港から大量の輸入が増えている。私も香港に行ったことがあり、ウナギを大量に作って売っていないことは知っていますので、明らかにこれは台湾から香港経由で輸入されたものが含まれているということになります。

欧州の漁業担当の方による二〇一二年の報告書には、ワシントン条約を批准しただけでなく、多くの地域で漁業を禁止しましたと明記されています。また、二〇一一年、一二年には欧州からの輸出入は無いとあります。一方で密漁が横行して増加傾向にあるともあります。

ワシントン条約のデータベースによれば、二〇一〇年にはまだ大量の輸出があるのですが、二〇一一年にはたしかに日本への輸出はありません。二〇一二年にはギリシアからほんのちょっとだけ輸出があります。実態はこうなっているにもかかわらず、日本にはいまだかなりのヨーロッパウナギが入っている。ではこのソースはなんなのかということを考えなくてはいけない。冷凍品など条約の規制以前の特例品であるとかいろいろ言われているのですが、扱う人は少なくともこのソースをきちんと明らかにしなければならないでしょう。

これは今年の貿易統計ですが［図4］、EUは禁止なのですが、フランスからすでにこんなに輸出があり、さらにモロッコ、チュニジアなどからも、これもヨーロッパウナギだと思われるのですが、実際には入ってきている。しかも、貿易統計ではただ「ウナギ」としか書いてありません。ニホンウナギであるのか、ヨーロッパウナギであるのか、オーストラリアウナギであるのか。

基本的には分からない。こういう問題もあることを、われわれ報道の者がどれだけ知っているでしょうか？

ワシントン条約に関する報道というのは大きな誤解があります。これも勝川さんがご指摘になったことですが、ワシントン条約の附属書Ⅱというのは、輸出許可証があれば輸出は可能です。だから指定されたとたんに稚魚の輸入ができなくなって業者がばたばた潰れるというのは大間違いです。ワシントン条約が附属書Ⅱによってやろうとしているのは、こういう不適正品の取引をきちんと管理しましょうということであって、排除されるのは不適正品です、したがってワシントン条約の指定になって困るのは、こういう不適正品を扱っている人なのではないかと、私は口が悪いのでいつも言っております。

ウナギは国際資源ですので、漁業管理も必要ですが国際取引の貿易管理も不可欠です。ニホンウナギを、ワシントン条約の附属書Ⅱの対象にしてきちんと貿易の管理をするのが必要ではないかと思うのですが、メディアを見る限りこういう報道はない。本当にうまくいっているかどうかは別ですが、ＥＵはシラスの漁業規制と輸出規制の両方をやっています。一方でその両方をやっていないのは日本です。われわれはこのような事態にたいしてどれだけ問題意識をもっているかということを問うべきでしょう。

以上でだいたい私の話は終わりです。

最後に、個人的にこれからウナギ報道をどうしていくかという視点で、少し付け加えさせていただきます。これもすでに皆さん、とくに鷲谷さんがご指摘のことですが、まずウナギは野生生物であるということを忘れているのではないか？　たんなる食べ物、商品としてしか見ていないのではないか？ということです。

ウナギがいる環境の意味を考えるべきで、ウナギがいる環境というのは非常に良いといえるでしょう。このような生態学的な視点が重要ですが、ウナギに関する報道がどれだけ生態学的視点からなされているか、というと心もとないものがあります。

ウナギ問題は地球規模の環境問題の一つである。これもご指摘のあったことですが、河川の上流〜中流〜下流〜沿岸〜遠洋まできちんとした環境が守られていないと、ウナギというものは生息できないのです。

また、ウナギというのは河川の生態系のトップにいる。それがいなくなると生態系の全体に悪影響を及ぼすということが最近の研究にあります。

これはカナダの有名なダニエル・ポーリーという有名な海洋学者が言ったことですが、魚を生態系のトップからどんどん乱獲してうちに、海の生態系はぼろぼろになってしまうということを模式的に示しています［図5］。彼は半分ジョークとはいえ、しまいに人間が食べられるシーフードはクラゲだけになってしまうということを言っていました。

ウナギ報道のために重要と思う視点の二つ目です。われわれのやっていることはどうも表面的だなという感じを抱いておりまして、今日ここまでお話ししてきたように、背景にあるものを探

タイトル	品別国別表					
輸出入	輸入					
年月	2013年全期					
品目	品目コード指定	'030192200				
国	全対象指定					
単位:(1000円)						
品目	国	国名	第1単位	第2単位	累計第2数量	累計金額
0301.92-200	'105	中華人民共和国		KG	1356796	4790900
0301.92-200	'106	台湾		KG	298329	959131
0301.92-200	'118	インドネシア		KG	720	1114
0301.92-200	'210	フランス		KG	17245	47328
0301.92-200	'501	モロッコ		KG	1000	2221
0301.92-200	'504	チュニジア		KG	300	540
0301.92-200	'546	マダガスカル		KG	25	238
0301.92-200	'601	オーストラリア		KG	1955	3009

図４　貿易統計では「ウナギ」なので原産地は分からない！

食物連鎖の上位に位置する大型魚類の漁獲が進む
→　漁獲対象次々に下の中型魚類、さらに小型魚類へ
→生態系の破壊と海洋資源の枯渇

シーフードは将来、クラゲだけに？
ウナギは河川の生態系のトップに位置する「野生生物」

図５

ることが必要であると思います。――薄利多売のウナギビジネス、丑の日の大量消費、世界規模でのウナギ買い付け、河川の環境破壊、環境改変など持続可能性への視点、科学的に分かっていないことを、行動をとらない理由や言い訳にしないという予防原則、子孫の分までウナギを食べ尽くしていいのかという世代間の公平という視点などです。

まとめでありますが、ウナギの持続的な利用のためにやらなくてはいけないこととして、私が言うまでもないことではありますが、下りウナギの漁業規制はかなり厳しくしないといけないでしょう。また、シラスウナギの資源管理はいま都道府県にまかされていますが、強力に国単位でやらなくてはいけないのではないかと思います。貿易が非常に不透明なので、ワシントン条約の対象にして貿易を管理するということも必要だと思います。そしてデータが無いというのは、本当にその通りです。取材をしていてもどこにどういうデータがあるかまったく見えてこないのです。表示の適正化、ラベリング、認証制度も必要になるだろうと思います。そうして重要なのは、市民団体とか研究者や第三者機関というものが不透明な漁業や取引を監視していく、本来ならメディアもそこに一定の役割を果たしていかなくてはならないですが、残念ながらわれわれはその役割を果たしていないと思うわけであります。

漁業者も、企業も、責任ある活動をしなくてはならないのですが、何よりも責任ある消費の実現が重要になってくる。安ければ本当にいいのか?という視点です。資源保護にはお金がかかるし、コスト負担は消費者にも当然まわってくるのですから、ウナギは高くて当然です。

繰り返しになりますが、ウナギがどこからどうやって食卓に上ってきたかを考えよう。そして野生生物であることを忘れずに、天然で増えるウナギの「利子」を利用するだけにできないか？ウナギを守りながら大切に食べて、孫子の分までウナギを食べないようにしたいというのが私からのメッセージです。

以上、非常に当たり前の話しかできませんでしたが、詳しくはナショナル・ジオグラフィックのＨＰに「ウナギが食べられなくなる日」という記事を書いていますのでそちらをご覧下さい。

司会　それでは質問などございますか？

質問者１　これまでメディアの方々が、なかなか資源保全や持続的利用などについて伝えてこなかったというお話でしたが、不躾な質問で申し訳ないのですが、メディアにはスポンサーの方々がいらっしゃるということで、ウナギを使ってお金を儲けている方々もその中にいるということもあって、これまでこういう話をしづらかったのではないかと思うのですが。ただしここ最近は風潮が薄れてきているというか、いろいろな人たちがこのままではいけないのではないかと気づき始めていると思うので、実際メディアの中で、環境などについて訴えていく上で業界全体で取り組まなくてはいけないことは何だと思われますか？

井田　私が所属している共同通信は幸いにして、株式会社ではなくて社団法人で広告というものは意識しないのですが、広告というよりもむしろ記者クラブ制度とか、メディアの中のセクショナリズムのほうが問題かなと思います。

業界で何をするかという点ですが、批判というものを前向きに受け止めるという姿勢が、日本の企業はどうしてもまだ少ないのですね。たまに批判されると非常にネガティブな反応を取ることが多くあるのですが、メディアや市民団体などから批判されたらやっぱりまずかったのかなと思う、というオープンなスタンスで対話をしていくというのが重要ではないかと思います。われわれメディアとしても、業界と向き合うというか、対話がどんどんよくなっていくという報道が日本ではないので、そういうカルチャーを作っていかなくてはいけないと思います。

質問者2　たまにテレビでウナギのニュースを見ていると、やはりぬるいというか、とくにテレビ局は大手流通とか商社とかのスポンサーの問題で、言葉を濁してしまうのかなと、勝手に邪推していたのですが、そのあたりはどうなんでしょうか？

井田　さすがに共同通信はいろいろな方からお金をもらって成り立っているものですから、こういう場であまりそういう批判をしたくないのですが、広告からのプレッシャーがあるというよりも、さきほど僕らメディアも表立ってもあまり企業を批判しないと言いましたが、抗議もあまり来ないし、あまり波風を立てない。どうも日本のメディアを見ていると、対立を恐れて、もしかしたらスポンサーのことを過剰に恐れて萎縮しているというマインドがあるのです。実際のプレッシャーがあるというよりむしろ考えすぎというようなところがあるように思います。

司会　どうもありがとうございました。

コラム６●ウナギの輸出入に伴う外来寄生虫問題

片平浩孝（北海道大学）

生物の輸出入に際し、寄生虫も一緒に運ばれてしまう問題をご存知でしょうか？

意図せず持ち込まれた未知の寄生虫が、その土地にすむ宿主に寄生できるようになり、さらにはその宿主に害を与えるようになる――という話は、世界のあちこちで生じています。

ウナギとて例外ではありません。実は、ウナギ属魚類には現在進行形の「外来寄生虫に悩まされてきた歴史」があるのです。

【過去の事例】 30年ほど前、有害な寄生虫が国際貿易を通じて、アジアからヨーロッパ・北アメリカに広まり、諸国のウナギ産業に深刻な被害を与えました。

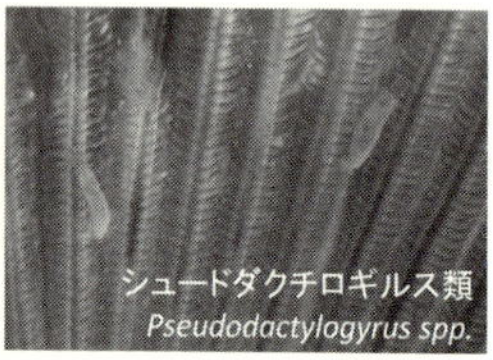

この問題は今なお続いており、特に写真の線虫は「うきぶくろ」を変性させ、遊泳能力の低下や死亡を引き起こしています。(オランダ、デンマークの養鰻場では、この線虫による死亡率が15~65%にもなった事例が報告されています)

【今後起こりうること】 それぞれの地域、それぞれのウナギには「固有の寄生虫」が存在します。海外からの輸入を積極的にすればするほど、ニホンウナギにとって未知の寄生虫が侵入する危険性が高まります。

もしアフリカ・オセアニア固有の寄生虫がアジアに持ち込まれ、定着してしまったならば、かつての欧州・北米と同じ悲劇が繰り返される可能性は充分あります。

【対応策は？】 活魚の輸入が続くかぎり、外来寄生虫の侵入を防ぐことはできません。苦肉の策ではありますが、持ち込みを許しはすれども「定着させない」方法が重要になってきます。例えば、外国産ウナギの飼育水を外部に流さないなど、ニホンウナギを含む在来生物と外来寄生虫の接触を防ぐ工夫が必要です。

こうしている間にも、日々、様々な寄生虫が国内に持ち込まれているかもしれません。いつ、どこで、どんな寄生虫が問題となるのか予想することは難しいですが、いざ問題が発覚してからでは遅いのです。

コラム５●異種ウナギとは何者か

脇谷量子郎（九州大学）

我々に馴染み深いニホンウナギには、一見して区別の難しい近縁の仲間が世界中に19種もいることはあまり知られていません。これらの中にはヨーロッパウナギのように、主に日本での消費のために大量に捕獲され続け、既に絶滅の危機に立たされているものがいます。このような状況の中、近年になって代替ウナギとして脚光を浴びているのが「異種ウナギ」と総称されるウナギの仲間です。ではこれらは実際にはどのような魚なのか？ここでは２つの種を紹介したいと思います。

［バイカラー（*Anguilla bicolor bicolor* および *A. bicolor pacifica*）］

近年、代替ウナギの種苗（シラス）として最も注目されている熱帯棲の種です。主な産地が物価の安い東南アジアであるため、種苗価格がニホンウナギに比べ非常に安く、また体色がニホンウナギに似ていること等が理由に挙げられます。

（考えられる問題）　近年まで大規模なシラス採集が行われていなかったため、現段階では大量に漁獲できていますが、このまま乱獲が続けばヨーロッパウナギの二の舞になる可能性が考えられます。また、熱帯域には複数種のウナギが生息しており、バイカラー種のみのシラス採集というのは事実上不可能と考えられます。そのため本来の漁獲対象ではない種までもが混獲による資源減少のリスクを負う危険性があります。

［オーストラリス（*Anguilla australis*）］

こちらはオーストラリアの一部やニュージーランドに主に生息する温帯棲の種で、主に成鰻が輸入されています。ちなみに都内の鮮魚店で見つけた際には「天然鰻」という表示のみで、1kg前後の大型個体ばかりが販売されていました。

（考えられる問題）　こちらも近年になって日本への輸出量が増えており、資源枯渇の心配があります。また、ニホンウナギに比べ低成長で長寿命な種であり、ニュージーランドでの研究例から、都内の鮮魚店で販売されていたものは主に30歳以上、場合によっては50歳近い年齢のものであると推察されます。そのため、資源が一旦減少した場合には、その回復がより困難となることが考えられます。

（異種ウナギ全般での問題）共にニホンウナギ同様の肉食魚であり、日本の河川に放たれた場合の生態系への影響も懸念すべきでしょう。さらにこれらの種は、外見上ニホンウナギと非常に似ているため、簡単に区別が出来ないことも問題と考えられます。

環境行政の役割——環境省第4次レッドリストについて

中島慶二（環境省）

環境省自然環境局野生生物課長の中島と申します。前にたくさんお話をしてくださる方がいますと、もう自分の話すことはなくなるので私は楽だなと思って聞いておりました。

私がお話しするのは、環境省が昨年度発表したレッドリストの概要と、その時のウナギの選定の経緯についてご説明するだけですので、すぐ終わると思います。次の水産庁の方に時間をさきたいと思いますので、よろしくお願いします。

元々、どんな仕事をしているかと言うと、一番有名なのはトキの野生復帰の仕事を佐渡で一生懸命やっていますが、日本にはたくさんの豊かな生物がいて、それを全体として守っていく。生物多様性を守っていくというのをやっています。植物7000種、脊椎動物1000種以上、昆虫にいたっては10万種ぐらいいるのではないかと言われています。その中に日本の固有種もたくさんいて、わが国として大事にしていかなくてはならない生き物がたくさんいるということであります。

そういう野生生物をとりまくたくさんの課題がございます。外来生物が侵入してきて、日本の在来生物を食べてしまうとか、追い払ってしまうというような問題が最近は多くなっておりますし、開発で生息環境自体が悪化して、あるいはなくなってしまうとかいう問題は、高度成長期にもっとも多かったのですが、今でも相当部分こういった問題は残っています。逆に里山の、いろんな手を入れることで維持されてきた生き物が、管理を放棄してしまうことによっていなくなってしまう、という逆の問題も出てきております。水産資源などはそうですが、捕獲採集の圧力もまだまだなくなってはいない。最近ではシカが植生を荒らしてしまって、生態系全体に被害を出しているというような問題もあります。全体として野生生物の絶滅の恐れがひじょうに大きくなってきています。

どんな対策をしているかということですが、大きく三つありまして、法律で規制をしてしまおうというのが一番厳しいものであります。絶滅の恐れのあるものにつきましては、種の保存に関する法律というものがあるのですが、捕獲を禁止する、あるいは流通を禁止する、生息地の保護を図る、保護増殖事業をする、というようなことをやれることにはなっています。それをやるためには、保護の対象種を指定するということになります。国内の種については、今89種にとどまっています。

次が、レッドリストですが、基礎資料を作って普及啓発をするということで、絶滅の恐れのある野生生物について、データを明らかにして、それを広く普及するということであります。

三つ目は、たとえば「猛禽類保護の進め方」のように、保全のためにどんなことをすればいいのか、まとめて公表するといったこともやっています。

レッドリストについては、この10分類のそれぞれで専門家の皆さんにお願いして、科学的なデータに基づくことができれば、なるべくそういったデータに基づいて、レッドリストを作っています。

言葉として、「レッドリスト」と「レッドデータブック」というのがありますが、「レッドリスト」はたんに生き物のリストをカテゴリー別に分けているだけで、「レッドデータブック」は、その種ごとにいろいろな情報を付け足して、本として出版しているというものです。最初のレッドデータブックが平成三年に作られていまして、レッドリスト自体は今回で三回目の改訂。レッドデータブックの改訂は、一〇年に一回ということになっていますので、今第二回目の改訂作業をしているということであります。平成二四年度に第四次レッドリストを公表して、レッドデータブックは今年度、編纂作業をして、その次の年度に公表する予定であります。

レッドリスト自体は、それに選定されたからといって、法的な規制はもちません。野生生物行政に使う基礎的な資料という位置づけであります。絶滅の恐れが高まっている種はどれで、それがどんな原因なのか、というようなことをなるべく明らかにして、その中で緊急性、必要性を判断して、法律に基づく規制に持っていくということであります。

もうひとつは、環境アセスメントにおける活用ということで、開発計画、事業計画を作るとき

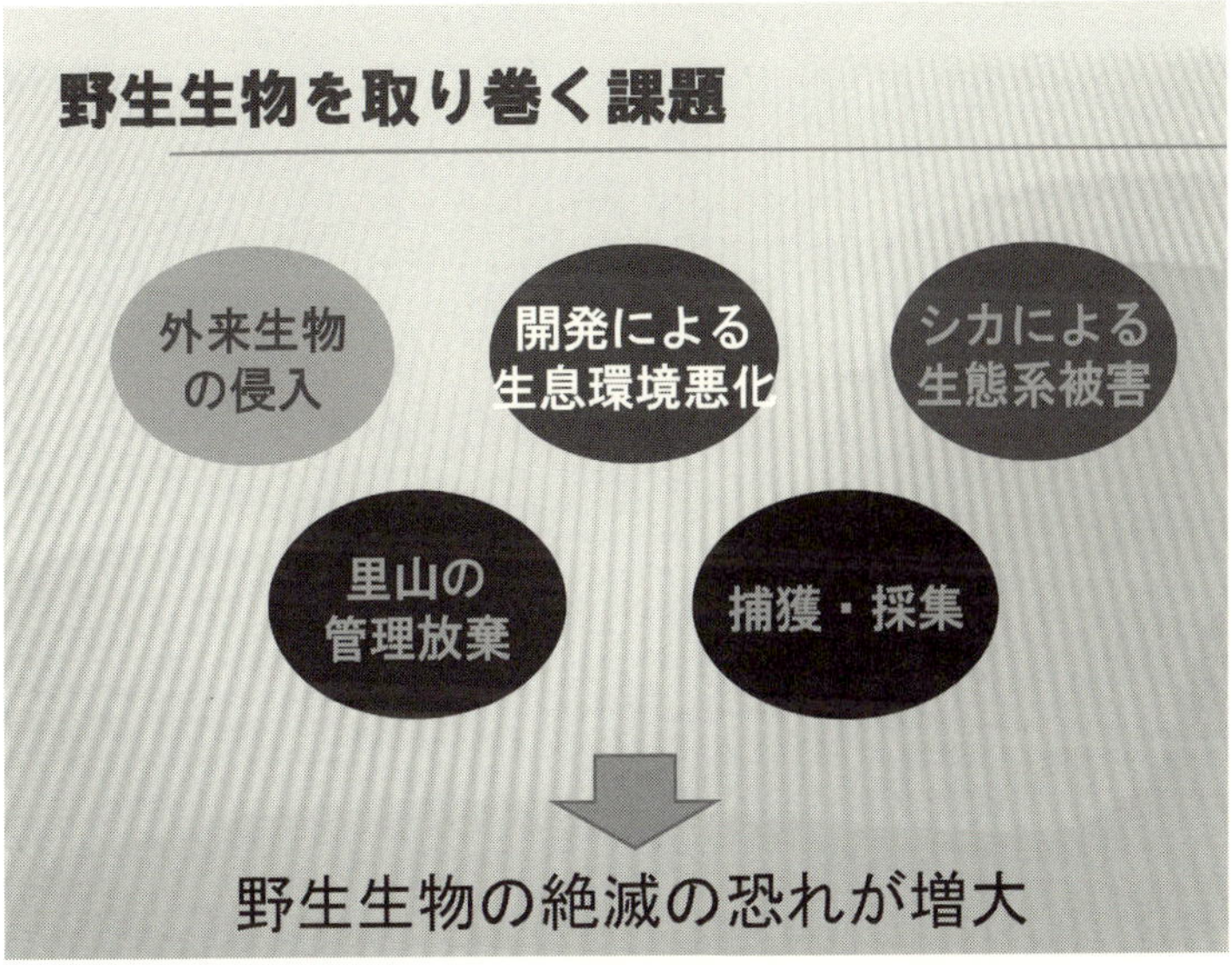
野生生物を取り巻く課題
外来生物の侵入
開発による生息環境悪化
シカによる生態系被害
里山の管理放棄
捕獲・採集
野生生物の絶滅の恐れが増大

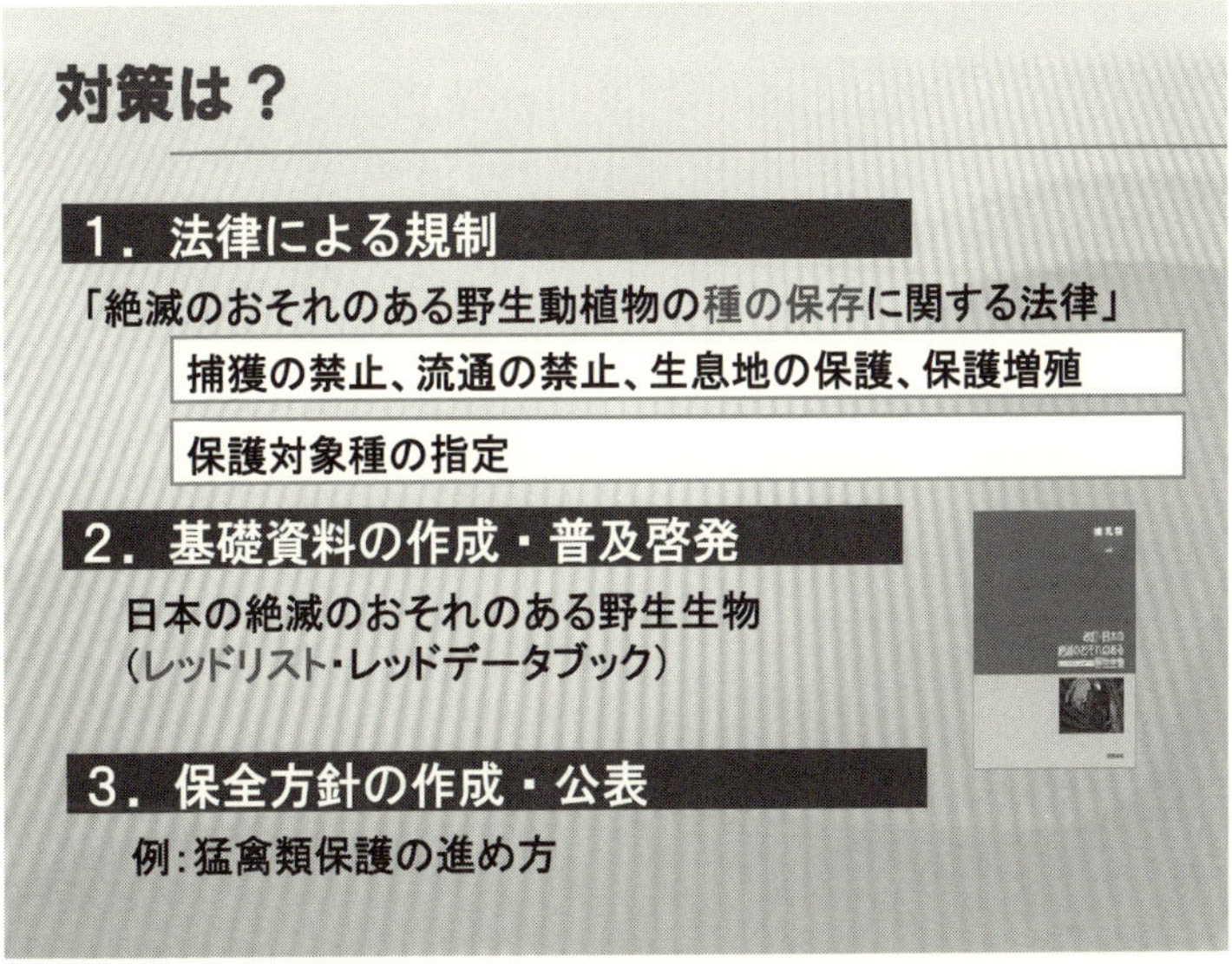
対策は？
1．法律による規制
「絶滅のおそれのある野生動植物の種の保存に関する法律」
捕獲の禁止、流通の禁止、生息地の保護、保護増殖
保護対象種の指定
2．基礎資料の作成・普及啓発
日本の絶滅のおそれのある野生生物
（レッドリスト・レッドデータブック）
3．保全方針の作成・公表
例：猛禽類保護の進め方

には、レッドリスト種がいればなるべく配慮してください、という呼びかけをしています。また、国民住民への普及を促すということでも使われております。

これはカテゴリーについてですが、ＩＵＣＮの基準に、日本のカテゴリー（基準）も基本的には準拠しております。ないものとあるものがありますが、「絶滅」、「野生絶滅」、それから「絶滅危惧Ⅰ類」「絶滅危惧Ⅱ類」。ここは同じでありますす。基準も基本的には同じ基準を使っているということです。「絶滅危惧Ⅰ類」の中に「ＩＡ類」と「ＩＢ類」というのがあって、「絶滅危惧Ⅱ類」と合わせて、この三つの種類のものを、絶滅の恐れのある種、「絶滅危惧種」と呼んでいます。

基準の例ですが、ＥＮ（「絶滅危惧ＩＢ類」）の定量的基準の中で、先ほどから出ていますが、五つ基準があって、その中の一つ「基準Ａ：個体群の減少がみられる場合」ということで、その②が、今回ウナギに関して使われた基準ですが、過去一〇年間または三世代のどちらか長い期間を通じて、50％以上の減少があったと推定され、その原因がなくなっていない、にあてはまるということで、ＥＮに選定されています。

他の基準にどんなものがあるかという紹介ですが、たとえば生息地の面積が５００キロ平方以下だとか、個体数が２５００以下かつ20％以上減少しているとか、個体数が２５０未満だとか、あとは数量解析をした結果、絶滅の確率が20％以上だとかいうことがあります。

これらはひじょうに大雑把に端折っていますので、正確ではありませんが、基準としてはいろ

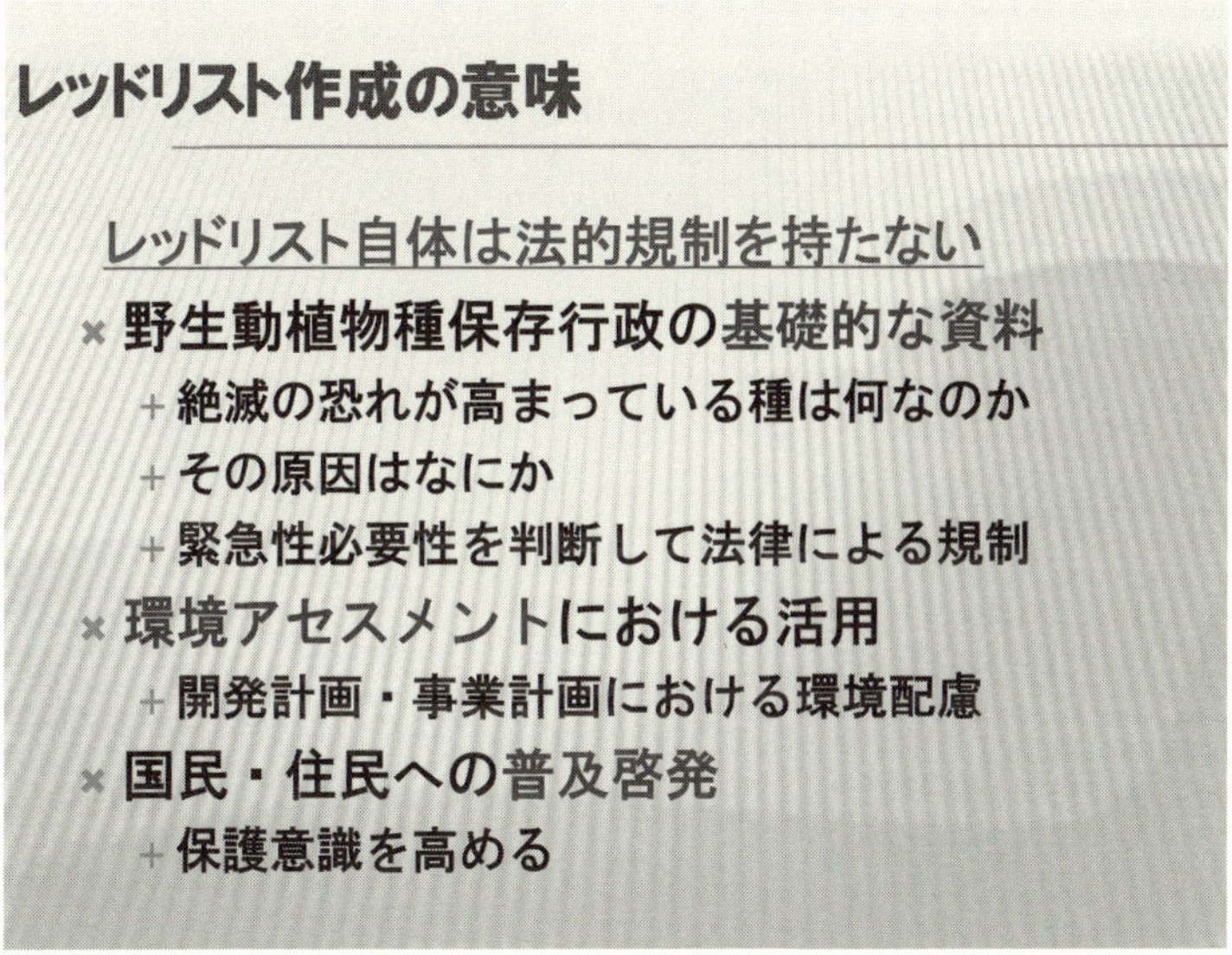
レッドリスト作成の意味
レッドリスト自体は法的規制を持たない
野生動植物種保存行政の基礎的な資料
絶滅の恐れが高まっている種は何なのか
その原因はなにか
緊急性必要性を判断して法律による規制
環境アセスメントにおける活用
開発計画・事業計画における環境配慮
国民・住民への普及啓発
保護意識を高める

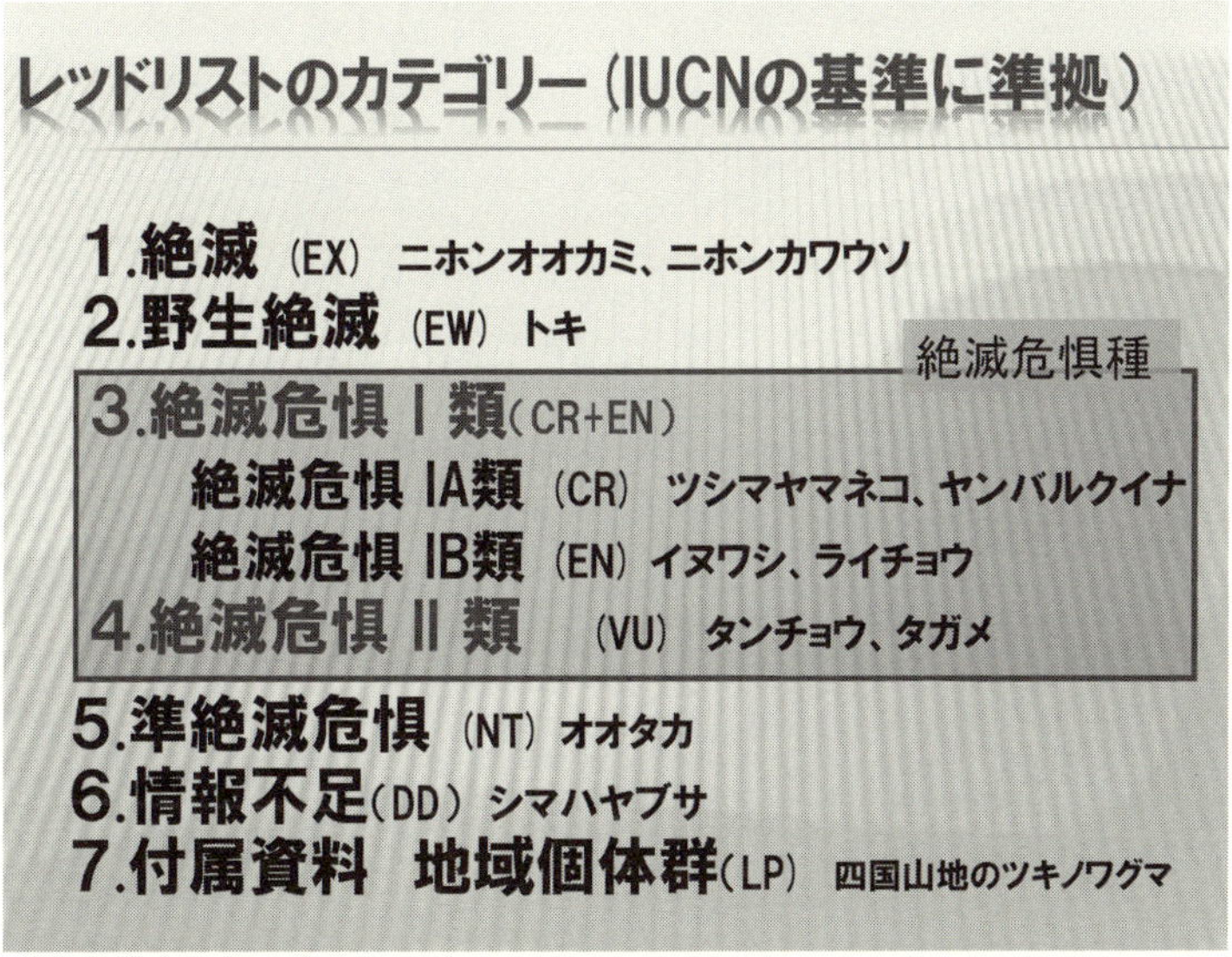
レッドリストのカテゴリー（IUCNの基準に準拠）
1.絶滅（EX） ニホンオオカミ、ニホンカワウソ
2.野生絶滅（EW） トキ
絶滅危惧種
3.絶滅危惧 I 類（CR+EN）
絶滅危惧 IA類（CR） ツシマヤマネコ、ヤンバルクイナ
絶滅危惧 IB類（EN） イヌワシ、ライチョウ
4.絶滅危惧 II 類（VU） タンチョウ、タガメ
5.準絶滅危惧（NT） オオタカ
6.情報不足（DD） シマハヤブサ
7.付属資料 地域個体群（LP） 四国山地のツキノワグマ

いろな基準があって、その中であてはまるものを使うということになっています。

今回、平成二四年度に公表しました第四次レッドリストですが、全体の数は３１５５種から３５９７種と、４４２種増加をいたしました。ただ評価対象も拡大しておりまして、元々第三次リストまでは評価の対象にしていなかった分野も新しく評価の対象に増やしたところ──干潟の貝類だとか、昆虫のガの類ですが──そういったものを拡大していますので、４４２種というのはそういったところから絶滅危惧種として選定されたものも含まれています。10分類の全体で「絶滅種」が１１３種、「野生絶滅」が15種、「絶滅危惧Ⅰ類」が２０１１種、「絶滅危惧Ⅱ類」が１５８６種ということになっています。

今回注目された種では、ニホンカワウソは情報がなくなってから三〇年くらいいろいろな調査をしても見つからなかったということで「絶滅」の宣言をいたしました。ウナギが一番マスコミ的は騒がれたものであります。あとは、クニマスが「絶滅」から「野生絶滅」に変更になったという半分くらいうれしいニュースもありました。

この絶滅危惧種の割合ですが、とくに魚類がひじょうに高い割合になっています。魚類が置かれている生息環境の厳しさといったものが見て取れるのではないかと思います。

ニホンウナギが選定された経緯ですが、先ほどの基準の、三世代というのはだいたい一二年から四五年と言われていて、これの減少率を漁獲量から計算すると72％から92％ということになる。これは三世代で50％以上の減少つまり先ほどのＥＮの基準に該当するということであります。た

基準の例(EN・定量的基準)

- 基準A　次のいずれかの形で個体群の減少が見られる場合
  - ①過去10年間又は3世代のどちらか長い期間を通じて、70%以上の減少があったと推定され、その原因が無くなっている
  - ②過去10年間又は3世代のどちらか長い期間を通じて、50%以上の減少があったと推定され、その原因が無くなっていない
  - ③今後10年間もしくは3世代のどちらか長い期間において、50%以上の減少があると予測

基準の例(EN・定量的基準)

- 基準B（面積）
  - 生息地面積が500ｋ㎡以下
- 基準C（個体数及び減少傾向）
  - 個体数が2500以下かつ20%以上の減少
- 基準D（個体数）
  - 個体数が250未満
- 基準E（数量解析）
  - 絶滅確率が20%以上
    - （ご注意！）上の表記は、基準を相当乱暴にまとめているため正確ではありません

だ第3次リストでは「情報不足（ＤＤ）」に選定されていました。まだよく分からないということです。では今回なぜＥＮに選定されたかというと、漁獲量自体が数十年ずっと減っているわけですから、それ自体が変わったわけではないですが、漁獲されるその河川遡上個体がマリアナ海溝近辺の産卵にどの程度寄与するか今までよく分からなかった、つまり海だけで過ごす個体と、河川にのぼる個体、どっちがどう産卵に寄与するか分からなかったので「情報不足（ＤＤ）」になっていました。しかし最近の研究によって相当数が河川遡上個体であると分かったということで、産卵に寄与する個体群の中の河川遡上個体の漁獲量がどんどん減っている。そうであれば、全体が減っていると言ってもいいのではないか。それで第四次リストではＥＮに選定をされたということであります。

減少要因については、これまで皆さまのお話にもたくさん出てきていますので、同じことを申し上げませんが、国際的あるいは全国的な枠組みで資源管理をしていくことや生息環境の保全が必要になってくるという結論であります。

ウナギの問題に環境省が出てくるということがあまりなかったので、私もこの立場になるまでは、ウナギの問題が環境問題だという認識があまりなくて、先ほどの井田さんの発表を聞いていたく反省しているところでありますが、野生生物種の絶滅を防ぐという観点で環境問題だとすると、ウナギももちろん野生生物ですから、そう言えるわけです。種の保存法による規制を行なうかどうかという話がありますが、そのための基準が四つあります。

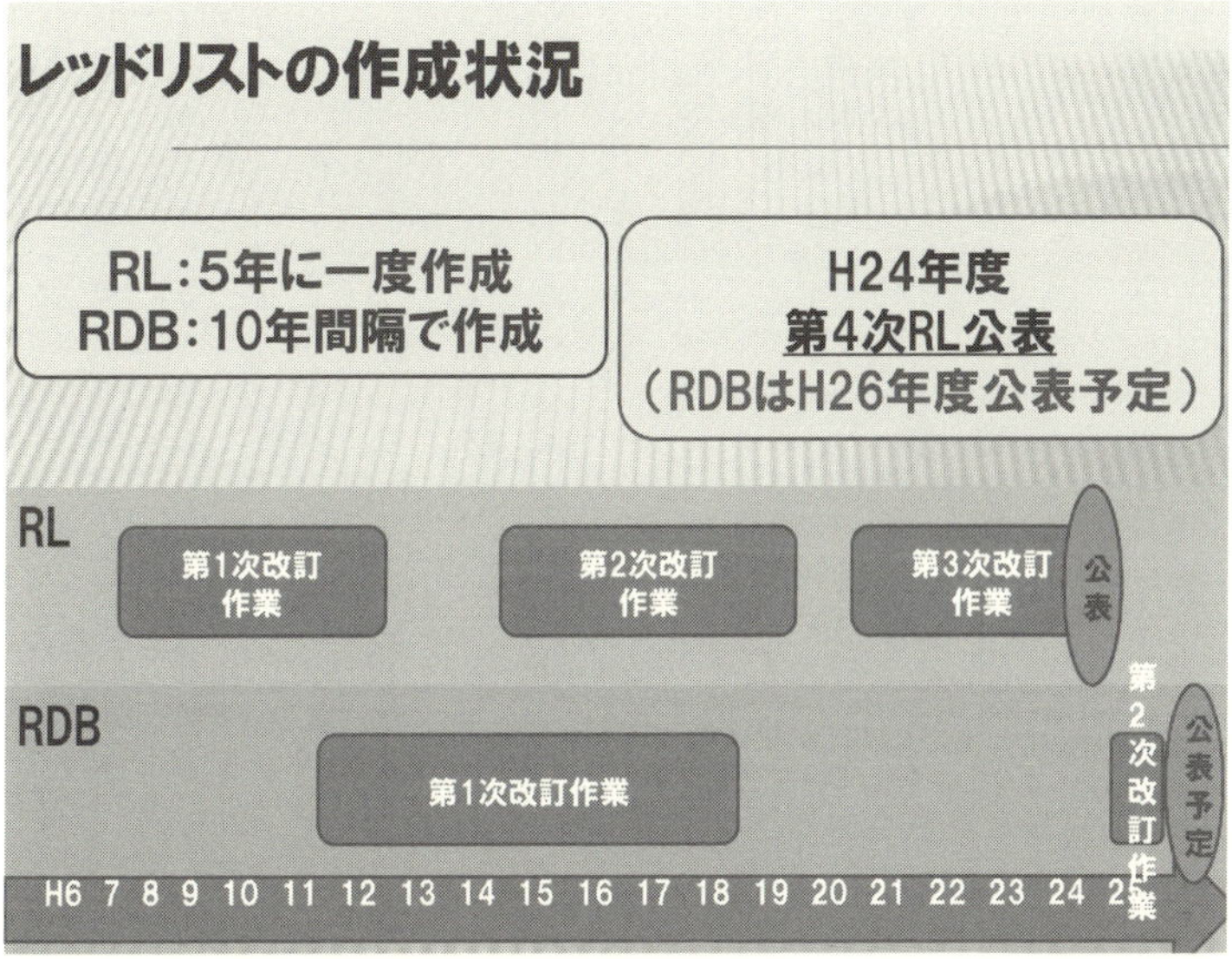
レッドリストの作成状況
RL：5年に一度作成
RDB：10年間隔で作成
H24年度
第4次RL公表
（RDBはH26年度公表予定）
RL
第1次改訂作業
第2次改訂作業
第3次改訂作業
公表
RDB
第1次改訂作業
第2次改訂作業
公表予定
H6 7 8 9 10 11 12 13 14 15 16 17 18 19 20 21 22 23 24 25

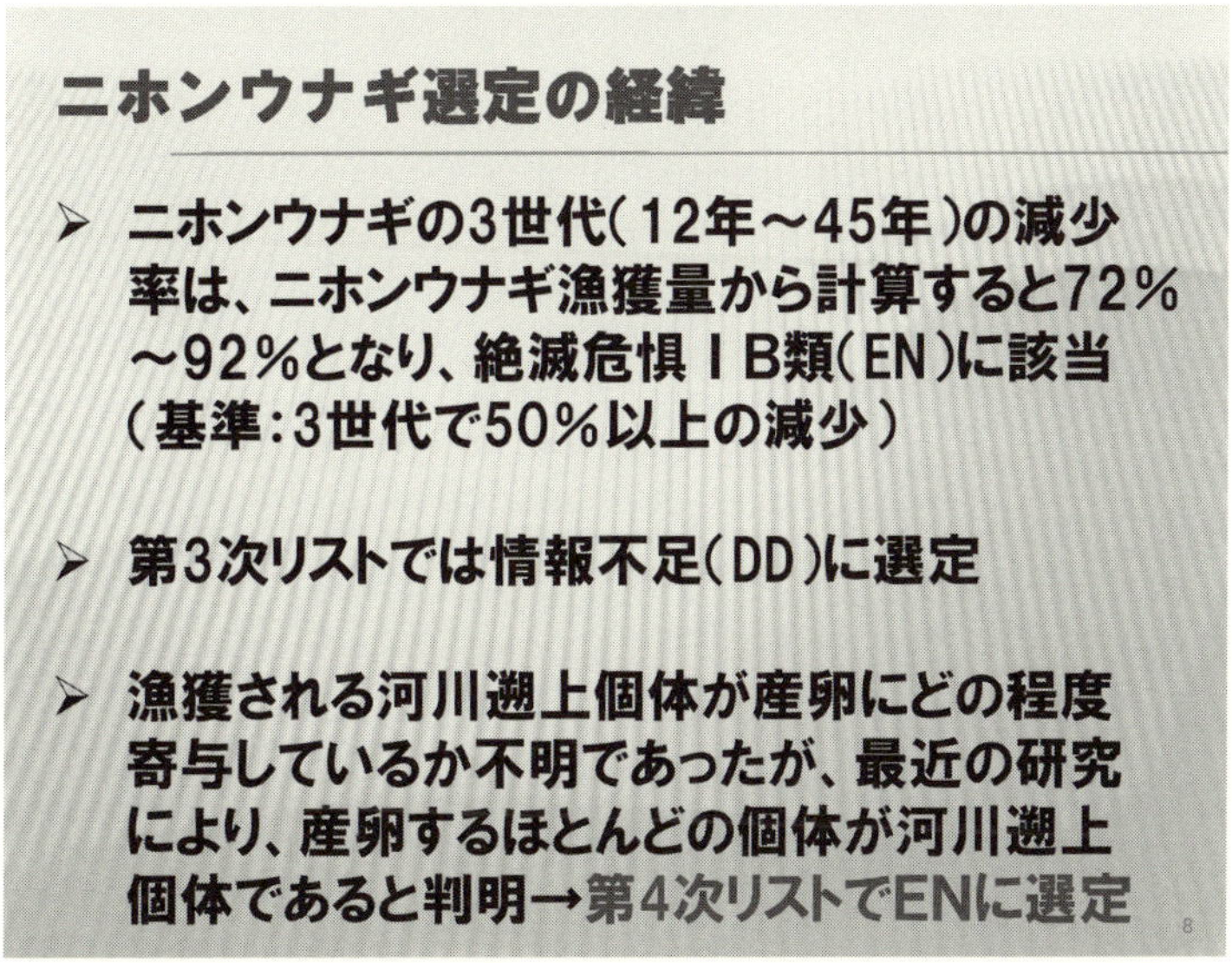
ニホンウナギ選定の経緯
➢ ニホンウナギの3世代（12年～45年）の減少率は、ニホンウナギ漁獲量から計算すると72％～92％となり、絶滅危惧ⅠB類（EN）に該当（基準：3世代で50％以上の減少）
➢ 第3次リストでは情報不足（DD）に選定
➢ 漁獲される河川遡上個体が産卵にどの程度寄与しているか不明であったが、最近の研究により、産卵するほとんどの個体が河川遡上個体であると判明→第4次リストでENに選定
8

・その存続に支障をきたす程度に個体数が著しく少ないか減少しつつある
・分布域の相当部分で生息域が消滅
・分布域が限定かつ生息環境悪化
・分布域が限定かつ捕獲採取圧

それぞれ定性的にしか書いていないので、規制をすべきだとも言えるし、そうでないとも言えるのですが、少なくとも「その存続に支障をきたす」つまり種の存続ですから、絶滅してしまいそうなくらい「個体数が著しく少ないか減少しつつある」に該当すると判断すれば、種の保存法による規制をかけるという可能性はないとは言えない。その辺はまだデータも少ないですし、これからわれわれもデータをいろいろな形で確保していくというふうに考えております。

環境問題をやっておりますと、けっきょくそれは共有の資源の利用ルールを作るという問題になります。人類の経済活動が巨大化した現代では、環境に与える影響が大きくなってきますと、持続可能な分配や利用のルールがないと天然資源とか環境を守ることはできなくなっているというふうに考えたほうがいいと思います。つまり漁業資源であっても、その漁獲量の削減の取り組みが必要なのではないか。それがもし失敗してどんどん減少を続けるということになれば、種の保存法による捕獲規制ということも考えていかなくてはならなくなるのかと思います。いずれにせよ、早め早めに対応しないといけないということであります。

私の説明は以上です。ありがとうございました。

選定の理由

- ニホンウナギには海域で一生を過ごす個体と、海域から河川に遡上し成長した後、産卵のため再び海域へ下る個体の存在が知られている。前回見直しでは、河川に遡上する個体が産卵に寄与しているかなど、生態に関して不明な部分が多いことから情報不足（DD）と判断していた。しかし、2012 年5 月にスコットランドで開催された国際魚類学会で、九州大学を中心するグループの研究発表により、産卵場であるマリアナ海溝で捕獲されたニホンウナギ13 個体すべてにおいて、河川感潮域に生息していた証拠となる汽水履歴が確認され、また淡水履歴がないものも4 個体に限られることが明らかとなった。これにより河川へ遡上する個体が産卵に大きく寄与していることが確かめられ、これに基づき改めて評価を行った。ニホンウナギについては、農林水産省が公表している全国の主要な河川における天然ウナギの漁獲量データ（漁業・養殖業生産統計，1956 年～）が存在する。日本の河川に遡上する成熟個体数の総数及びその動向は不明であるが、この漁獲量データから少なくとも成熟個体数の変動は読み取れると考えられる。ウナギの成熟年齢は4-15 年と考えられており、漁獲量データ（天然ウナギ）を基にした3 世代（12-45 年）の減少率は72～92%となる。
- 以上より3 世代において、少なくとも50%以上は成熟個体が減少していると推定されることから、環境省レッドリストの判定基準の定量的要件A-2（過去10年もしくは3 世代の長い期間を通じて、50%以上の減少があったと推定される）に基づき、絶滅危惧IB 類（EN）に選定した。

9

絶滅のおそれのある野生動植物の種の保存に関する法律（平成4年制定）

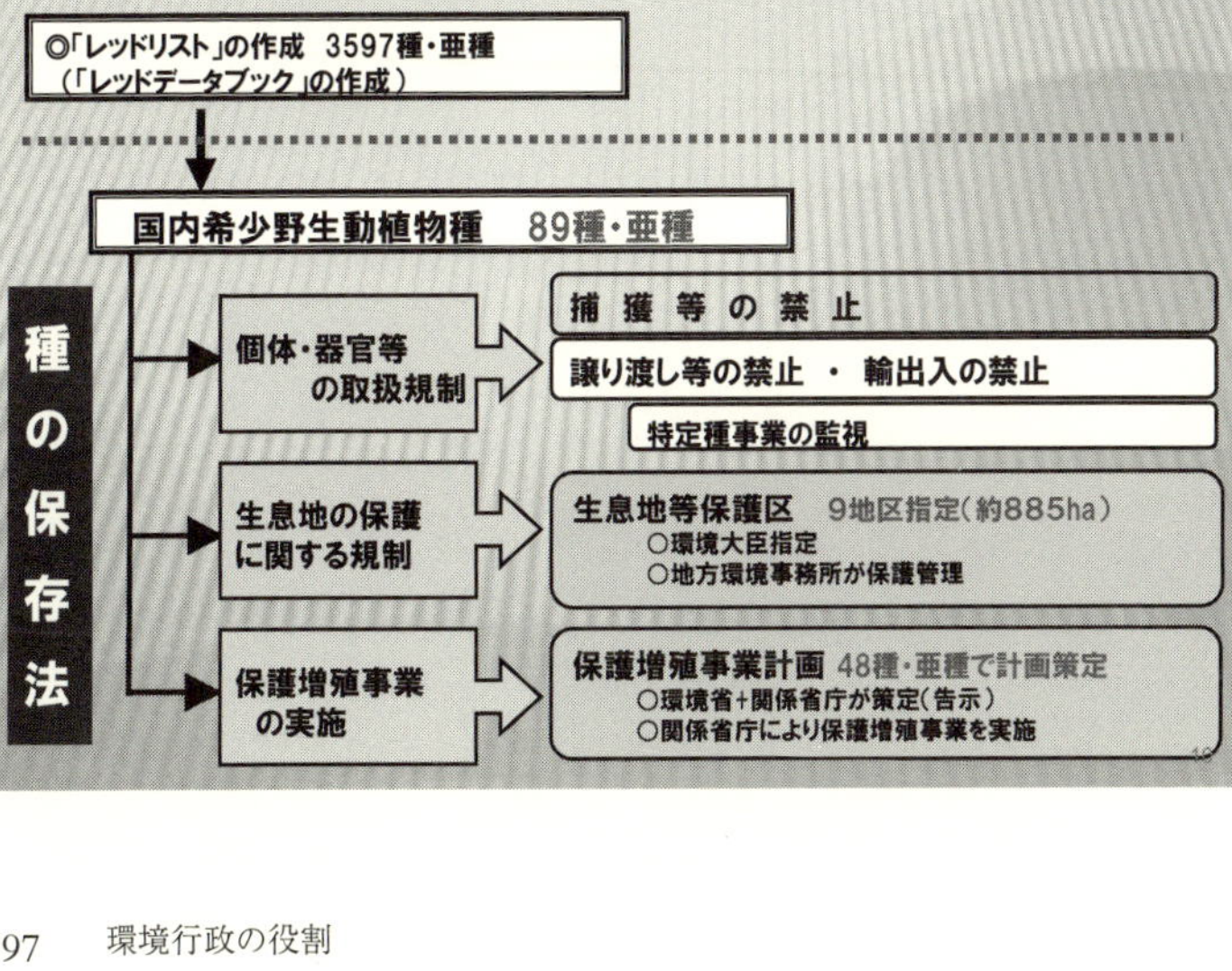

司会　それでは質問などありませんか？

質問者1　漁獲量の制限や場合によっては禁止などは、農水省などとも連携したり、時には対立したりすることもあると思うのですが、そこら辺の事情についていろいろ教えて下さい。

中島　「いろいろ」ですか？（会場笑）　元々環境省はレッドリストのデータも陸上動物から収集を始めて、水産種については最近ようやく手が付き始めたという感じですので、水産庁さんが取り組まれている分野に直接文句を言うことは今まではなかったのですが、ウナギ問題がたぶん最初だと思います。これをどういうふうに解決するかというと、水産庁も環境省も両方とも必死に取り組みをしないとうまくいかないのではないかという気はしています。立場が違いますから、いろいろなところで意見が違うところも出てくるのですが、政府全体としては全体がうまくいくように調整していきたいと思います。

質問者2　地球上の生き物で、人間を除いて増えているものはあるのでしょうか？

中島　たとえば今問題になっているのはシカですね。ニホンジカとエゾジカは今ものすごいスピードで増えていまして、元々オオカミという天敵がいたのが、あるいは人間が乱獲していたのが、そういう圧力がなくなって、年間20％くらいの増加率で増えているのではないかと言われています。今一番影響が大きいのはニホンジカです。

質問者3　減少の原因が解明されないということがありますか？　それの一つとして乱獲ではないかと、それから環境問題ということで。今年日本国内で約8トンのシラスウナギが獲れて、その数が約4000万ということなんですよね。その統計があやふやなんだということで、ではこれは科学的ものでないのではないか、ということが一つです。また河川に遡上したウナギが下る時に大部分が水力発電所のタービンに巻き込まれて死ぬということは認識されていますか？

中島　最初の質問は、データがあやふやではないかということですね。レッドリストの目的は、なるべく早く予防的に危ないのではないかという危険信号を出すことです。赤信号の赤がレッドリストのレッドです。つまりはっきりしたことが分からなくても、科学的に証明されなくても、危ないんじゃないかという蓋然性があれば出していくというのが、レッドリストの使命みたいなところがあります。必ずしも科学的な証明ができないといけないというところまではいきません。

河川構造物によって、ウナギの生息環境が悪くなっているであろうことは認識していますので、もちろん乱獲だけでなくて、河川構造物をウナギの生息環境に適した形に変えていかなくてはいけないだろうという認識はあります。

質問者3　すみません。今年4000万尾のシラスウナギが獲れたと、一匹あたり100万粒の卵がいると。すると40匹分がまともに帰ってきたということでありまして。乱獲にも原因があるんじゃないかと思いますが、それ以上に河川環境にも原因はあるのではないかと。ヨーロッパの方ではタービンの羽根を4枚羽根にすると生育率が高いと聞いていますがそのあたりどのようにお考えでしょうか?

中島　個々のことは私もそんなに詳しくないのですが、これからいろいろな情報を集めていきたいと思いますが、全体の数の減少に何の要因が一番影響を与えているのかというのはなかなか突き止めるのが難しいのではないかと思います。すでにこれだけ減っているのですから、やれることは全部やるというふうにしないと、誰が悪いと言っているだけでは前に進まないのではないかという気がしています。

質問者3　ぼくも解決できることをみんなで考えた方がいいのではないかと思って一番大事なことが抜けていたと思ってこういう質問をしました。

水産行政の役割——ウナギをめぐる最近の状況と対策について

宮原正典（水産庁）

こんにちは。水産庁の宮原です。午前中から「水産庁の対応はぬるい」との声が上がっておりますが、今日はご批判を受けに参りました。午前中から大変ご示唆に富んだことを伺っております。我々も常日頃問題と思ってきたことが、かなり指摘されてきたので、私の説明も、環境省さんのように時間を要さないでも済むのではないかと思います。

ただですね、海部さんもレッドリスト会議についておっしゃっていたように、なかなか言ってはいけないこともたくさんあると、奥歯にものが挟まったような言いかたをしているかもしれませんが、できうる限りご質問にはきちっとお答えするようにいたしますので、そのあたりはご容赦いただきたいと思います。また、問題意識がどこにあるかということを中心に、お話をしていきたいと思います。

これは先ほど十分に説明された通り、資源が非常に減ってしまったという話でございます。特にシラスの単価の異常な上がり方、これが資源に対する圧力をどうしても取り除けない要因になっております。これは何とかしなければいけないということで、先ほどの蒲焼業界の方々のご示唆のなかに、上限を設けてはどうかというお話がありました。それで、目安としてどんなことを考えれば良いかと申しますと、今の養殖業界の池入れ必要量からしますと、シラスは大体年間20トンくらいあれば十分だということなのです。しかし去年ですと、その8割しかない。さらに今年は、6割しかない。それで廃業も続いてしまっているということで、養殖業界の方々にすれば本当に困った状況にあるということです。

午前中からのお話に大体出てきているように、外来種や他の国々の養殖からの供給に頼るといったこともなされておりますが、根本として日本で獲られるシラスが減っているということが大変な問題でございまして、ここは何とかしなければいけない事態に入っています。そこで業界のニーズなどにかかわらず、この問題に対して至急対策をとらなければならないとは我々も思っているわけです。

さて、ここから先は「ぬるい」と言われる原因の話になります。色々な対策を立ててはおりまして、例えば、あまりに高いシラスを買う場合には金融をつけるとか、餌が高い場合には手当をするといった、養殖業界の人のための救済対策をしています。資源の方については、どうやって放流をすれば良いのかということで、普通に養殖するとオス化してしまうからメスのウナギを

○ ニホンウナギ稚魚の国内採捕量は年変動が大きく、不足分を輸入で補っている。
○ 近年、東アジア全体でニホンウナギ稚魚の漁獲が低迷しており、取引価格が高騰。
○今年のニホンウナギ稚魚の池入れ量(確定値)は12.6トンで、前年の79%となった。

■ ニホンウナギ稚魚の池入れ量と取引価格の推移

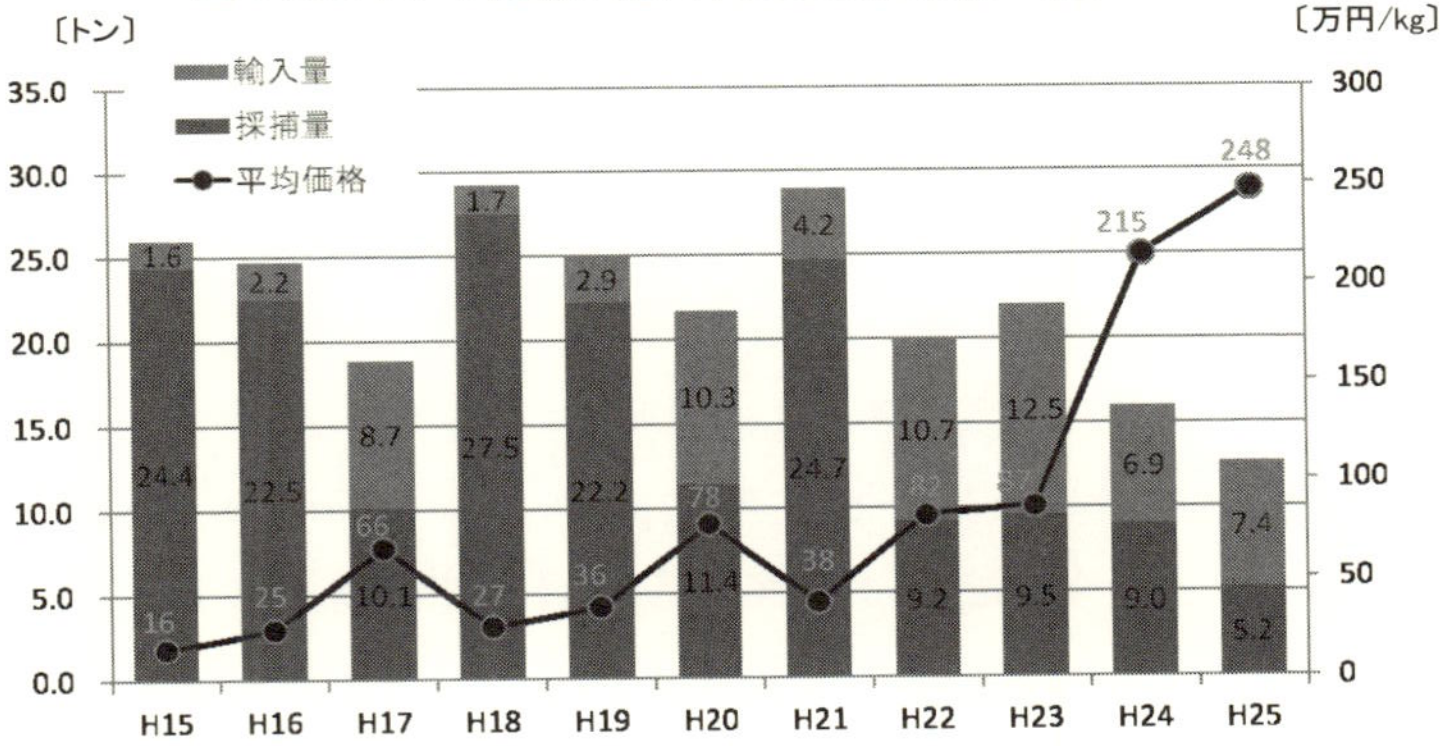

注：輸入量(平成24年12月～平成25年5月)は貿易統計の「うなぎ(養魚用の稚魚)」を基に、輸入先国や価格から判別したニホンウナギ稚魚の輸入量。採捕量は池入れ量から輸入量を差し引いて算出。
池入れ量及び取引価格は業界調べ。

図１　ニホンウナギ稚魚の供給の動向

増やしてメスを放流できないかという技術開発をやっています。ただこれも、生態学的に考えてただ放流すればいいのかということ、それから「放した先から網に入ってしまう」というお話がありましたが、誰かが獲ってしまってはしょうがないので、やり方自体を相当考えなければいけないという状態があります。

それから先ほどの質疑でも出ましたが、生息環境をどのように直すのか。これは水産庁ではできない話もあって、国土交通省の河川管理の管轄になるのですが、そうしたことについてもまだ情報が足りない。色々働きかけてはいますが、効果がまだ出てこないという段階です。

この点については、私の前にお話された環境省さんが絶滅危惧種に指定してくださったことは、ある意味においてはプラスかもしれません。環境省もぜひ国土交通省を押していただきたい。ウナギが河川の生態系においてある意味で特徴的、象徴的な立場を持つものであるとすれば、ここを相当強めるように、関係省庁全体で改善していかなければならないと考えています。

それから、国内の資源管理。これもまだまだです。先ほどの話にも出てきましたが、各県に働きかけて主要な県での取り組みが若干始まったという段階でしかありません。それから関係国、あるいは国の立場がない台湾を巻き込んで、国際的な枠組みを作ろうともしていますが、これは後でご説明いたします。

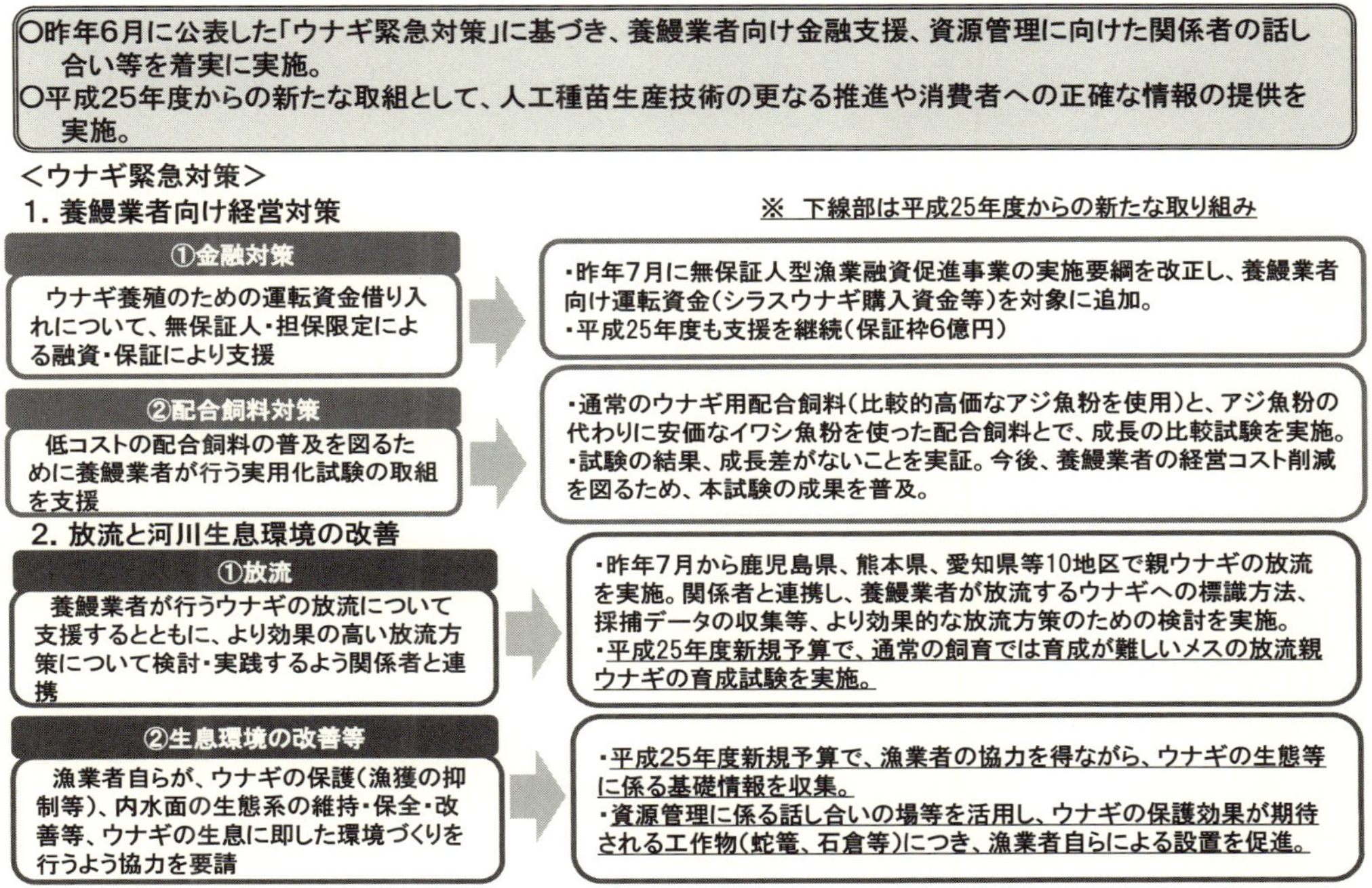
○昨年6月に公表した「ウナギ緊急対策」に基づき、養鰻業者向け金融支援、資源管理に向けた関係者の話し合い等を着実に実施。
○平成25年度からの新たな取組として、人工種苗生産技術の更なる推進や消費者への正確な情報の提供を実施。
<ウナギ緊急対策>
1. 養鰻業者向け経営対策
※ 下線部は平成25年度からの新たな取り組み
①金融対策
ウナギ養殖のための運転資金借り入れについて、無保証人・担保限定による融資・保証により支援
・昨年7月に無保証人型漁業融資促進事業の実施要綱を改正し、養鰻業者向け運転資金（シラスウナギ購入資金等）を対象に追加。
・平成25年度も支援を継続（保証枠6億円）
②配合飼料対策
低コストの配合飼料の普及を図るために養鰻業者が行う実用化試験の取組を支援
・通常のウナギ用配合飼料（比較的高価なアジ魚粉を使用）と、アジ魚粉の代わりに安価なイワシ魚粉を使った配合飼料とで、成長の比較試験を実施。
・試験の結果、成長差がないことを実証。今後、養鰻業者の経営コスト削減を図るため、本試験の成果を普及。
2. 放流と河川生息環境の改善
①放流
養鰻業者が行うウナギの放流について支援するとともに、より効果の高い放流方策について検討・実践するよう関係者と連携
・昨年7月から鹿児島県、熊本県、愛知県等10地区で親ウナギの放流を実施。関係者と連携し、養鰻業者が放流するウナギへの標識方法、採捕データの収集等、より効果的な放流方策のための検討を実施。
・平成25年度新規予算で、通常の飼育では育成が難しいメスの放流親ウナギの育成試験を実施。
②生息環境の改善等
漁業者自らが、ウナギの保護（漁獲の抑制等）、内水面の生態系の維持・保全・改善等、ウナギの生息に即した環境づくりを行うよう協力を要請
・平成25年度新規予算で、漁業者の協力を得ながら、ウナギの生態等に係る基礎情報を収集。
・資源管理に係る話し合いの場等を活用し、ウナギの保護効果が期待される工作物（蛇篭、石倉等）につき、漁業者自らによる設置を促進。

図2　ウナギ対策

調査・研究に関しては、水産庁は調査・研究機関を持っておりますので、そこが一所懸命やらなければいけないのですが、まだまだ始まったばかりです。シラスウナギの大量生産をしたいのですが、まずはウナギの一番小さいときに食べるもの（餌）、通常は塚本先生もおっしゃったようにマリンスノーなどを食べるわけですが、それに代替する人工の餌をどうやって創るのかという研究を始めているところです。

それから、生態系への調査についても、これからどんどんデータを増やしていかなければいけないということで、その取り組みを、私どもの研究組織でありますす水産総合研究センターでプロジェクトを立ち上げて始めました。しかしこれもまだまだだということです。それから調査船の活動なども開始しておりますが、これも始まったばかりであります。

さらに、人工種苗に関しては、技術的には完成しましたが、大量の生産はできない状態です。何故かと申しますと、生まれたシラスが初期段階で水の汚れに弱いので、餌をやる度に人海戦術で水を取り換えるという非常に細かい作業をしております。そうした大変な人力でもって、この生産をやっているわけです。この人力依存を何とか他の技術で克服しなければなりません。膜の新技術やその他のノウハウを持つ他産業界などでは、現在さまざまな水質の維持・改善技術が出てきておりますが、そうした技術を取り込んで、水質を維持しつつ小さいウナギを育てることをやらなければならない。これはまだ始まってもおらず、これからやらなければならないことです。

3. 国内の資源管理対策

関係各県に順次水産庁担当者を派遣し、親ウナギの管理（漁協の増殖行為の多様化・効率化、産卵に向かう親ウナギの漁獲抑制）、シラスウナギの管理（河川への遡上確保）について、地域関係者による話し合いと検討を促進

→

・養鰻業やシラスウナギ漁が盛んな11県に水産庁担当者を派遣して資源管理に係る話し合いを促進し、親ウナギやシラスウナギの管理について、各県の漁業実態等を踏まえながら、産卵に向かう親ウナギ（下りウナギ）の漁獲抑制やシラスウナギの遡上確保の手法を検討。

・話し合いの結果として、主に平成25年度漁期から以下の取組を実施。

① 愛知県：シラスウナギの漁期短縮及び河川における下りウナギの漁獲自粛等の総合的なウナギの資源保護の取組を実施

② 宮崎県：シラスウナギの漁期短縮に係る取り組みに加え、下りウナギの保護のため、10月から12月まで河川における25cm以上のウナギの採捕を禁止

③ 鹿児島県：下りウナギの保護のため10月から12月まで河川及び海面における21cm以上のウナギの採捕を禁止

4. 国際的な資源管理対策

ウナギ資源（ニホンウナギ）を利用する中国、台湾等と継続的な協議を行う枠組の構築を目指し、情報・意見交換による資源管理の協力を推進

→

・日中台3者協議：第1回（昨年9月）は、ニホンウナギの国際的資源管理について、協力を開始することを確認。第2回（昨年12月）は、協力の具体的内容について協議し、漁獲・養殖及び貿易に関し、次回会合までに情報を交換すること、APEC海洋漁業ワーキンググループの議題にニホンウナギの国際的な資源管理を追加すべく働きかけることについて意見が一致。第3回は本年5月に開催し、漁獲、養殖、貿易、生態、資源状況等に関する具体的な情報交換を実施。

・PICES-2012広島会合におけるウナギシンポジウム（昨年10月）：日中台韓の科学者により、シラスウナギの来遊に関する調査研究の情報交換を実施。

・本年6月のAPEC海洋漁業ワーキンググループにおいて、上記の日中台3者協議の進捗について報告するとともに、加盟エコノミーの間で意見交換を行う予定。

図３　ウナギ対策のつづき

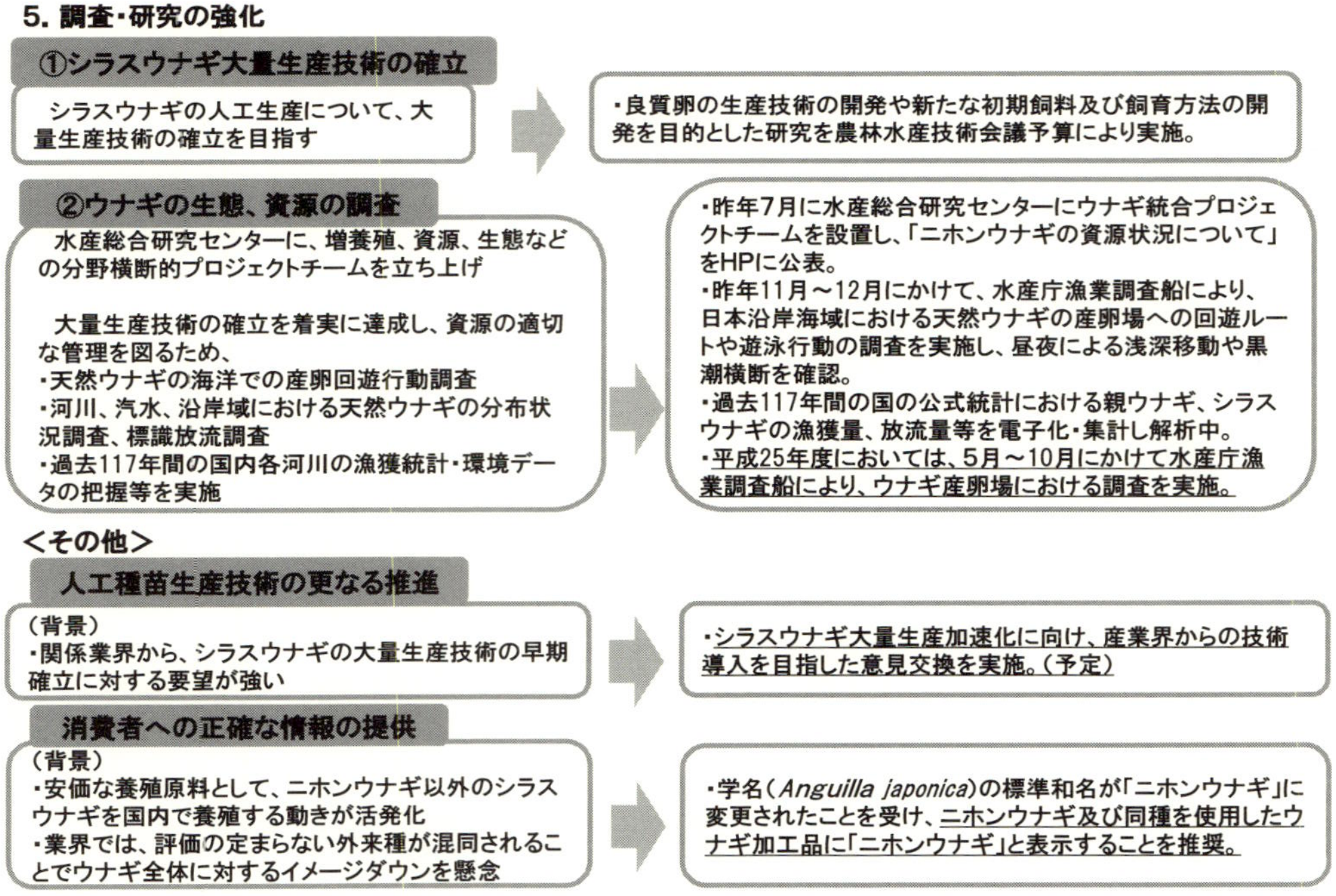
5. 調査・研究の強化
①シラスウナギ大量生産技術の確立
シラスウナギの人工生産について、大量生産技術の確立を目指す
・良質卵の生産技術の開発や新たな初期飼料及び飼育方法の開発を目的とした研究を農林水産技術会議予算により実施。
②ウナギの生態、資源の調査
水産総合研究センターに、増養殖、資源、生態などの分野横断的プロジェクトチームを立ち上げ
大量生産技術の確立を着実に達成し、資源の適切な管理を図るため、
・天然ウナギの海洋での産卵回遊行動調査
・河川、汽水、沿岸域における天然ウナギの分布状況調査、標識放流調査
・過去117年間の国内各河川の漁獲統計・環境データの把握等を実施
・昨年7月に水産総合研究センターにウナギ統合プロジェクトチームを設置し、「ニホンウナギの資源状況について」をHPに公表。
・昨年11月～12月にかけて、水産庁漁業調査船により、日本沿岸海域における天然ウナギの産卵場への回遊ルートや遊泳行動の調査を実施し、昼夜による浅深移動や黒潮横断を確認。
・過去117年間の国の公式統計における親ウナギ、シラスウナギの漁獲量、放流量等を電子化・集計し解析中。
・平成25年度においては、5月～10月にかけて水産庁漁業調査船により、ウナギ産卵場における調査を実施。
＜その他＞
人工種苗生産技術の更なる推進
（背景）
・関係業界から、シラスウナギの大量生産技術の早期確立に対する要望が強い
・シラスウナギ大量生産加速化に向け、産業界からの技術導入を目指した意見交換を実施。（予定）
消費者への正確な情報の提供
（背景）
・安価な養殖原料として、ニホンウナギ以外のシラスウナギを国内で養殖する動きが活発化
・業界では、評価の定まらない外来種が混同されることでウナギ全体に対するイメージダウンを懸念
・学名（Anguilla japonica）の標準和名が「ニホンウナギ」に変更されたことを受け、ニホンウナギ及び同種を使用したウナギ加工品に「ニホンウナギ」と表示することを推奨。

図４　ウナギ対策のつづき

各県でやっている内容についてでございますが、これは先ほどの養鰻業界からのご説明にあったようなことをやっておりまして、主要県で始まったばかりでございます。各県の取り組みに関しては、先ほどもお話がありましたので、飛ばします。

一番問題なのは、国際的な取り組みとして何をやっているかということです。APECという国際機関を利用しております。APECは国際機関ではありますが、国ではなくてエコノミーを単位とした、つまり、国の立場にない台湾や香港も含めた機関なんですね。実は、日本は台湾とは外交的な会議をもってはいけないことになっているので、それを乗り越えるためには、このAPECという傘のもとでやらなければならない。そういったことで、APECの協力を得て、日本・中国・台湾が対話を開始したということであります。

ただ、この日本・中国・台湾の間の対話もそう簡単にいく話ではありません。中国と台湾とを入れた国際会議をすることは非常に難しいのです。APECのお陰でそれが何とかできるようになり、ようやく会議が開始され、一二月にはマニラで情報交換を始めることができ、去る五月には上海で三回目の会議において、資源管理に向けた基本的な協力ラインが決まり、インドネシアで報告することができました。この養殖業の主たる三者が協力することから、韓国やフィリピンも招待をして入れていくことで、ウィングを広げて関係者をすべて含める会議にしようと考えております。次の会議は九月に予定しております。このように急ピッチでやっておりますが、これがまだなかなかうまくいっていないということでもございます。

もちろん日本国内で一所懸命保存活動をすることも大事なのですが、太平洋を泳いでマリアナ海溝で卵を産んだウナギから生まれた稚魚は、黒潮に乗って中国沿岸を含めた地域に北上してくるわけです。ですから関係国全体で話をしなければいけないということになるわけで、明確な国際機関が必要となります。

ところが午前中からの話にもありますように、外来種の売り上げについても批判がされています。というのは、養殖をしているのは中国・台湾・日本・韓国の四者です。この極東の四者が、世界中のウナギをどんどん食べつくしている。さきほど共同通信の井田さんがヒット・エンド・ランという話をされていましたが、これはドミノだと言われています。ワシントン条約の活動と非常に関係の深いトラフィックというNGOがあります。トラフィックは、ワシントン条約の対象となった種類の貿易をモニターし、データを集める機関ですが、ここが、ウナギについてはニホンウナギだけではないと警告を出しています。このまま放っておいたら、極東の四者がウナギを次々と駄目にしてしまうドミノが起こってしまうだろうから、世界中の19種すべてをワシントン条約の管理下に置くべきだという主張を始めています。

しかし19種すべてを管理下に置くということにしても、他の場合にしても大事なことは、どうやってこれだけ広大な地域・海域・水域におよぶ漁業・養殖業について管理するかということで

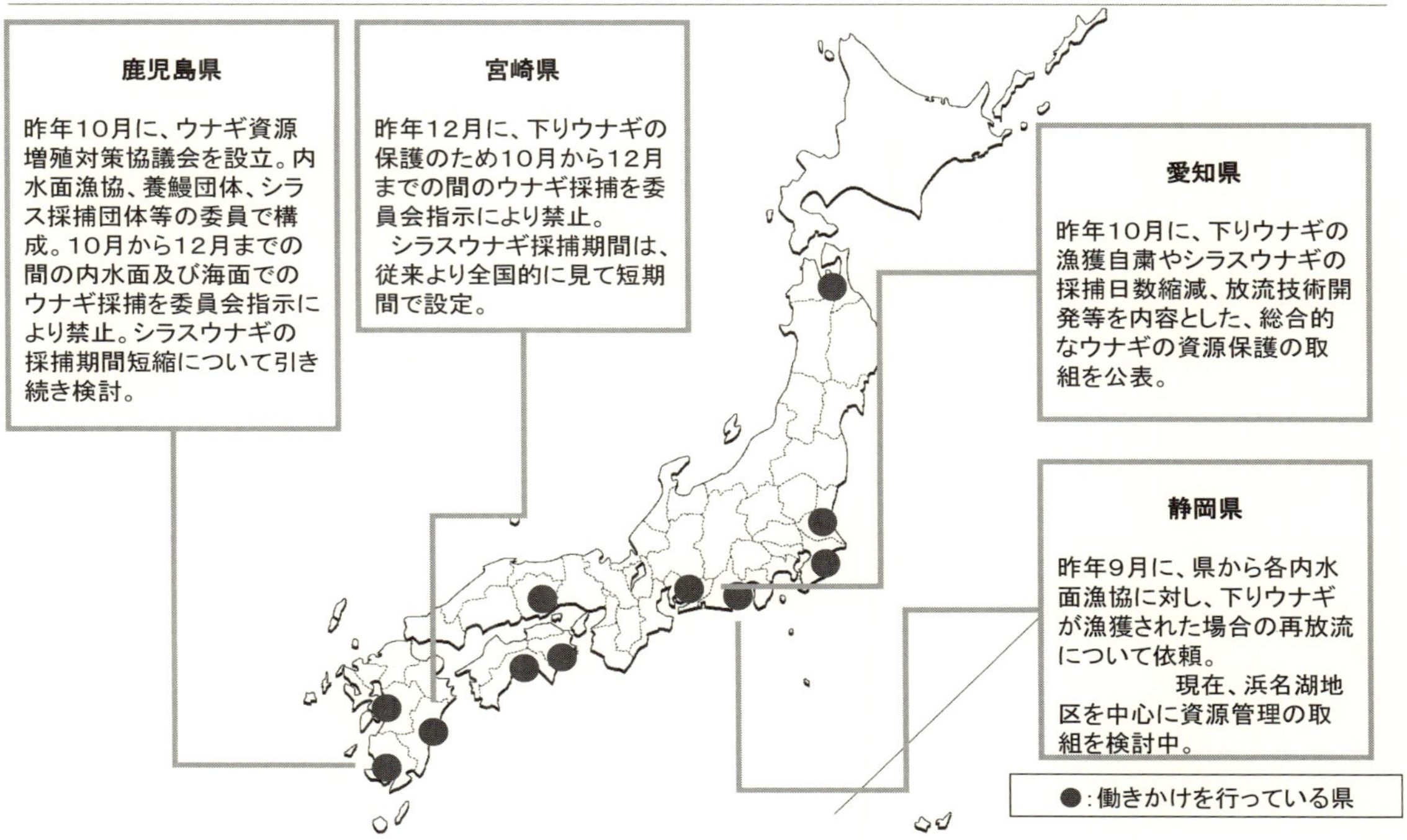
鹿児島県
昨年10月に、ウナギ資源増殖対策協議会を設立。内水面漁協、養鰻団体、シラス採捕団体等の委員で構成。10月から12月までの間の内水面及び海面でのウナギ採捕を委員会指示により禁止。シラスウナギの採捕期間短縮について引き続き検討。
宮崎県
昨年12月に、下りウナギの保護のため10月から12月までの間のウナギ採捕を委員会指示により禁止。
シラスウナギ採捕期間は、従来より全国的に見て短期間で設定。
愛知県
昨年10月に、下りウナギの漁獲自粛やシラスウナギの採捕日数縮減、放流技術開発等を内容とした、総合的なウナギの資源保護の取組を公表。
静岡県
昨年9月に、県から各内水面漁協に対し、下りウナギが漁獲された場合の再放流について依頼。
現在、浜名湖地区を中心に資源管理の取組を検討中。
●：働きかけを行っている県

図5　国内で実施されている主な資源管理対策

す。簡単に管理と言いますが、資源管理において最も重要なことは、きちっと蛇口、つまり漁獲を制限する仕組みをつくることです。それぞれの国や漁業者が間違いなく守る蛇口をつけない限り、管理にはならない。蛇口をつけてその量を調節できるから、ようやく資源の管理が進むということなのですが、その蛇口が未だまったくつけられていない状態でございます。

日本国内においても、これから管理のための蛇口をつけようということで、急ピッチで作業を進めてまいりますが、中国や韓国、台湾、場合によってはフィリピンといった国々にも蛇口をつけていかなければ片手落ちになってしまうという、大変に難易度が高い問題を抱えているということです。中国とは何回か話をしておりますが、中国の側は、我々にこのように言っています。自分たちの河川は大変に広大である。日本では確かに河川においてシラスの管理もできるかもしれないし、やっているのかもしれない（実際にはできていないわけですが）。しかし考えてみれば、網を一つと懐中電灯を持っていけばシラスは獲れるのである。そういう人たちが、海のように巨大な黄河の流域に何人いると思っているのか。そいつらにデータを報告しろなど、誰が考えてもできるわけがないだろう、と。

ではどうすればいいのか。これが今、我々に問われている問題です。我々が今考えているのは、獲る側、それも大きいウナギと小さいウナギの二者と、養殖する側との三者が一体になった管理ができなければいけないということです。特に大事なのは、養殖をする人たちです。養殖をする人たちが、一体どこから、どれだけの数のシラスを仕入れ、製品化したのかということを、詳ら

平成24年9月 第1回協議 於：長崎

APECにおける協力を見据えてニホンウナギの国際的資源管理について以下の協力を開始することを確認
①各エコノミーにおけるニホンウナギの漁獲及び養殖の状況に関する情報交換
②ニホンウナギの生態及び資源研究に関する情報交換
③ウナギ資源管理の強化（トレーサビリティを含む）

平成24年12月 第2回協議 於：マニラ(フィリピン)

3者間でウナギの漁獲・養殖及び貿易に関する情報交換の内容など具体的な協力内容について協議。

平成25年5月 第3回協議 於：上海

ニホンウナギの国際的資源管理に向けた議論を進めるために協議し、以下について意見の一致。
(1)ニホンウナギ等の資源管理に向け3者の協力を強化していくこと
(2)ニホンウナギ等の漁獲・養殖及び貿易に関する情報収集の改善
(3)ニホンウナギ等の貿易制度に関する意見交換の継続
(4)APEC海洋漁業作業グループ会合で3者の協力の進捗を報告すること

平成25年6月 APEC海洋漁業作業グループ会合 於：メダン(インドネシア)

ニホンウナギの国際的資源管理に向けた3者の協力の進捗を紹介。

平成25年9月(予定) 第4回会議

図６　ウナギの国際的資源保護・管理に向けた非公式協議

かにしていく。そしてそれを管理の元に置くことに同意してくれないかぎり、この仕事はできないと考えられます。

実は、中国の方が、その点では優れているのかもしれません。中国では、ウナギは基本的に輸出産業ですので、業界団体が政府の指導のもとで一律に作られており、その団体に入らないと輸出許可が出ません。ということで、中国は養殖業界に対して一体的な管理ができる状態にあります。日本の場合も、獲る方については県の許可などをしながらやっておりますが、養殖業界についての一括した管理の枠組はできていませんので、その意味では遅れていると言えるのかもしれません。

そういった大変に難しいことをやりながら、なんとか資源の回復を実現しなければならないという難題を突き付けられております。実際の枠組みをこれから作り、できるかぎり早くやっていくということを今考えております。

先ほど環境省の方もおっしゃっていましたが、我々はできるまで待つのではなくて、できることからすべてやっていこうと考えております。したがって今日はできることしか書いておりませんので、「なんだやっぱりぬるいな」と思われるかもしれませんが、これはまだ第一歩に過ぎないということを御承知いただきたいと思います。今日のシンポジウムで色々なご示唆をいただいておりますし、皆さん方の協力を得ながら、意味ある第二歩目を踏み出さなければいけないと考えております。井田さんは大変心強いことに、メディアも反省をして報道するとおっしゃっておられますので、それにも期待をしながらやっていきたいです。それから今日も、大手流通の方も来られています。そうした方々にも考える機会を持っていただけることと思っております。これが良いスタートとなって、少なくとも皆さんと意味のある仕事として第二歩目を踏み出していけるようにしたいと思っております。以上です。

司会　ありがとうございました。それでは質問等受けたいと思います。よろしくお願いいたします。

質問者1　水産庁は一〇年ほど前からウナギの保全対策について勉強会をしてきたと思いますが、この間に保全対策が進まなかった一つのネックになっている点をどのようにお考えになっているのか、伺いたいと思います。例えば漁業者の理解と協力が得られないとか、養鰻業者の協力が得られないとか、加工流通業界を保護しなければいけないとか、そういった部分の話かもしれませんし、あるいは安いウナギを求める消費者に配慮しているのかなど、どう考えて一〇年間を過ごしていらっしゃったのかを伺いたいと思います。

宮原　それは言葉は悪いのですが、すべてですね。申し訳ありませんが、すべてです。消費者も含めて、全体としてウナギの問題など考えたこともない人がほとんどだったと思います。ようやく、この二年間ほどで、シラスの大不漁があり、塚本先生の業績が脚光を浴びるようになり、ようやくウナギに対する関心が高まってきたと思います。我々は決して共産主義国家ではありませんから、思ったことをすべて押し付けることはできません。皆さんが問題があってやらなければならないと認識を共有する状況が生まれたときに、行政需要というものが生まれ、初めてサービスが動き出すのです。特に資源管理のような、それまで獲ってきた人たちの利害にかかわる規制をすることについては、相当な広範囲に渡ってやらなければならないという気持ちが生まれない限りできない。それはなかなかまだできない。

もちろん、我々がサボっていたという部分もあります。あまりこういう場で申し上げることではないかもしれませんが、ウナギの問題のなかには、必ずしも表に出てくるようなことばかりではないことがたくさんあるわけです。先ほど井田さんから若干お話がありましたが、密輸ばかりでなく、国内においても非常に不透明なシラス売買がなされております。こうしたことについては、よほどのことがない限り手がつけられません。

それをこの機会をもって一生懸命に巻き返して、どこまでスピードアップできるか分かりませんが、やっていければと考えております。

質問者1　ありがとうございました。

司会　他にいらっしゃいますか。

質問者2　午前中に勝川先生もおっしゃっていたことですが、サバやスケソウダラといった第二、第三のウナギとなり得る品種が世界的にあると思うのです。今回、ウナギがこのように表面化し、国交省や環境省と一緒に資源回復するようにやっていく経験をされたとして、それが次の危機の前に予防的なアプローチをする方向へと向かっていけば良いと思うのですが、そうした芽は出始めていますか。

宮原　勝川さんとはいつも色々なところでお会いして見解を異にすることが大半でして、先ほどのサバの話についても、まったくデータの使い方が間違っていると思いますが、それはこの場で話すことではないので止めます（笑）。ただし水産庁にとっては資源管理が政策の重要事項の一つであります。そこで「ぬるい、遅れている」と言われながらも、相当なスピードでやってきているわけです。例えば、これは我田引水だと怒られるかもしれませんが、マグロについてはかなりやりました。太平洋のマグロについては、すべて蛇口がついた状態になったので、資源管理の取り組みが本格的に始まる段階にあります。そこへ早くウナギを持っていきたいと考えておりま す。他の魚種においては蛇口が相当部分でき上がっておりますが、それをどこまで絞るかということで、議論がわかれます。勝川さんともそこで意見がわかれるところです。しかし「ゆるい」と言われながらも、決して何もやっていないことはございません。

質問者2　ありがとうございました。決してゆるいと思って言ったわけではありません。

司会　最後にどなたかいかがですか。

質問者3　お話ありがとうございます。先ほどの環境省の方の話にもありましたが、魚類は１６７種がレッドリストに載っているということで、河川環境が悪くなっているのはウナギだけではなく、他の魚にも良いこととは思えません。そのなかで、河川環境を良くしていくなかで、自然型川づくりというものがあると思うのですが、そうした取り組みは二〇年ほど前からある考え方であって、それを今になって推進しようとしている。それだけ昔からある技術を、今になっても推進できていないという状況に関して、お考えをお聞かせ下さい。またこれからどうやって推進していくのかについても伺いたいと思います。

宮原　先ほどの話に若干近付きますが、河川環境の保全というのは、見方によってまったく違ってきます。今まで河川管理のもっとも基本的な考え方であったのは防災です。防災ができるようにダムを造り、エネルギー行政のために水力発電所を作っていたのが、最初の先行的な優先事項であったわけです。それが最近になってようやく、環境の話が出てきた。

それから農林水産省のなかでも、農業用水というのがございます。この農業用水に対する事業については、どの県においても第一次優先事項です。したがって夏場に水田に水を張らなければならないときは、河川は枯れてしまいます。河川が枯れてしまうときには、ウナギばかりでなく、アユのような魚も影響を受けますから、そのために水を何とか使わせて下さいと言っても、農業でみんな飯を食っているのに、魚のためになぜ水を流さなければならないのかということになる。このように大体の県において、水の管理は押し流されてきたのが実態です。

そうしたなかで、今、種の絶滅にかかわる問題が起きているのだから、河川の問題についてももう少しバランスを環境、あるいは水棲生物の方に傾けてもいいのではないかという議論が出てくることで、ようやく河川管理の考え方も変わってきているのだと思います。

おっしゃる通り、手法は以前からありますし、もともとあった環境を残していけば良かったのかもしれません。それに対してはまったくバランスが逆に動いていたのであって、それをこれから変えていかないと、なかなか難しいと思っております。

司会　ありがとうございました。続きは総合討論の方でお話いただきたいと思います。

研究者の役割——東アジア協働へ向けた鰻川計画

篠田章（東京医科大学）

ご紹介をありがとうございます。東京医科大学の篠田章です。本日は、このシンポジウム最後の演題、「東アジア協働へ向けた鰻川計画」と題して、私たち研究者が、今ウナギが置かれている状況に対してどんなことをしているのか、その取り組みについてお話ししたいと思います。

まず、何度も本日のお話に出て来ましたが、ニホンウナギは、東アジアの共有財産であるということを今一度確認したいと思います。ニホンウナギは北赤道海流の中にある産卵場で卵を産みます。そこで生まれたレプトセファルスは、北赤道海流と黒潮を乗り継いで、太い線で示した東アジア全域の海岸へやって来るのです［図1］。東アジアの河川で育ったウナギは、その全てが同じ産卵場へ帰ってそこで卵を産みます。ニホンウナギは一つの繁殖集団であり、この東アジア四か国のどこで成長しても、全てのニホンウナギは西マリアナ海嶺付近の産卵場で産卵するのです。

先ほどから漁獲統計の話題も出てきていますが、漁獲統計自体がどこまで信頼できるものなの

ニホンウナギは東アジアの共有財産である

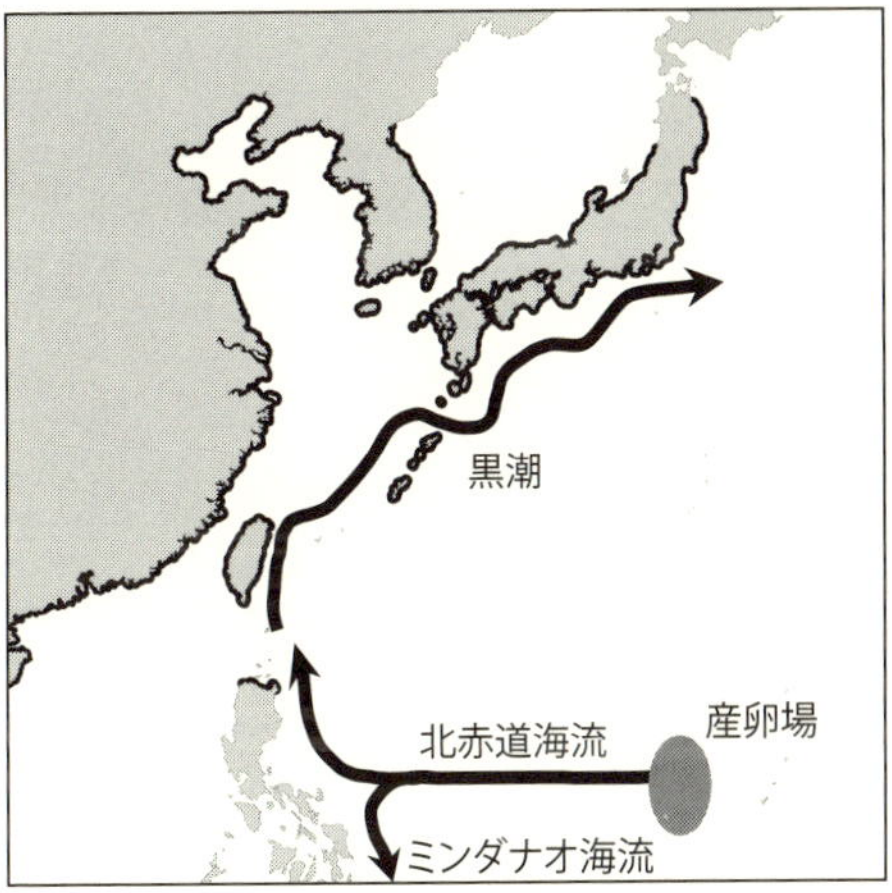

図１　ニホンウナギの回遊ルートと分布域

かということも、われわれ研究者の間では疑視されています。各都道府県ではシラスウナギの禁漁期を設けていまして、シラスウナギの漁ができる期間、すなわち漁期が設定されています。ですから、漁期以外の時期を含めてどれだけシラスウナギがやって来ているのかという正確な接岸量に関しては、漁獲統計では分かりません。また、漁獲統計は池入れの需要にも左右されてしまいます。最近ではあまりありませんが、シラスウナギが豊漁であった場合に、漁期の初めに大量のシラスウナギが獲れれば、そこでもう池入れの需要がなくなってしまいます。そうすると漁をやめてしまうので、豊漁のときのデータが正確に反映されていないという可能性があります。また、近年のように不漁が続きますと、シラスウナギが高値になるので漁師さんは獲り続けるわけです。しかし、相模川のように、専業で漁をやってない場合には、あまりにも獲れないと売ってもお金にならないために漁業者が漁をやめてしまうこともあります。そうなると出漁日数も減ってしまう。このようなことから、漁獲統計自体がなかなかクリアに資源量を反映していないのではないかという疑問があるわけです。

今日ご紹介する、鰻川計画――イール・リバー・プロジェクト（eel river project）と呼んでいます――は、二〇〇八年、第11回の「東アジア鰻資源協議会」に参加した研究者から発案があって始まったものです。二〇〇八年と言いますと、四シーズン続いたシラスウナギの記録的な不漁が始まる直前の年です。この時、既にウナギ資源は危機的な状況にあると我々は認識していましたので、何かウナギ資源の管理と保全に向けた取り組みを研究者として始めなければいけないという動機が出発点になっています。そこで、鰻川計画を提案したわけです。鰻川計画は、「資源を共有する東アジア諸国に鰻川を設定し、ウナギ資源の管理と保全に向けた取り組みを行なう」ことが目的です。そのなかで具体的に何をするかと言いますと、次の三点が挙げられます。一点目は、シラスウナギの科学的・定量的なモニタリング調査を行なって、先に述べたような経済・社会情勢の影響を受けない真の資源量を把握するということです。二点目としては、データ、サンプルアーカイブを構築することで、モニタリング調査で集めたサンプルやデータを将来への財産としようということです。そして、三点目は関係各国のあいだで情報共有を行なうことです。ほかの演者のかたもお話しされていますが、ウナギに関してはなかなか不透明な部分が多いので

図２　相模川河口でのシラスウナギ接岸量調査（2009 年 11 月）

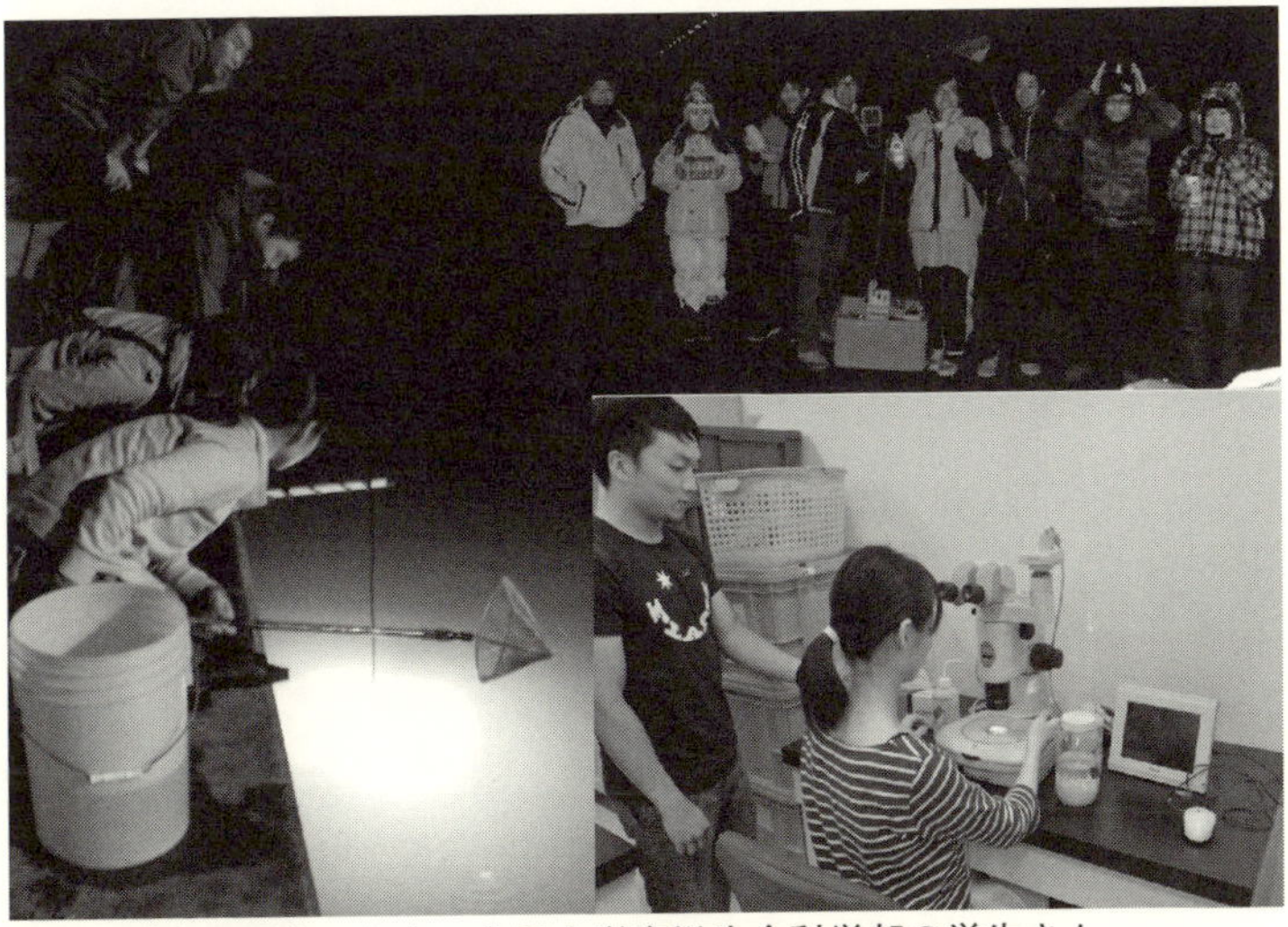

図３　現在の調査の主力　北里大学海洋生命科学部の学生さん

す。ですから、できるだけ正確に情報開示をしていくことを目的としています。

このような計画のもと始まったのが、日本の鰻川第一号の相模川です。東京大学大気海洋研究所が調査を始め、その後に私が所属しております東京医科大学、今は北里大学が参加しまして、現在はこの三者で調査を継続しています。調査地点である相模川の河口は、神奈川県平塚市にあります。箱根マラソンが走る国道134号線の湘南大橋下の堤防で調査しています。相模川での定量的な調査は、毎月新月の上げ潮時に二時間をルールとしています。漁法は、水面直下にライトを入れて、明かりの中を泳ぐシラスウナギを目視して網で掬うやり方です。これは相模川の地元の漁師さんと同じ方法になります。二時間でどれくらいの数が獲れたかという採集個体数データをとり、水温、塩分といった環境要因も調べています。それから、採集したシラスウナギに関しては、全長・体重・色素発達段階、そして種査定を行っています。これらのデータを取ったあとのシラスウナギは、後の世代の財産にするべく冷凍保存しています。こちらが記念すべき第一回の調査風景です［図2］。光をもっているのが私、網をもっているのが東アジア鰻資源協議会の会長、塚本勝巳先生ですね（笑）。この時は青山潤さんを含め三人で調査を行ないましたが、すごくうらさびれた人たちに見えますね（笑）。二〇〇九年一一月より毎月新月前後に調査しています。最近では北里大学の研究者や学生さんたちが参加してくれるようになり、方法は変わっていないのですが、多くの人が観察しています［図3］。採集したものの全長・体重の測定なども北里大学の調査研究チームが、代々引き継いでやってくれている状態で、相模川では毎月一回

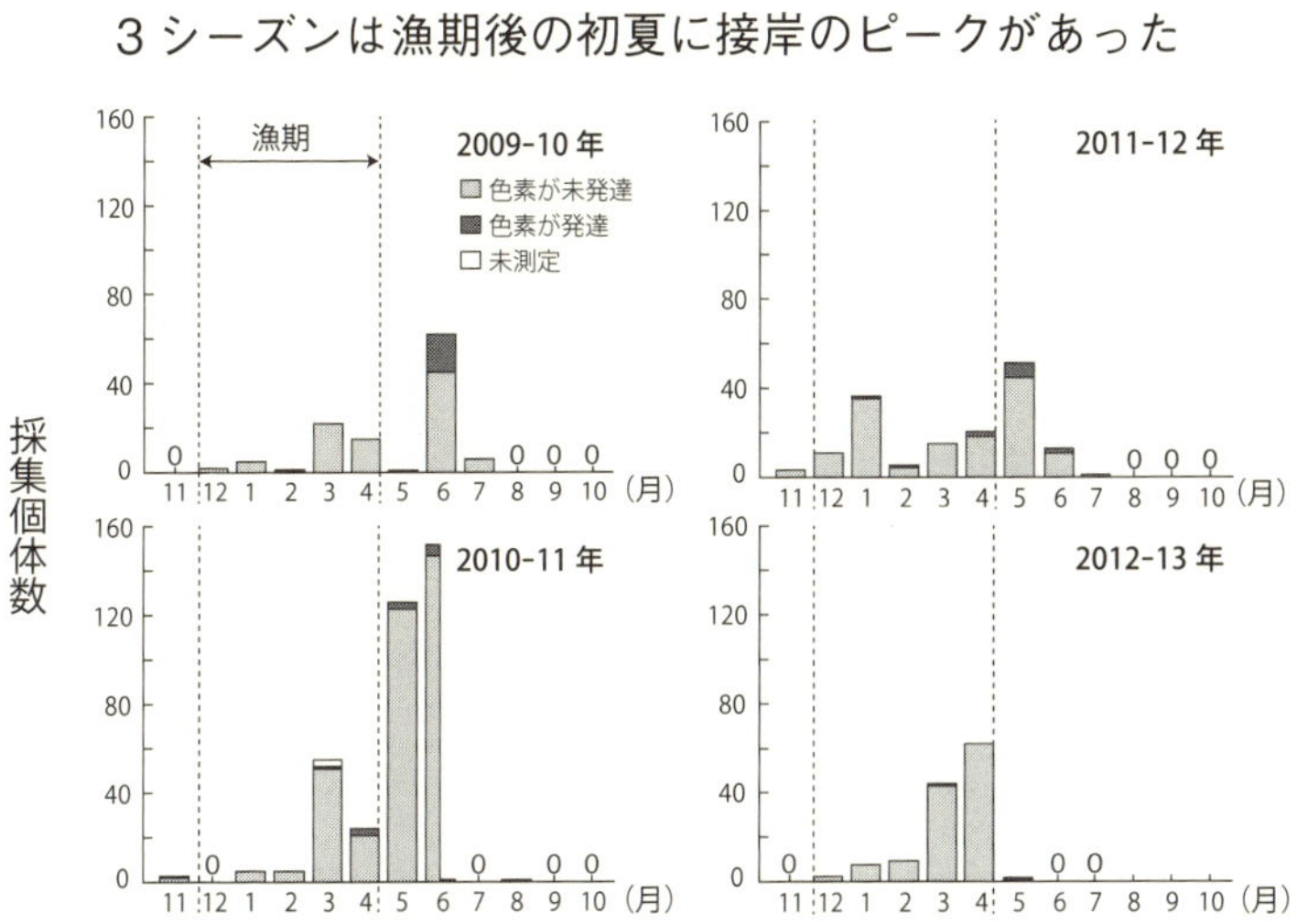

図4　相模川のシラスウナギ接岸時期と量

図5　耳石の電子顕微鏡写真

の調査を順調にこなしています。

これが相模川での調査結果になります〔図4〕。左上が二〇〇九年から二〇一〇年、最初の年の調査結果です。神奈川の漁期は、一二月から四月となっています。調査を始めた最初の一一月は0個体でした。一二月から二月まで採れたのはそれぞれ10個体程度、本当に少数ですね。三月は50個体ほど採れましたが、四月には半分に減ってしまいました。このまま、シラスウナギの接岸は終わってしまったのかと思いましたが、漁期が終わった初夏の六月に接岸量のピークが見られました。今まで漁期以外の調査はほとんど行なわれていませんでしたので、これは正確に漁期のあとに接岸量のピークがくると示した初めてのデータになります。その傾向は、二年目の二〇一〇年にはさらに顕著になりました。漁期が終了したあとの五月、六月にこの漁期全て合わせたよりも多くのシラスウナギが採れたのです。そして三年目はあまりはっきりしませんが、やはり接岸量のピークが五月に立つというかたちになりました。そして、今年度、二〇一二年からのシーズンでは、四月にピークがあって、五月に一回減るというのは例年通りのパターンですが、六月、七月にはシラスウナギは獲れていません。そういうことで、調査を開始してやっと四シーズンが過ぎたのですが、そのうちの三シーズンに関しては初夏に接岸のピークが立ちます。今まで、シラスウナギは冬に接岸すると言われていた常識が少し怪しくなるようなデータが得られました。四年目に関しては、そういった状況は見られていません。

今まで冬に接岸していたシラスウナギが初夏にやってくるということになりますと、それはい

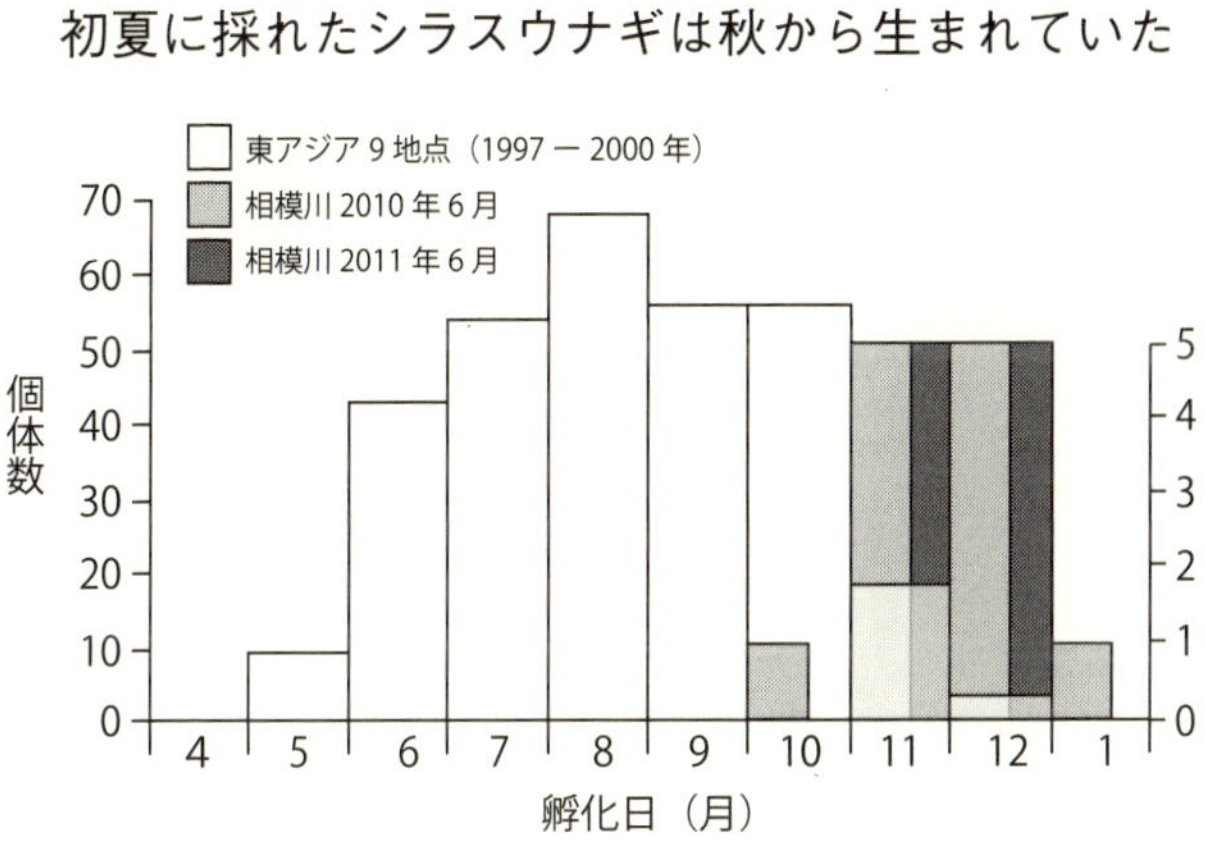

図６　シラスウナギの孵化日

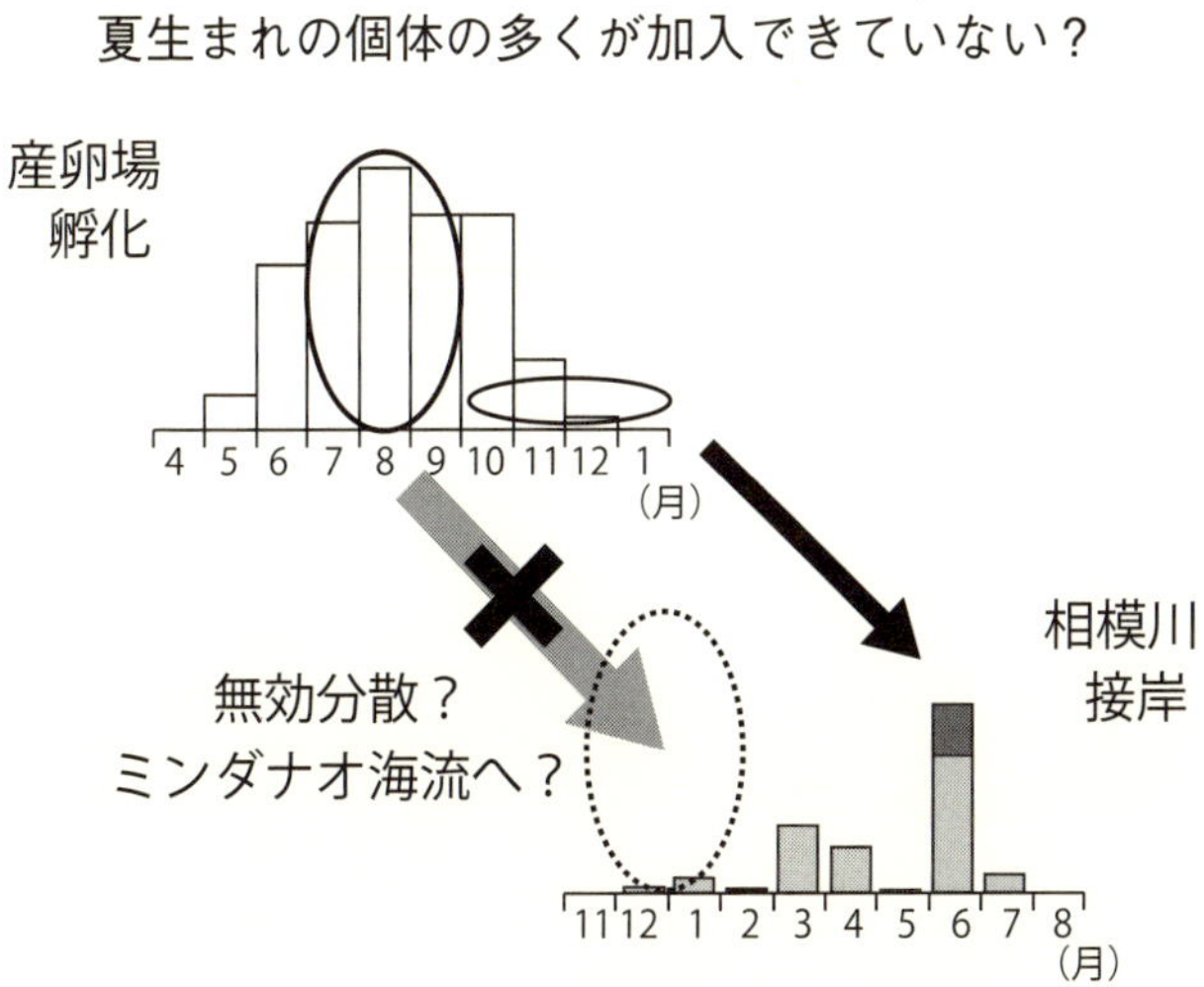

図７　シラスウナギ接岸時期の遅れと接岸量の減少

つ産まれたものなのかというのが気になります。そこで、耳石を抜き出しまして、このウナギの孵化日を推定してみました。これは耳石の電子顕微鏡写真です［図5］。耳石は魚の耳のなかにある平衡器官の一部ですが、これを研磨してやるとこういった木の年輪のような模様、輪紋が見えます。輪紋は、一日一本できることが分かっていますので、この数を数えると生まれてから何日経ったものが相模川にやって来たのかが分かります。そうして調べた結果がこちらになります［図6］。白で示したのは一九九七年から二〇〇〇年、まだシラスウナギがそれほど減っていなかった時期に、東アジアのさまざまなところから採集した三〇〇個体のデータから孵化日の分布を出したものです。この図から、夏場に孵化するものが多いということが分かります。ここに、相模川で二〇一〇年と二〇一一年の六月に採集した個体の孵化日を重ねてみます。薄い灰色が二〇一〇年で、濃い灰色が二〇一一年ですが、秋から冬産まれのものが多く、産卵期の非常に遅い時期に産まれたものだと分かりました。そこで、産卵場で生まれてから相模川に接岸するまでに何が起こっているのかということを考えてみます［図7］。このように産卵場で孵化する群は従来と同じようにあったとします。相模川での接岸は冬場に少なく、初夏に多くなっています。そうすると、産卵場で遅い時期に孵化した群が、相模川での接岸のピークになっているということになります。一方で、夏場のメインの産卵期に生まれた群が、本来なら冬場の相模川にやってきて、相模川にも点線の円のような接岸量のピークが立つはずですが、これは起きていない。海洋環境が原因だと思いますが、何らかの原因で無効分散していて、夏場のメインの群がうまく接岸

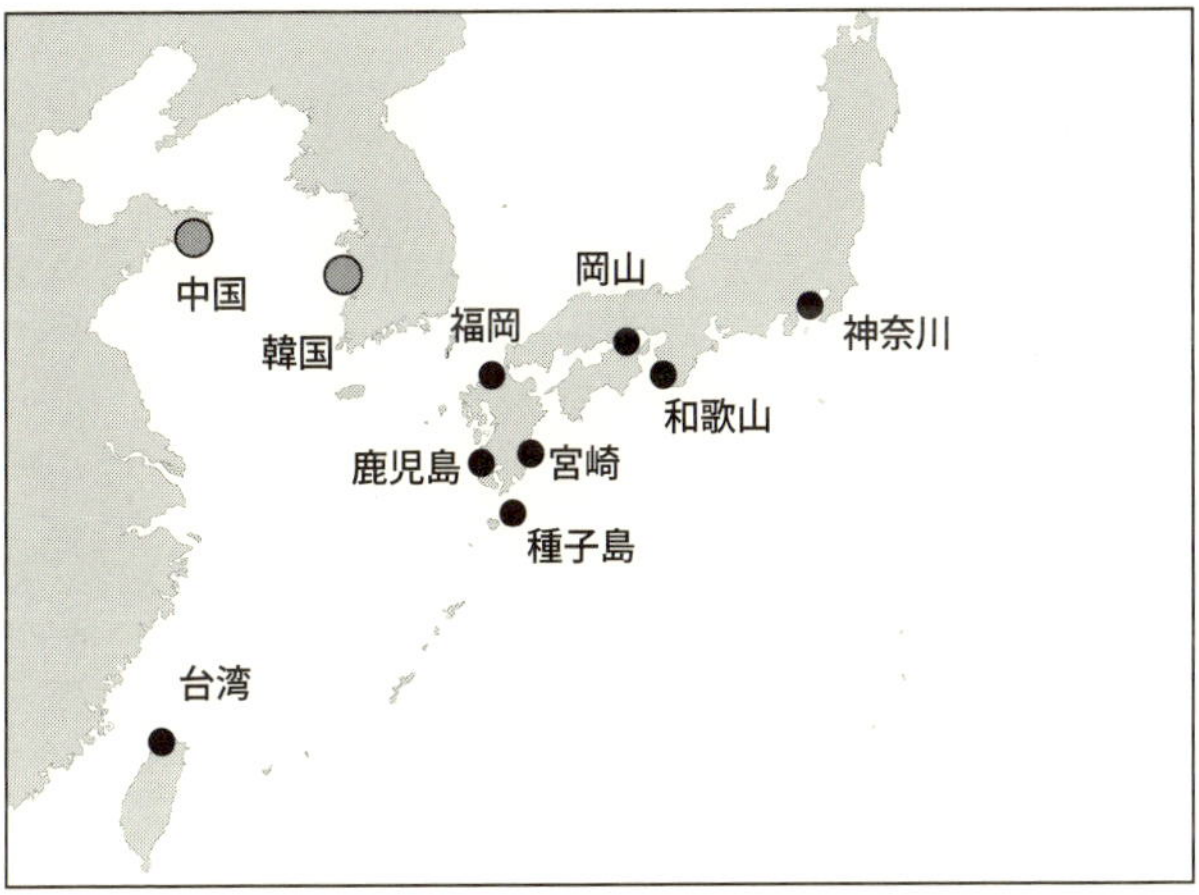

図８　全国に展開するウナギ川

できていないのではないかと考えられます。これはセッション1の渡邊さんの発表にあったように、ミンダナオ海流のほうに流されてしまう個体が多くなっているのではないかということです。相模川の調査結果からも、海洋環境がここ数年のシラスウナギ減少の一因ではないかと考えられるわけです。

もう一度最初の問いに戻ります。シラスウナギの漁獲統計が信頼できるのかという問いに対して、相模川では、私たちが漁期に囚われず周年で調査をした結果、漁期以外の接岸という今まで漁獲統計には現れなかったことが見えてきました。このような科学的な定量モニタリングの必要性を示すことができたと思います。もちろん、シラスウナギの真の資源量は相模川一地点だけの調査ではわかりません。二〇〇九年に相模川で始まったシラスウナギモニタリングですが、今では日本全国にその活動が広がっています［図8］。九州の福岡・鹿児島は九州大学が、宮崎はＮＰＯ法人セーフティ・ライフ＆リバーが、和歌山では県立自然博物館が、岡山では東京大学と水研センターの増養殖研が、神奈川の別河川でも水研センターの増養殖研が、そして種子島ではシラス漁業者である松下堅一郎・美智子夫妻と日高茂氏が鰻川計画に賛同してくれて、各地でシラスウナギのデータをモニタリングしてくれています。さらに、もう一度ニホンウナギが東アジアの共有財産であることに戻ります。鰻川計画の発展は日本だけの話ではありません。台湾、韓国、中国といった他の国でも鰻川計画が進められているところです［図8］。特に台湾では、国立台湾大学の韓玉山（ハン・ユ・サン）副教授が台湾国内の四河川でシラスウナギモニタリングを進めてくれています。また中国・韓国ではマンパワーの不足で実現には至っていないのですが、既に鰻川計画にご賛同いただいて、今後実施するというかたちで動いています。ここまで、鰻川計画が現在やっていることをご紹介してきました。鰻川計画の最終的な目標といたしましては、東アジア一帯に鰻川を設定し、一〇〇年にわたるシラスウナギのモニタリングデータを収集するということを挙げたいと思います。セッション1の海部さんのご講演の中で、日本のデータを発表してすごく寂しかったというお話がありましたが、ヨーロッパ、アメリカに負けないように一〇〇年にわたるような長期的なデータの集積を目指したいと思います。さらに、鰻川を漁業や環境破壊のない聖域とすることによって、次世代のウナギを送り出し続ける保全のシンボルとなるような河川を作っていきたいと考えています。以上です。

司会　ありがとうございました。それでは、質問など宜しくお願いします。

質問者1　鰻川は何本くらい作りたいと思ってらっしゃるのでしょうか。

篠田　ご質問ありがとうございます。シラスウナギのモニタリングということに関して言えば、こちらの図をご覧下さい［図8］。日本国内ですと、北のほうに相模川がありまして、黒潮沿いに和歌山・宮崎・種子島とあります。愛知・静岡あたりのウナギ漁が盛んなところでも、モニタリングをやっていきたいと思います。あとは四国ですね。高知もシラスウナギが多くやってきますから、こういったところを調査したいです。あとは逆に分布の北限などですが、こちらは北里大学の卒業生さんが就職されてやってみたいと言ってくれています。このようにシラスが多くやって来るところを網羅した地点を考えています。

質問者2　最後の決め言葉のところです。「漁業も環境破壊もない」と仰っていましたが、同時にコントロールをしなくてはならないですよね。漁業があるから環境が曲がりなりにも保全されている側面もあります。やはりコントロールできるのは、環境を修復する適切な漁業を行ない、未来永劫続く資源を活用し続けることです。それから積極的な保全に関してですが、これはまだまだ問題があってその効果を検証しながらになると思います。あまりコンパクトに野生動物の保護区を作るイメージではなくて、みんながそこに参加してウナギが守れるような姿の鰻川になってくれればいいなと思います。

質問者3　お話をありがとうございました。産卵期のメインのところが無効分散しているというお話がありましたが、メインの産卵期が遅延しているという可能性はないのですか。

篠田　そうですね。もちろんその可能性はあります。今日お話ししたのはあくまで一つの仮説です。耳石の日齢査定の正確度といったところも検証していかなければならないと思います。ただ、この調査を行なっている間にも、別に産卵の調査は行なわれておりまして、そちらでは従来の産卵期である初夏から夏に卵が獲れています。産卵量に関しては何とも言えませんが、その時期に産卵があるとは言えます。

質問者4　この調査の段階まででは、どこの地域にどれくらいのシラスウナギがいるのかということを把握することまでだと思うのですが、それを調査した上で、日本の川のどこでウナギがより育つような川にできているのかを把握できるのかどうか考えます。こういうデータをとった上で、育つ川に放流して銀ウナギにするということも可能なものなのでしょうか。

篠田　放流の是非は当然あると思いますが、今この鰻川計画ではシラスウナギのモニタリングを開始しています。河川全体では、黄ウナギや銀ウナギの生態も併せて調査し、その河川にどの程度シラスが入ってきて、どのようにウナギが成長して、どれだけのウナギが下っていくのかといったところまでを全部見られるような河川をこの後選定して、そういった調査を広げていきたいというふうに考えています。

質問者5　さきほどの2人目の質問のかたに楯突くようで恐縮ですが、私はやはりウナギ漁業も環境破壊もない聖域といった川が日本にあるのかと思いつつも、やっぱりそういうものをきちんと一個置いて、No Take Zone のＭＰＡではないですが、Protected Area をつくってやるべきだと思います。ですので、私は「漁業も環境破壊もない聖域」というのに賛成です。

韓玉山（ハン・ユ・サン：国立台湾大学副教授）からのメッセージ　（熊觀梅：代読）

皆様こんにちは、私は台湾大学からの熊觀梅（ファン・メイ・シュン）と申します。今日は指導教官の韓先生から頼まれて、台湾におけるウナギの養殖についてご報告いたします。

ご存知のようにウナギの養殖については、まだ野生のシラスを獲ることに頼っていますが、過去の川環境悪化および気候変化などの原因で、台湾でも四年前の４・２トンから１・５トンまで急に下がってきました。一九七〇年と比べるとわずか10パーセントしかありません。そのため私たちも効率的に増やしていく方法を研究していますが、今は主に三つのことをやっています。

第一は、一九七六年からウナギを放流することを引き続きやっています。第二は、今年から各県において、指定された川では８センチ以上のウナギを獲ることを禁止しました。第三は一一月から二月の間を除いてウナギを獲ることを禁止します。

以上簡単ですが報告いたします。どうぞよろしくお願いいたします。

総合討論：人間とウナギ これからのつき合い方

司会：海部健三
パネラー：吉村理利／白石嘉男／井田徹治／中島慶二／宮原正典／篠田章

海部健三（司会）　それでは本日最後のセッションとなりますが、総合討論を始めたいと思います。私はこの総合討論の司会を務めさせていただきます東京大学の海部と申します。

午後のセッション2でお話をしていただいた方々のうち、蒲焼商の湧井さんは今日、土用の丑の日で来られないので、湧井さんを除いたこの六名の方々にパネラーになっていただきます。よろしくお願いいいたします。

どんどん会場の中の議論が活発になってきていると思いますが、もう少しリラックスして皆さんのご意見がうかがえるように、簡単なアイスブレイクを行なおうと思います。

皆さん、右左を見ていただくと、となりに誰かが座っています。その方と簡単な会話をしていただけますでしょうか？　テーマは二つ。一つは「最近いつどこでどのようにウナギを食べましたか？」そしてもうひとつは「今日このシンポジウムに来られた理由は何ですか？」というものです。それをお隣右左のどちらかの方と簡単にお話ししてみてください。

海部（司会）　それではここでいったんお話を中断していただいて、パネルディスカッションを始めたいと思います。

なおこのシンポジウムはユーストリーム（Ustream）というメディアを通じてライブで配信され、会場外でも視聴が可能です。これらの方々よりツイッターを通してご意見ご質問をただいております。また会場で回収したアンケートもあります。

アンケートとツイッターからいただいたご意見ご質問をもとにディスカッションを進めていきたいと思います。

まず一番初めの質問です。「日本で資源量モニタリングや漁獲枠割当などがなされてこなかったのはなぜですか？」これは会場のアンケートからいただいた質問です。まず、水産庁の宮原さんにお願いできればと思います。

宮原正典　資源量と漁獲枠割当というテーマは、いずれも今日一日のお話でお分かりいただけたかと思いますが、ウナギは非常に謎に包まれた生物でいまだにその資源量は分からず、だいたいどれくらいのものがいるのか分からない状況です。漁獲枠割当は、これだけおさえるとどれくらい資源に影響があるのかという、少なくともそういうバックグラウンドがないとできない。しかも管理はいわば県任せでやってきた。そこは反省すべき事態だと思います。

＊

海部（司会）　ありがとうございます。データをとるのは非常に難しいということですが、研究者の篠田さん、どのような部分が難しいのか、現場でやっている立場からお願いしたいのですが、ツイッターの中には篠田さんの発表の中でモニタリングを始めましたという話を聞いて、「やっとスタートか」という意見もありました（会場笑）。研究者としての立場からも、なぜこれまでモニタリングを行なうのが難しかったのかについて説明していただけますか？

篠田章　まずシラスウナギは当然漁獲の規制がありまして、私たちが調査をするにあたっても特別採捕許可というものを各都道府県から得る必要があります。そのような審査を受けてどれだけの量をモニターするかという研究目的を出して行政上の手続きを踏むわけです。その上で実際研究を行なっていくわけですが、研究者でも個人でやるということになるので、どうしても規模に限界があります。塚本先生のところでは、二〇年にわたって、個人的なつながりで種子島の漁師さんが獲ったシラスウナギの量を教えてもらっていまして、そういった一人二人のデータは押さえることができます。また大学院の学生さんで浜名湖に張り付いて、半年間ほとんど毎晩のように、それを三シーズン続けてデータを取ったという例はあります。ただそれを継続していくというのはなかなか難しい。また資源量の話までいこうとすると個人で取った質の高いデータを全体に広げていくのが難しい、ということもあります。

海部（司会）　今篠田さんから、漁業者の方に協力していただいてモニタリングした例があるという話が出ましたが、吉村さん、浜名漁協はシラス漁もなされるようですが、そのようなモニタリングをお互いに協力して進めていく可能性について伺えないでしょうか?

吉村理利　試験採捕については、県のほうから特別に許可をいただかないとできないのですね。試験採捕は漁業者ではなくて水産技術研究所の職員の方がやっています。

海部（司会）　それは試験採捕の許可が得にくいのでなかなか進められないということでしょうか?

吉村　はい、そうです。

会場から　私は漁業協同組合の組合員ですが、二〇〇八年から毎日の漁獲データを取っています。それも各採捕者に対して全部ヒアリングをしています。月々のデータが出てこないと次の年の採捕の許可をおろしません。ですからそんなに難しい話ではないのです。やればできる。やらないだけの話だけだと私は思います。学会でも報告して公開しておりますので見ていただければと思います。

吉村　それについてよろしいでしょうか。各県ごとに事情が違うんですね。

会場から　それは承知しています。神奈川県ではそういうことをやっているということをお伝えしたかっただけです。

吉村　静岡県では許可がないとできないというだけのことです。

海部（司会）　ありがとうございます。この件はなかなか難しいようです。これから先どのように進めていくかということについて、鰻川計画はすでに始まったということですが、環境省の中島さん、たとえばデータを取るということに関しては環境省では何か行なったりすることはあるのでしょうか？

中島慶二　環境省としては、先ほどお話ししたレッドリストを作るというところをスタート地点にして、それが絶滅危惧種が全部で3500種類いますので、すべての生物種について同じように細かいデータを取っていくとなかなか難しいということがありまして、緊急性の高いものから少しずつ予算をさいてやっているというのが現状であります。できる・できないと言われると、できはするのですが、予算の範囲内で優先順位をつけているということになります。

海部（司会）　ありがとうございました。初めの質問の資源量モニタリングのところに少々特化してしまいました。もう一つのテーマ、漁獲枠割当についてご意見を伺いたいのですが、このテーマはやはり会場におられる勝川さんにお聞きしたいと思います。いかがでしょうか？

勝川俊雄（会場から）　漁獲枠の割当は海外では当たり前のように行なわれています。早い者勝ちにしておくと、手当たり次第に獲ってしまうので、あらかじめ漁獲枠を設定しておくと安定して漁獲をすることができます。ウナギの場合は河川に来たものを獲っていますので、多くの河川にまたがって、不特定多数の漁業者が早い者勝ちで利用している訳ではありません。ウナギに関しては、サバなどの規制とは少し違う面があるという気がします。ヨーロッパの場合は、河川に来たウナギの35％は産卵に戻れるようにしないといけないというルールを決めてやっているのですが、日本でもそういう形でやればいいと思います。

宮原　これはいつも勝川さんと議論になるのですが、枠を決めた場合どうやって守ってもらうかというところが一番難しい問題になります。シラスのように不特定多数の人が簡単に獲れるものについては、最も管理が難しいタイプのものです。もう少し話を進めて、獲ったって売れなければ獲らないので、売れないようにすればいいのではないかという発想があります。売れないようにするにはどうすればいいかというと、養殖業者が買ってはいけないというルールにすればいいという話もあります。こういう基礎になるルールをきちんとして、先ほども申しました「蛇口」ができないと、割当をいくら決めても絵に描いた餅ですし、まったく効果を持ちませんし、むしろブラックマーケットだけが広がっていくことになるので、これは全体を通して関係者がどう取り組むかということにひとえにかかっているので、今日の議論などをきっかけにしてどうやっていくか検討していくということだと思います。

海部（司会）　宮原さんのお話に「蛇口を付ける」という議論がありましたが、それは獲る量に対する規制ではなく、流通への規制ということでしょうか？

宮原　今日はトレーサビリティの話が出て来ていたりしましたが、どこに蛇口を付けるのか、やり方はいろいろありますが、一番大事なのは関係者がまともなものしか扱ってはいけない、かなり我慢して商売しないといけないと覚悟してもらうことが前提になります。お互いに抜け駆けのないように各段階でルールができ上がっていくというのがまともなやり方だと思います。ウナギにかかわらず、マグロについても大騒ぎしたりしていますが、関係者や国の意見を一致させていくことが大事だと思います。できることからやっていくということで、今回集まっていただいた方々は少なくともやろうという気持ちになっていただければ、明日からでも、蛇口をどうやってその場所場所に付けていくのかということになるかと思います。

海部（司会）　どこに蛇口を付けるかという話について、白石さんに現場のお話を伺えますでしょうか？

白石嘉男　どこに付けるのか、本当に難しい話だと思いますが、仮にシラスウナギの漁獲枠に蛇口を付けたとすると必ず他のルートに逃げて行く。あなたの採捕量は20キロまでと決めると、20キロになってしまうと休漁になってしまうので、正規のルートではなく他のルートに流してしまい、またその方が高く売れる。これが今の実態だと思います。実際に各県の報告を国で集計しても、おそらく国内で採捕された半分の数量しか把握されていない、という状況だと思います。

会場から　先ほどお隣の人と話し合ったのですが、ＭＳＣのようにこれは安全ですよという認証はできないのでしょうか。それから私の家では土用の丑の日ではなくて、冬にウナギを食べたのですが、そのように安全ですよという認定証と、こういう日に食べるとうまいというような宣伝はできないのでしょうか？

白石　各県でやっているかは分かりませんが、静岡県の場合は静岡うなぎ漁協と浜名湖養魚漁協のウナギは「しずおか農林水産認証制度」で認められており、活鰻だけは認証マークを貼付して売ることができます。加工品については他の要素が入ってきますので認証マークを貼付して販売することは許可されていませんが、このような試みはしています。なお、東京都にも同様の認証制度があります。

海部（司会）　ＭＳＣの話が出たのですが、ちょうど会場にＭＳＣの方がいらっしゃったと思います。まずＭＳＣとは何かというところから少しご説明をお願いできませんでしょうか？

ＭＳＣ関係者（会場から）　ＭＳＣというのはエコラベリングの制度なのですが、ヨーロッパで一九九〇年代の後半に始まりました。世界中で乱獲が行なわれているということを背景にして、乱獲を止めて持続的な漁業に転換していこうという消費者の動きがバックにあって、漁業者の方もたとえば網の目を大きくしたり、休漁の期間を長くしたりして、何とか持続的な漁業にしていくように変えていった。そういう動きに対して、あなたたちの漁業はたしかに対応していますということで認証を与えているのがMSC認証です。その認証を受けるとその水産物にエコラベルを貼って流通させることができます。消費者はいくつかある水産物の中から環境に配慮したものを選ぶことができるというものです。

海部（司会） ウナギの場合はどのような応用が考えられるでしょうか。

MSC関係者（会場から） MSCは持続可能な漁業に対してやりますので、ウナギの場合はすでにここまで資源量が落ち込んでしまうと、正直持続可能だと言うことができないわけですね（会場どよめき）。取得をめざして皆さん頑張っていただきたいと思う次第です。

井田徹治 すみません。MSCのことになるとさまざまな議論を長時間しなくてはならなくなるのですが、クロマグロもウナギもここまで資源レベルが悪くなって、これだけ不透明な漁獲や取引が多くて、乱獲も激しいとなるとどう考えてもMSCが取れるものはないわけです。ただ先ほど市民レベルの監視の中で、認証制度が必要だと言いました。やはり日本のウナギにもこれは必要だと思います。第三者による信頼性のある認証制度を作るべきです。あちこちに蛇口を付けるという話がありましたが、蛇口をつけているうちに水がなくなってしまうというのが今のウナギをめぐる状況なので、とにかく早い時期に最も効果的な蛇口はどこかというのを見つけて、まずやれるところからやるべきだと思います。私は、やるとしたらやはり養殖池を縛るべきかと思います。シラスウナギの分配を一括して管理し、入札にかけ、違反者には厳しい罰則を科すという宮崎県で行なわれているような手法があることをみなさんどれだけご存知か分かりませんが、私はそれを国レベルでやるしかないと思います。そしてそこに認証制度を導入してゆくのがいいのではないかと思います。

宮原　今、井田さんが、私が言えなかったことをおっしゃっていただきました。要するに養殖の部分ですね。世界的に見ても、日本と韓国と台湾と中国の四か国の養殖業ですが、そこに蛇口を付けるのが一番いいというのは自明なのですが、ところが宮崎でうまくいっているというお話でしたが、そんなことはなくて非常に難しいです。小さくて簡単に持ち運びできて、あんなに高価なものはブラックマーケットができやすい。宮崎でもまだ根絶できないでいる。なぜそうなるかというと、ここまで言うと言い過ぎかもしれませんが、養殖業界とも一緒に考えないといけないのは、シラスの業者さんが「ジャポニカです」と持ってきたら、それはどこから来たか分からないのです。混ざってしまうので。そこがやはりまだ難しいところです。少なくとも輸入物かそうでないのか、ということはシラスの業者さんは分かっているわけですから、そこを明確にさせていくとか、そういうところから手を付けていかないといけない。これはわれわれも緩かったわけですし、今から本当に考えないといけないことだと思います。

会場から　先ほどの第三者認証というのが天然ウナギの流通にあったとおもいます。私は一年以上前に生産の現場にいました。その養殖場ですが、一九七〇年代に日本で初めてブランドウナギというのを始めまして、今もやっています。二〇年くらい前に、安定供給できないということもありながら、生産者のモラルとして、当時、エサを与えれば１００％与えた重さがそのまま肉になるという技術が確立されていながら、半年で育てて、土用の丑の日には大きくする。海外でもやっていますけれども、そういうものが流通してしまっている中で、天然ウナギに近いものを作って高く買ってくれる店がない。半年一年かかって冬を越して翌夏に出荷するようなウナギというのは、丈も長くなるし、蒸し時間も長くなるし、そういうものを扱える鰻屋がない、ということを二〇年前にやっていたのですが、今現在そのような協力を得て、ウナギは職人の間でも取り合いになって、鰻屋が連携してブランドウナギを使って、実際四千円、五千円で出しています。そのような生産者の努力もあって、それは第三者認証ではないですけれども、天然よりうまい、かなり高いものです。そのような養殖ウナギを流通しているということが今あるのですから、そういうことを業界全体でできるとは思はないのですが、消費者も七百円のうな丼でもいい、三百円とかでもいいんですけれども、三千円、四千円出してハレのウナギを食べる。そういうのもあるっていうのを、メディアとかも宣伝してもらえると。

井田　一番いけないのは正直者がバカを見るということです。理想論かもしれませんが、ＭＳＣのような制度はきちんと努力した人が報われないようにしないといけないという制度だと思います。卵が先か鶏がという議論になるかもしれませんが、欧州ではもうＭＳＣの水産物の市場はすごく大きいですが、日本ではＭＳＣを取った人が倒産してしまったなどという例もあるなど市場では評価されず、消費者の関心も非常に低い。メディアの取り上げ方も不十分だったかと思います。正しい認証制度をどこをカギにして拡大してゆくか、皆で議論して考えていかなくてはいけないと思います。私はやはりメディアの人間なので思うのですが、消費者に働きかけるのが早いのではないかと思います。

海部（司会） まだいろいろ意見があるかと思いますが、まだ一つ目の質問についての議論です（会場笑）。時間がせまってきておりますので、せめてもう一歩進みたいと思います。資源量モニタリングや漁獲量割当などに関するご意見としてはアンケートの中で「漁獲規制をしたら密猟が増えるだけではないか」など規制の難しさについてのものがありました。このテーマから消費者の行動に関する話に移ってきています。消費スタイルについてどう考えていくかということは、重要ではないかと思います。アンケートやツイッターでの質問にあったものですが、「消費スタイルを変えるべきという提案は、具体的にどのように進めて行くのか？」という議題です。今日の発表の中でこのお話が含まれていた方に伺うべきだろうと思いますが、塚本先生、いかがでしょうか？

塚本勝巳（会場から） 今日お話しした五つの提案の最後に、消費者の意識変革を申し上げました。蒲焼きは大変人気のある料理なんですが、安くて、手軽な、お腹を満たすためだけの食べ物だという考えはこの際すっぱりと捨てて、むしろ、絶滅の危険性さえある貴重な野生動物を食卓に載せているんだという意識をもつことが必要かと思われます。ウナギを前にした時、大げさかもしれませんが、ある意味少し厳粛な認識をもって、襟を正して蒲焼きを食べてはどうかという提案です。ファーストフードのウナギも安くて簡単で悪くはないのですが、やはり専門店で職人が焼いた鰻は味が全く違います。少し高くても、そしてそのためにウナギを食べる回数が減ったとしても、何か良いことがあったハレの日には、こうした専門店に家族で繰り出し、うまいウナギを食べる。江戸時代から続いてきたウナギの文化や伝統に思いを馳せながら、ウナギの味を存分に堪能してほしいと思います。同じウナギ一匹を消費するのであれば、高品質のウナギをじっくり、ゆたかに味わって食べましょうという趣旨です。消費者一人一人が、今ウナギが置かれている資源の現状を理解し、節度ある消費を心がけることによって、ウナギの異常な高騰や不思議な安売り合戦の熱も冷め、資源の減少も食い止められるのではないでしょうか。このような品格ある態度や思慮深い行動によって、経済優先の結果、我が国に流れ込んで来る異種ウナギの問題も抑えることができるのではないかと思います。

会場から　パルシステムという生協の組織があります。そこではウナギが二七八〇円、二匹入っています。それを買うと一〇円が資源保護のために使われる資金になります。たぶん今月いっぱい続くと思います。消費者にそういうアピールをするということが大切なのではないでしょうか。三〇〇円安いのではなくて、三〇〇円高くしてそれを資源保護のために使うというふうな商品構成もこれから必要になってくるのではないかと思います。

海部（司会）　今のお話について、アンケートの中にも「生協でウナギを食べて守ろうとＰＲしているが、それははたしてどうなのか」というご意見がありました。おそらくこの方は資源保護に一〇円が使われるとしても、それでもウナギを食べているじゃないか、それにお値段からするとなかなかにお安いという点を、それで良いのかということかと思います。じつは会場に生活協同組合の方がいらっしゃるかと思うのですが……まだお残りでしたらご意見を伺いたいのですが、すでにお帰りになったでしょうか？……残念です。

それでは、今の件についてはちょっと措きまして、消費スタイルを変えるべきという提案について、実際に現場で魚を獲っている浜名漁協の吉村さんにお聞きしたいと思います。ご自分が獲った魚をどのように消費してもらいたい、食べてもらいたいと考えることはありますか？

吉村　突然の質問でびっくりしていますが。自分で獲ったものは自慢できるものと言いますか、消費者の皆さんに自分が獲ったものを喜んでいただくということが漁業者の冥利です。安く食べたいというのは消費者の偽らざる心境かと思いますが、こちらがどんな苦労をして獲っているかを理解していただくというのは欲深いことでしょうか。

海部（司会）　吉村さんの願いは非常に当然のことだと思いますが、消費者に理解してもらいたいということで言いますと、消費者の方はウナギの現状を知らないのではないかという意見もあったかとも思います。消費者に現状を知らせる責務はわれわれ研究者にあるのではないかと思いますが、篠田さん、消費者に伝えるということに関してご意見をいただけないでしょうか？

篠田　研究者の役割ということですが、ウナギに関して言えば、ウナギ研究者は消費者に対してかなりメディアの露出があるのではないかと思います。他の魚介類だとこうはいかないと思いますが。どう知らせるかということでしたら、吉永さん、いかがでしょうか?

吉永龍起（会場から）　北里大学の吉永です。篠田さんはよく伝えているとおっしゃっていましたが、私は全然伝えていないと認識しています。私はウナギの種類を遺伝子で調べるということをやっているのですが、われわれは、今流通しているウナギにヨーロッパウナギが入っているということは常識として知っていたのですが、今年ウナギがこんなにニュースに取り上げられることになって、テレビや新聞は中国産品にヨーロッパウナギが入っていることをすごく喜んで取り上げます。われわれとしてはそんなの当り前だと思っていましたが、じつは訳ありのウナギが流通していたことがあまり知られていなかった。一つ実効性があることで、水産庁の推奨というレベルでニホンウナギと表示しましょうということが行なわれていますが、あれをもっと厳密に種を表示することを義務付けるということが、まず怪しいウナギの実態を市場に知らしめるということで有効かと思います。

海部（司会）　ちなみに私は最近近所のスーパーで、ウナギの種名が表示されていませんと投書しておきました。（会場拍手）

井田　ここで一つ強調したいのは、市民団体、ＮＧＯの役割が非常に大きいということです。アメリカの違法漁業キャンペーンの例をでは、大きな都市のレストランへ市民団体のメンバーが行って、この銀むつ（メロ）の出所はどこかと質問する。その結果をホームページに載せて、このレストランは答えられなかった、あそこはもう銀むつをやめたとか、名指しでどんどん公表するのですね。

つい最近日本でもようやくグリーンピースなどが大手五社にヨーロッパウナギを扱っていますかというアンケートをしてその結果を実名で公表したのですが、これでもまだまだ私に言わせると手ぬるいと思います。違法な漁業は市民団体がどんどん追究していかなくてはいけないし、そのような社会の監視の目がないと世の中は変わっていかない。逆にNGOの厳しい目があることは業界にとっても良いことだと思います。この点ではメディアの姿勢も不十分で、なかなか実名で報道をしない。問題のあるところは実名で報道し、社会的なプレッシャーをかけて行かないと、消費者も業界も変らない。日本ではNGO、市民団体の役割が不十分だというのが、違法な漁業や違法な水産物の取引の実態が知られづらいということの一因だと思います。

会場から　私の専門は農作物ですが、ウナギの問題が典型的かもしれませんがサステナブル・コンサンプションということが非常に重要になってきていて、それを動かさないと物事が変わっていかないということが共通認識になってきていると思います。日本はそういうところが弱いと思います。いろんなやり方があって、たとえば世代間ギャップを利用して子供たちにいろいろなことを教えていく。それはかなり有効だと思います。先ほどお隣の方と話し合ったりしていて、最近ウナギを全然食べてないと、いろいろ問題があるというふうになっていきました。うまくメッセージを伝えていくといいと思いますが、逆に伝わっていくと、業界の方が心配していたように、ウナギ自体が全体として減少していくこともあるとおもいます。どういうふうになっていってもらいたいか、積極的にうまくいろいろな方法を使って伝えていかないと、かえってウナギ業界自体が三〇年先にどうなるか危惧されるところです。

海部（司会）　ＮＧＯの話がでてきましたので、もし会場にＮＧＯの方がいらっしゃったら、ご意見を伺いたいのですが、いかがでしょうか？

会場から　農業関係のＮＰＯをやっているのですが、サステナブルな話は広がらないです。一〇年もやっていて全然そこにピンとこない社会というものがあります。私は、ＧＡＰ（Good Agricultural Practice）という良い農業のやり方という、その中に持続的な農業のやり方が組込まれていて、食の安全という意識を普及させようという活動をしているのですが、日本人は環境に関する意識が低いのではないかと思っています。それで今日お話を聞いていて、ＮＧＯやＮＰＯの活動の仕方がヨーロッパと違うのではないかと思いました。なぜ違うのかと考えますと、商業界と対峙しようとするとそこそこの人間と金が要るのです。うちは今のところけっこうな人間と活動規模を保てています。これは食品安全や環境保全への期待から金が集まってくるからですが、やはり環境保全に関してＮＰＯやＮＧＯに金を投じる人たちが増えてこないと、強いＮＰＯやＮＧＯは生まれてこない。これはやや呑み話のようですが、ウナギ好きはたくさんいますよね。私もそうですが、一〇年後二〇年後にウナギを食えなくなるのは辛いよね、というウナギ保護を議論して取り組むＮＰＯやＮＧＯを立ち上げたら、お金が集まるかもしれません。そのあたりは日本とヨーロッパとの違いがあるなあと思いました。

海部（司会）　持続可能な開発や資源利用、環境保全がなかなか広がっていきにくいという状況を、皆さん感じているようですが、環境省の中島さん、そのあたりどのようにお考えでしょうか？

中島　まったく同じ悩みを日々感じているところですが、政府の中で環境保全に対して予算要求をしても、なかなか思うようには予算が付かないということがあり、それは民間だけでなく、政府そのものが、民間や社会の意識を反映しているからかもしれませんが、どうしていこうかということを日々考えているだけで、うまい解決方法を提示できるわけではないのですが、悩みとしては共有していると思います。

海部（司会）　それではもう一度話を、消費スタイルを変えるという話題に戻します。今のＮＰＯの話も消費者の行動は変わるべきではないか、もっと消費を抑えるべきではないかというご意見ではないかと思います。これは白石さんにとってはどのように聞こえるのか、将来を見たうえで、ご意見を伺いたいと思います。

白石　非常に難しい質問ですが、生産者はシラスウナギをできるだけ大事に飼おうということで、昔であればシラスウナギから成魚まで10％程度しか生残しなかったものを、今は80％、90％のものを飼育して製品にまで成長させることができるようになりました。それにはお金もかかり、色々な努力もしてきました。消費スタイルを変え、シラスウナギの採捕量をある程度制限していくということは、今の資源状況からいけば、行く行くは考えていかなくてはいけないと個人的には思っています。ただ生産者が、今すぐ養殖規模を縮小するあるいは養殖をやめるのかというと、簡単にはいかないと思います。しかし資源に限りがある以上必然的に制限されてくる問題だと思っています。

海部（司会）　自然にだんだん、資源の減少とともに消費が減少して、生産も減少していくということになると、経営が成り立たなくなっていく生産者が出てくるということになると思いますが、この点は水産庁ではどうお考えかというお話を伺えないでしょうか？

宮原　今日の塚本先生の基調講演で非常に印象に残ったお話が二つありました。一つは、養殖と言っても自然の魚に100％依存している以上これは漁業だということで捉えて管理しなくてはいけないのではないか。われわれもそう思っていたのですが、これは一言で言っていただいて大変貴重なご発言でした。もう一つ印象に残ったのは、ハレの日に食べるものにしようじゃないか、ということです。これはたいへん良い話です。私も子どもの頃、ウナギは一年に一回食べられればものすごく嬉しかった。それがスーパーに毎日並んでいると若干悲しい気がしないでもないです。しかし現実問題はまったく逆でして、これから資源管理を進めれば進めていくほど、厳しい条件にすればするほど、安い効率生産をする者が生き残っていくということで、養殖業は危機に立たされる。われわれは正当な生産をし、正当な原料からものを作るという産業を何とかして実現していただきたいと、水産庁としても思っているのですが、これがますます資源管理をすればするほど経済的に難しいことになっていく。それは蒲焼をやっている専門店も同じではないかと思います。その中でわれわれが考えて行かなくてはいけないのは、公平なルールを入れて公平な競争にしたいということまでしかできない。そこから先は皆さん方が先ほどから議論している明日の消費者が何を願うか。スーパーに並んでいる安いウナギがいつまでもあってほしいか、文化も含めて蒲焼まで至る生産体制を残してほしいと願うか。これにかかってくると思います。われわれはその選択に従って仕事をしていかざるをえないのです。ただその時には、公平で、抜け駆けが出ないようなルールを作っていくというのが、われわれができるギリギリの仕事だと思っています。

海部（司会）　ずいぶん時間も押してきておりますので、最後に二つ三つご意見を頂戴して、終了にしていきたいと思います。パネラーの方々も含めて会場の中からも、ご意見あるいは質問でもかまいませんが、何かございませんでしょうか？

会場から　先ほどからずっと気になっていたのですが、放流について、きわめて保全的な観点から逆行するように思いますが、その辺について環境省さんの方で水産庁さんと揉めるところがあるかもしれませんが、じゃんじゃん放して増えればいいのか、ということが気になりました。そのあたりのご意見を省庁さんにお話ししていただけたらと思います。

中島　正直なところウナギの放流についてどういった問題があるのかということを、環境省としてまだそれほど把握しているわけではないので、今日はいい意味で勉強になったと思います。原則論的には、外国産のものを放流するということは、きわめて慎重に取り扱わなくてはいけない問題だという認識はありますが、具体的にどうこうというところまでは環境省の中では意見の統一はできておりません。

水産総合研究センター関係者（会場から）　放流にはいろいろな目的があるわけですが、日本の川の現状を考えますと、諏訪湖は長野県にあり、天竜川の最上流ですが、その中で在来の他の魚種などの生態系が成り立っていた。そういう環境からダムができて一匹もアユもウナギも昇れなくなった場所に放流するというのは、生態系保全のためにも役立っている。その一つの指標となるのが漁業で、漁業がある程度持続的にまかなわれている状況を残すというのは、すなわち川あるいは湖の生態のバランスを見守っているのだという意味で、私は漁業を持続的に進めていただきたいという話をしました。もちろん漁業捕獲そのものがウナギの資源に影響を与えることもあります。しかし、全体としてやはり人が川や湖から目を離してしまうと、どんどん環境が悪くなっていくのが現状ですので、大きな目で見ていただけると良いかと思います。

会場から　いくつか問題が出てきたのですが、シラスウナギおよびウナギがきちんと保護できていない理由は、ある程度規制をかけてもブラックマーケットに流れてしまうというのを皆さん、暗黙の了解みたいに、明確にしないまま議論が進んできたと思うのですが、ブラックに流れてしまうというのはどういうことなのでしょうか？　実際の流通量としてはどのくらいの割合を占めているのか、どなたか勇気をもって言う方はいませんでしょうか？

海部（司会）　これは私もどなたに答えていただくのが適切なのか、わかりません（会場笑）。パネラーの方で答えていただける方はいらっしゃいますか？

宮原　具体的な数字はないので……鹿児島県の数字で若干出ているものがあったと思いますが、それは3分の1くらいだったと思います。

井田　宮崎県で条例を導入する前、一九九五年くらいのデータですが、かつて宮崎県内の池に入る正規品のシラスは10％にも満たなかったというデータがあります。

会場から　非正規というのはどういうことなんだ?!（会場笑）

海部（司会）　これで最後の質問にさせていただきたいと思いますが。

会場から　今の消費スタイルを変えていかなければならないという話は、私もすごくそうだなと思いながら聞かせていただいていたのですが、今の、安いウナギを身近で選択できるというスタイルは、消費者の美味しくて安いウナギを普段から食べたいというわがままに、真摯に応えてきてくださった業者の方がいた結果だと思います。そういった消費スタイルを、体を張って努力して作ってこられた業界の方も会場にいらっしゃるのではないかと思いますので、消費スタイルを変えていかなくてはいけないというコメントに対して、供給のスタイルをどういうふうにしていこうと思っているといったコメントをぜひお聞きしたいと思いますが、お願いできますか？

海部（司会） たとえば大手の流通業または小売の会社の方がなぜこの会場にいないのかというご意見もツイッターでいただいております。このシンポジウムを開催するにあたって十数社の大手の外食・小売業の広報担当宛てに招待状を送っております。いっさい返事はありません。が、でも実はこの場にいらっしゃれば、ぜひご意見を伺いたいのですが、いかがでしょうか？……も う帰られたのかもしれませんね、総合討論の場になると意見を求められるかもしれないし……。いやお仕事がいそがしいのでしょうね。今日の論調では安く売る人間は悪者という印象があったかもしれませんが、消費者のニーズに応えてきた努力の成果だという捉え方も当然できると思います。この件に関して井田さん、答えていただいていいでしょうか？

井田 私はやはり、業界が消費を作っているという側面があると思うのです。メディアもそれに加担したというようなことを先ほどお話ししましたが、孫子の代の分まで奪ってしまいような持続的ない現在のようなウナギの食べ方をして、絶滅危惧種という状態にまでして、さらにワンコイン弁当のウナギを大量に食べたいのかというと、多くの人はそうは思わないでしょう。メディアも業界も一緒になってそういう持続的でない消費のパターンを作ってきたところがあると思います。そのことを忘れてはいけません。本当にウナギの実態を知ったら、今のような食べ方をしたいと思うでしょうか？最近の大量消費・大量廃棄の産業構造の中で作られてきたのが、現在のウナギ消費ではないかと私は思います。

海部（司会） 最後にパネラーの方で、これだけは言っておきたいという方がいらっしゃいますか？

吉村 ウナギが少なくなって、皆さんたいへん心配されているのですが、他の魚介類の中で、非常に少なくなっても、皆さんあまり食べないものですから、気にならないというものもあるのですね。たまたまウナギは皆さん好きなものですから、無くなったらどうしようと心配していただけるのですが、ほんとうはわれわれの身の回りで、あの魚もこのカニもエビもいなくなってしまっても、あまり日常的に食べてないので別に気にしていないですよね。あまり関心を持たれていない魚介類で、絶滅状態になっているのが沢山あるってこともお伝えしたいです。もっといろいろな問題があるのではないかと思います。（会場から拍手）

塚本勝巳（会場から） 先ほど会場から、「安いウナギを手軽にたくさん食べたいという消費者のニーズに応えて、業界や企業の方々が苦労して作り上げた今の供給スタイルを評価する」といった趣旨のご意見がありましたが、そのシステムは井田さんもご指摘のように、単に経済優先の原理に則って意図的に作られたものであって、ひとつのビジネスチャンスに目を付けてお金儲けをする努力をした結果に過ぎません。その努力をどう評価するかはそれぞれの考えですが、ビジネスの対象商品がウナギである点が問題です。それが牛や豚のような家畜であったり、サンマやイワシのようにまだいくらか資源に余裕のある多獲性魚類なら、大量消費のシステムを作っても問題ありません。しかし、絶滅が危惧される野生生物のウナギを扱う点が問題なんです。現在の厳しい資源状態を考えれば、今、直ちに保護のための行動をおこすべき時であるといえます。そして今、私たち消費者レベルでできる行動の中で最も効果的なのが、ウナギの大量消費を止め、昔の消費スタイルに戻そうという「ハレの日のごちそう」運動です。つまり、鰻専門店に足を運び、最高に美味しく仕上がったウナギを、ゆったり、のんびり楽しむ、こうした一昔前のウナギの消費スタイルがウナギの絶対消費量を抑え、今の資源減少を食い止めるのに効果があると思うのです。ファーストフード店に飛び込んで「うな丼！」と大きな声で注文し、カウンターにワンコインをパチリと置くのに比べると、やや面倒で、また少し値段も高いかもしれませんが、味も雰囲気もそれだけの価値は十分あります。ただ、こうした消費スタイルの転換には難しい問題もあります。ワンコインのウナギ弁当を楽しんでいる方に、それをやめろとはいえません。昔のウナギの消費スタイルはこうだった、ああだった、だからそうしなさいというのも大きなお世話です。これらを強要するのは、ウナギに深く関わった結果これを愛するようになってしまったウナギマニアの研究者エゴであったり、あるいは老人たちのノスタルジアととられるかもしれません。実際、ファーストフードとしていつでも気軽にウナギを楽しむというのも、一つのウナギの食文化であり、消費の一スタイルに違いありません。しかし、ウナギをこよなく愛する私たち日本人が、これからも末永くウナギとつきあっていくには、かなり思い切った意識改革が必要です。消費者がウナギの危機的状況をよく理解し、ウナギを保全するために自発的にこれまでの消費スタイルを変えるというのでなくてはなりません。消費者の方々がウナギの現状を正しく理解できるように、私たち研究者は最新の成果を余すところ無く、正確にお伝えするよう最善の努力をしたいと思っているところです。

海部（司会） ありがとうございます。以上で総合討論を終了したいと思います。パネラーの方々、ありがとうございました。

それでは日本鰻協会の吉島さん、最後のご挨拶をお願いできますでしょうか。

*

閉会の挨拶

吉島重鐵（日本鰻協会顧問）

日本鰻協会の顧問をしております吉島と言います。今日の会は、東アジア鰻資源協議会の開催とうかがっておりますが、われわれ日本鰻協会もそこのメンバーで、養殖から小売りまで産業界の各全国組織6団体で組織されています。業界内の情報交換による情報の共有化と、対外的には主に東アジアの研究者との交流などへの若干のサポートなどの仕事をしております。また、資源枯渇に対する危機感から、昨年より「母なる天然鰻を守ろう」というポスターを作成し、資源保

護のキャンペーンを行なっております、

本日は本当にお疲れ様でございました。これだけの長時間大勢の方が集まっていただいたのは、やはりウナギの人気というのは凄いなとつくづく思います。

ウナギのシンポジウムというと、今まではほとんど生態とか生理がテーマだったと思いますが、今回はじめて資源保全というシンポジウムを企画してくださった塚本先生、海部先生、ありがとうございました。私も非常に勉強になりました。

先ほどから、あまり業界が良く言われてないようなお話ですが、みな生産から販売までやる専業者ばかりの集まりです。ひたすら今、自分たちも苦しんで、値段が高くなってお客様には申し訳ないと思いながらも、自分たちも生き残ることが大変だというのが現状です。それでもどうかウナギを可愛がっていただきたいと思っております。

本日は本当にお疲れ様でした。

会場アンケート

回答：東アジア鰻資源協議会日本支部

アンケートの文言：「ウナギ資源について、ご意見・ご質問を自由にお書きください」

質問

（1）　ニホンウナギを完全養殖するにあたって、ウナギを成熟させるのに、水温を15℃〜20℃に保つとおっしゃられていましたが、それをきっかけに成熟するのですか？　それとも、その水温下で飼育した方が成熟しやすいということですか？　また、15℃以下、20℃以上では成熟しないのですか？

回答：15℃から20℃の間の水温帯は、ホルモン注射をしてウナギを順調に人為催熟するための必要条件ですが、この温度をきっかけに成熟が進むわけではありません。15℃以下、20℃以上で全く成熟が進まないわけではありませんが、催熟して最終的に採卵までいった例は15〜20℃で多く出現します。詳しくは、本編「ウナギ人工種苗生産技術への取り組み―経過と現状　田中秀樹」をご覧下さい。

（2）　ヨーロッパウナギの規制がニホンウナギのシラスウナギ需要を増大させ、その結果、約五年たって顕在化したのではないでしょうか。また、今後の影響は？

回答：ヨーロッパウナギの養殖が盛んだった中国で、ヨーロッパウナギの規制後に養殖の対象として浮上してきたのは、ニホンウナギではなく、バイカラなどのいわゆる異種ウナギです。このため、ヨーロッパウナギの規制によってニホンウナギの需要が増大したとは考えにくいのではないでしょうか。ニホンウナギのシラスの需要の高さと供給量不足は今も五年前も変わりません。

（3）　畠山重篤氏の「森は海の恋人運動」のように、河川、沿岸の落葉樹の植樹を含むフルボ酸鉄などのキレート鉄を多く流れる環境作りを日本ではできないのでしょうか？　欧米で行なわれている近自然工法を導入するなどの土木工業から可能なのか教えてほしいと思います。災害から守り、かつウナギを含む生態系を守る河川、沿岸整備があるのか教えてほしいです。
回答：河川・沿岸整備において、災害から人間を守り、かつ生態系も守ることは可能であると考えられますが、問題はコストです。高コストであっても水辺の生態系を守ることを大多数の納税者が望めば、そのために必要な技術が発展していく可能性が高まります。ウナギにとっても、餌が豊かで棲み場所の多い自然型河川は不可欠で、植樹や近自然工法を取り入れた河川沿岸環境の整備を進めると同時に、地域住民自身による自然再生の推進が重要かと思われます。
(4) ウナギ資源の減少などの具体的数値に減少率などの推計データを使いますか？
回答：使います。減少率の推定値は、IUCNでも重要な情報の一つとされています。
(5) シラスウナギの生産→供給が通年で可能になるのであれば、池入れを自在にでき、燃料費等の計画も自在になるのでは？　養殖現場のエネルギーの問題も考えたい。
回答：ご指摘の通り、完全養殖の夢の技術が実用化された暁には、養殖現場のエネルギー問題はおろか、生産調節、流通改革、価格安定など様々な効用が期待できます。しかし現在、シラスウナギの大量生産に向けて急ピッチで研究が進められていますが、まだ市場へのシラスウナギの供給は困難な状態です。詳しくは、本編「ウナギ人工種苗生産技術への取り組み―経過と現状　田中秀樹」をご覧下さい。ただここでお断りしておきたいのは、完全養殖技術が確立できたとしても、今我国の養鰻業が求める何億匹単位の人工シラスを作るにはまだまだ時間がかかるということです。天然シラスの足りない分を人工シラスで補うといったやり方がしばらく続くのではないでしょうか。ですから、やはり天然の資源を科学的に管理し、大切に利用することを忘れてはいけません。
(6) 日本に科学的データが圧倒的にない（少ない）とのことでしたが、科学的モニタリングデータを取るためには、日本のみが行動すればいいのか？　中国、韓国、近隣諸国も共同でやらないといけないのか？
回答：東アジアに分布するニホンウナギは、同一の繁殖集団から成り立っています。このため、モニタリングは東アジア全域で行なう必要があります。同時に、漁業管理や水辺の自然再生など、保全に向けた努力も東アジア全域で行なっていくべきです。日本、中国、韓国、台湾の研究者、養鰻業者、流通業者、漁業者、行政などで構成される東アジア鰻資源協議会（EASEC）は、東アジア各国の共同モニタリング「鰻川構想」を推進するとともに、保全に向けた協力関係の構築を急いでいます。詳しくは、本編「研究者の役割──東アジア共同へ向けた鰻川計画　篠田章」をご覧下さい。

(7)　ネットによると、ロシアでは鰻食がブームで、金持ちなら相当カネを払うらしいです。ただ食の安全性が危惧されているようです。ところで完全人工養殖が実現したとして、加温式の養鰻場を国後・択捉あたりに作ることは可能でしょうか。というのも、「日本に領土を還して何か得でも」とロシア人が疑問に思ったときに「そこで日本の魚介類を養殖してロシアに輸出する」という答えが考えられるので。なお、養殖はロシア人より日本人の方が上手いと思います。←獲る方はロシア人の方が寒さに強いので上手いかもしれませんが。

回答：養鰻場を北方四島に作ることは、技術的には可能です。ただし、政治的に可能かどうか、また、どのような影響が考えられるのかについては、分かりかねます。ただし、質問の中にも言及されているように、ウナギは加温された水槽（水温28度から30度程度）で養殖されます。寒い地域での養殖は高水温を保つために燃料費がかさみ、経済的には不利です。

(8)　カニカマのようにウナギの味のするフェイク食品は何かあるのか？　ウナギの味のエキスは合成出来るのか？　つまり代替品としての情報は？

回答：カニカマのように本物に近い商品はウナギではありません。精進料理には豆腐、山芋、海苔などを使って作るウナギ蒲焼きに似せた料理があります。また、ウナギの価格高騰に伴い、アナゴのかば焼き、サンマのかば焼きなどがウナギの隣で売られる光景が増えてきました。ウナギ味のエキスもおそらく合成は可能であると考えられますが、ウナギの蒲焼きやうな丼の魅力には味や匂いだけでなく、食感や焼き上がりの見た目、雰囲気なども含まれますので、カニカマのように簡単にはいかないでしょう。参考として、本編「日本人はウナギをどう食べてきたのか　勝川俊雄」のスペインにおけるシラスウナギ代替品に関する箇所をご覧下さい。

(9)　ウナギの代替品について知見はあるのでしょうか？？

回答：質問（8）に対する回答をご覧下さい。

(10)　連日のウナギ資源報道により、消費者へのウナギ嫌悪感が生まれているのか。

回答：その可能性は否定出来ませんが、顕著であるとも言えません。小売り業や外食産業では、ウナギの売れ行き不振の原因を、消費者の感情ではなく、価格高騰にあると感じているようです。
(11) 天然ウナギを食べさせることを売り物にした老舗ウナギ店は、もう成り立たないのでしょうか?
回答：鹿児島県と宮崎県では、いわゆる「天然ウナギ」の採捕制限（採捕期間の設定）を開始しました。このような動きが広がると、天然ウナギの供給が困難になることが予想されます。また、養鰻業者、蒲焼業者、流通業者、餌料業者によって構成される日本鰻協会は、「母なる天然鰻を守ろう」と題した、天然ウナギ保護キャンペーンを行なっており、天然ウナギを食べることに対する消費者の意識が変化することも考えられます。
(12) 一般にされている議論は「大手流通、ファストフード店などでのウナギ販売を規制すべき」というものだと思いますが、櫻井先生の示されたデータではそれでは十分ではないように思いました。現状、打つべき手段は何なのでしょうか。
回答：やはり、ウナギの漁獲量を減らすことが必要でしょう。その後、「どの程度まで獲って良いのか」というラインを明確にし、適切な漁業管理を行なう必要があります。このためには、「ウナギの現存量」と「漁獲量」の情報が欠かせません。一部、水産庁がすでに調査を開始していますが、恒久的なモニタリングの体制を早急に築くことが肝要です。
(13) ウナギの初期餌料について。天然海域で採捕されたレプトセファルスの胃内容物からはどんなことが分かったのでしょうか。その知見は完全養殖の研究に利用されているのでしょうか。マリンスノーの餌料価値はどうなのでしょうか。
回答：レプトセファルスの消化管内容物を調べると、ドロドロした不定形の半液体状のものが出てきます。この中には、尾虫類（オタマボヤの仲間）とよばれるプランクトンが作る包巣や動物プランクトンの糞粒が見つかります。最近レプトセファルスの体の窒素安定同位体比の解析から、レプトセファルスは海の中にたくさん浮遊しているプランクトンの死骸であるマリンスノーを食べていることが分かってきました。こうした知見は完全養殖の研究に大いに役立ちますが、その実用化については今その研究は端緒に就いたばかりです。マリンスノーの餌料価値についても、現在研究が進められているところです。
(14) モニタリング（データのとり方　海部先生）：日本は何故欧米と比較して出遅れているのか？　科学するに当って基本中の基本と考えているので大変不思議な気がする。
回答：調査と研究は共に科学を進める場合の方法論

でよく混同して使われますが、両者は少し違います。産卵生態、回遊生態、生活史、系統分類、繁殖生理の研究など、我が国のウナギ研究は現在間違いなく世界のトップにあります。しかし、資源の長期的傾向を知るための基礎となるデータを収集するモニタリング調査に関しては、欧米に比べると過去の蓄積が少ないのは事実です。長期モニタリングには手法の統一、調査体制の維持、資金の継続など、多くの労力と資金、そして何よりも強い継続の意志がいるものです。これは一研究者ができるものではなく、公的研究機関や関係組織がルーティンとして淡々と進めるべき調査です。ウナギに限らず、日本は欧米に比較して長期モニタリングの意識が希薄な傾向があります。これは、「科学」という方法論そのものがヨーロッパで発祥したものであり、その基礎となった博物学が日本であまり重要視されていないこととも関係しているのかもしれません。今後、東アジア鰻資源協議会（EASEC）が実施している鰻川計画など綿密なウナギ資源の長期モニタリングを進めていくためにも、広く一般社会がモニタリング調査の重要性を認識し、その推進を後押ししていただければと考えています。

(15)　①本当に資源として減っているのか、について分からなくなった。②日本・アジアで科学的な調査によるデータが欧米と比べて圧倒的に不足していることはショックだった。こんなにウナギを食べているのに？　どうして？　③ウナギのカバ焼きの歴史がたかだか江戸時代からだとしたら、そんなにこだわるべき伝統なのか？　④養殖でほとんどが雄化するのは何故か？　そのような環境で育てられた養殖うなぎは食べて安全なのか？（そんなにたくさん食べるわけでもないが……）⑤完全養殖技術の開発は興味深かったが、ホルモン漬にして養殖する「家魚化」されたウナギは食べて安全か？　⑥④⑤のリスクは、牛肉、豚肉、鶏肉と比べてどうか？

回答：①減少の程度を正確に把握することは困難ですが、数十年のタイムスケールで考えたとき、資源が減少していることは確かです。②おっしゃるとおり、世界のウナギ消費量の70%を食べている日本人が、ウナギの資源に対して責任ある態度をとらなければならないのは当然で、その意味でも長期モニタリングの資源調査は組織的に公的な研究機関で実施するべきでしょう。詳しくは、質問（14）に対する回答をご覧下さい。③まず、江戸時代から続く伝統は十分に長い歴史をもっていると思われます。また、期間が長いから、短いからという問題ではなく、突き詰められた技と美意識、それに万人に愛される味に重要性があるのではないでしょうか。東アジア鰻資源協議会日本支部では、鰻蒲焼は、誇るべき伝統であると考えています。④養鰻場の高い個体数密度と高水温が、雄化をうながす要因の一つであると考えられています。食の安全性についてはいずれも問題ありません。またこれまで、養鰻業に起因する健康被害は報告されていません。⑤ホルモン漬けといっても、その大部分はサケの脳下垂体抽出物で、これは食べ物の一部です。サケのアラ汁や氷頭なますを食べることを思えば全く問題ありません。このほかに少量用いられるホルモンは女性ホルモンと、排卵促進ホルモンですが、サケ脳下垂体を含めこれらは全て、卵を採るため親にするウナギに用いられ、実際に食べることになる子供のウナギに適用するわけではありません。従って安全性に問題はありません。⑥実際に完全養殖が完成し、家魚化されたウナギが出荷されるようになっても、牛、豚、鶏と同様にきちんとした安全基準にのっとって養殖されるはずですから、リスクは他の家畜と同程度に低いものと考えられます。

(16) ウナギ産卵場調査に関し、降河性魚種は公海域では捕獲してはならないよう国連海洋法条約で取り決められています。皆様方はどういう根拠と手法で調査をなさっておられるのでしょうか。

回答：国連海洋法条約第六十七条の２で禁止されているのは、公海における降河性魚類の「漁獲」(harvesting) であり、ウナギ産卵場調査のような、科学的調査 (scientific research) はその対象ではありません。

(17) 大量消費、安値販売を主導してきたスーパーやファストフードチェーンも討論に加わってもらうべきではないのでしょうか？

回答：東アジア鰻資源協議会（ＥＡＳＥＣ）は今後、大手流通業や小売り・外食チェーンとも、ウナギの保全と持続的利用のための連携を深めていきたいと考えています。

(18) 今回のシンポとか諸先生の話しが広まるのはいいが、そういうのを受けて冷笑主義というか「意識高い■■（注：判読出来ず）、ウナギうめー」的な悪評もネット上に広まりつつあるが、こういう動きにはどうむかえばいいのでしょう。

回答：消費スタイルはそれぞれの個人が決定するものであり、強制するものではないと思われます。しかし、個々人が適切な判断を下すために必要な、正確で十分な量の情報を伝えることは必要だと思います。東アジア鰻資源協議会（ＥＡＳＥＣ）は、今後とも様々なメディアを通じて情報を提供していくつもりです。

(19) 塚本先生：消費スタイルの転換が必要なことに

はまったく同感ですが、具体的にどのような方法で進めていくのか、お考えをお聞かせください。単によびかけるだけでは、進むと思えません。

回答：研究者にできることは限られていますが、その中でも「呼びかけること」は重要な方法です。新聞、雑誌、テレビ、ラジオなど、さまざまなメディアや各地の講演会を通じて、ウナギの危機と消費スタイルの転換を強く、長く、呼びかけたいと思います。また一般書籍、教科書、絵本などによってウナギの生態を広く理解してもらい、保全意識を高めてもらいたいと思っています。研究者の呼びかけにより強力な世論が形成されれば、行政が動き、法的規制を掛けることができます。そうすればおのずと消費スタイルも変わるものと期待しているのです。

(20) 未来の消費者、子どもたちに、どのように今のウナギのことを伝えていくのか？

回答：ウナギが何故このように減少してしまったのか、何故、ここまで状況が悪化するまで適切な対応が遅れたのか。今後、同じ過ちを繰り返さないように、我々の社会の問題点を洗い出し、子どもたちの世代に受け渡していくことが重要ではないでしょうか。同時に生き物としてのウナギの不思議、文化としてのウナギの魅力もしっかりと伝え残したいと思います。

(21) 業界と資源保護の両立の為、たとえばどんな方法があるのでしょうか。

回答：資源が保護されない限り、業界の存続はあり得ません。まずは、ウナギの資源量を把握することです。そのうえで持続可能な消費量を割り出し、その範囲のなかでのみ、消費を続けることが、業界が存続するための道です。需要ではなく、資源の状態によって業界規模が決定する状態にあることを、強く認識する必要があります。

(22) ①減っていると言われながら、日本で資源量のモニタリングがしっかりなされていなかった理由は？　予算がない？　②勝川先生から「遠回りでも世論を盛り上げてから……」というお話があったが、研究者と行政が話し合って即（直接）進めないのはなぜか？　急ぐのであれば、「後から説得」でも悪くないと思う。スーパーなどが安売りに走らないよう規制してほしい。↑ちなみに私は主婦です。③比較的環境を意識している客が多いと思わせる生協（パルシステム）でウナギを「食べて守ろう！」とPRして売っている。ウナギを「食べて守る」は科学者から見てどうなのか？　④３・１１の津波を機に国土強靭化計画として広範囲の太平洋側の海岸にコンクリの防潮堤が建設されると聞いています。海と川を回遊するウナギにとっては大問題だと思うのですが、ウナギの産地の反応などご存じでしたら教えて下さい。
回答：①質問（14）に対する回答をご覧下さい。
②行政は世論に基づいて方針を決定するため、世論の後押しがなければ、指導力を発揮しにくい場合があります。効果的な管理を行政が行なうためには、強力な世論が必要となります。　③実際に何が行なわれているのか、詳細を把握していないので回答を控えます。　④防潮堤は地域の生態系に大きな影響を与えると考えられますが、ウナギの河川侵入に限って言えば、ほとんど影響はないでしょう。防潮堤よりも、農業用水を確保するためにつくられる河口堰の方が、海と川のつながりを遮断することから、ウナギには大きな影響を与えていると考えられます。

(23)　ウナギ資源を保護するにあたり、ウナギは国際資源でもあるため、日本が単独で国内捕獲規制を行なっても、周辺国が漁獲し日本に輸出してきたら意味がない。他国との連携が必要と考える。マグロの資源管理のような、他国と連携した管理が実現するには、あとどれくらいかかるのか？（間に合うのか？）　国家間交渉は既に行なわれていると思うが、民間・研究者同士の国家間交流（資源保護に関する意見交換）は進んでいるのか？
回答：すでに報道されているように、日本、中国、台湾、韓国、フィリピンで、ウナギの資源管理に関する国家・地域間の議論が進められています。また、民間および研究者の交流は、東アジア鰻資源協議会（EASEC）を中心に進められています。これら二つの動きを統合することが、次の課題となります。

(24)　ウナギの規制をする際に、現在ある法を適用するべきか、それとも独自法で取り締まった方が良いのか？　ウナギの大量消費をとめるための具体的方法はあるのか？
回答：ウナギ資源の現状を見れば、現行の法規制が機能していないことは明らかです。まずは資源量を知り、持続可能な漁獲量を割り出すことから始め、その結果に基づいてどのように漁獲管理を行ない、どのような法律が必要か、具体的な議論を進めて行く必要があります。大量消費を止める方法については、本編「総合討論における「蛇口」の議論をご覧下さい。

(25)　国内の資源管理で重要なことは何。日本の河川に異種ウナギはどのくらいの割合で入っているのか。
回答：資源管理で重要なことは、資源量と漁獲量を把握し、適切な法規制を立案して早急に漁業管理を行なうことです。異種ウナギについて、二〇〇〇年前後には、多くのヨーロッパウナギが日本の河川から発見されました。宍道湖では30%、池田湖や魚野川では90％以上がヨーロッパウナギであったという報告もあります。現在はヨーロッパウナギの輸入が減少し、日本の天然水域におけるヨーロッパウナギの割合も減少しました。最近輸入が盛んになりつつある、バイカラなどの異種ウナギについては、まだ情報がありませんが、これらの異種ウナギが自然の河川へ流出しないよう、厳しく監視を続ける必要があります。

(26) 減少の理由の①乱獲、②河川改修、③海洋環境変動のうち、③は短期的な資源変動に反映すると言われた。（減少傾向の中でのギザギザ）。しかし、もっと長期的な、マイワシの増減のようなレジームシフトの影響はないのでしょうか。産卵場の南下の原因は、大気とも大いに関係していると思います。

回答：レジームシフトの影響であれば、十年から数十年の周期で減少と増加が繰り返されると考えられます。五〇年以上減少傾向が続いているウナギ資源の変動を、レジームシフトで説明するのは困難です。ウナギ資源の場合は、エルニーニョの発生と産卵場の南下、あるいはバイファケーションの北上との関係が指摘されています。また地球温暖化のような地球規模の気候変動はウナギレプトセファルスの回遊と加入成功に、そして東アジアに来遊するシラスの資源量に関係すると考えられますが、結論はまだ得られていません。

(27) ウナギ養殖の量産化にはあとどのくらいの時間を要しますか？

回答：餌の問題、飼育法の問題などいくつか解決しなくてはならないハードルがいくつかあり、あと何年とはっきり申し上げることはできません。二〇一三年七月の時点で人工シラス1匹が純生産費用だけで試算しても数万円程度ですから、その100分の1までコストダウンして市場に供給出来るようになるまでには、今しばらく時間がかかるでしょう。詳しくは本編「ウナギ人工種苗生産技術への取り組み――経過と現状　田中秀樹」をご覧下さい。

(28) ウナギ資源の枯渇について、消費者は何をすべきか？　消費者団体が不買運動などの活動をしてもおかしくない状況だと思うが。（クジラの例を見ても、バランスがおかしい）

回答：まずは現状を理解することが重要です。ウナギ資源の枯渇と大量消費の実態を知っていただきたい。そうした上で、ウナギを大切に消費していただきたいと思います。「一切食べない」というのではなく、今のような安価な大量消費を止め、「ハレの日に襟を正して」美味しいウナギを食べて欲しいのです。こうした一人一人の思慮深い行動がウナギの過度の消費を抑え、資源の減少を食い止めます。またひいては、価格の安定、密漁の抑制、流通の透明化を側面から促進します。あわせて行政による種名表示の法制化が実現すれば、消費者の賢い選択によって異種ウナギの流入を防ぐことができます。天然ウナギを獲らない、そして食べないようにすることは消費者がすぐにできることです。また河川に棲む天然ウナギの保全のために、地域の水辺の自然再生も市民の手で進めることができるのではないでしょうか。

(29) ウナギのシラス漁についてですが、シラス漁の様に利益の高い漁に対して規制をかけたとしても、密漁などが横行するのではないでしょうか。また、魚野川の94％がヨーロッパウナギの件ですが、彼らは死滅回遊として死ぬのでしょうか。それとも産卵まで行なう可能性はあるのでしょうか。だとすると遺伝子汚染が心配です。

回答：密漁は現在でも横行しています。シラスウナギの密漁は、断固とした態度で取り締まるべきです。漁業協同組合や行政が密漁の取り締まりを強化するためには、世論の後押しが欠かせません。魚野川のヨーロッパウナギについて、おそらく彼らは産卵場にたどり着くことは出来ないと考えられています。

(30) 国際的な資源管理協力を行なう上での課題とは？ 特に、企業を規制するために必要なことは？

回答：ある川でウナギを守ったとしても、その川で育ったウナギの子どもが同じ川に戻ってくる訳ではありません。このため、ウナギの保全は、分布域全体で進める必要があります。しかしその反面、ウナギ漁業は他国・他地域の保全に「ただ乗り」することが可能です。他地域で保全されたウナギからうまれた子どもも、自分の地域にやってくるためです。これが、国際的な資源管理を行なう上での大きな課題の一つです。企業の規制に関しては、本編「総合討論」における「蛇口」の議論をご覧下さい。

(31) 親ウナギの生育する河川環境を改善する動きが全く見られない。他国の環境開発に手本を見せる意味でも日本が率先してやっていくべきでは？

回答：ぜひ、皆で水辺の生態系の保全と自然再生を進めていきましょう。

意見

(1) ウナギの減少がメディアで叫ばれているにもかかわらず、スーパーにいくと，何もなかったように売られている。環境の変化が資源量に影響をおよぼしているという側面はもちろんあると思うが、とりあえず消費量、漁獲量を減らして様子を見よう、という予防的アプローチが何故農水省主導で行なわれないのか不思議でなりません。

（2）シラスウナギの密漁を防ぐために、シラスウナギの販売（取引）を登録することはできないのか。消費者に対し、資源減少をもっと知ってもらうため、ニホンウナギ以外のものも「国産」と表示される制度を改善してほしい。

（3）消費者としては、とにかく高いというのが正直な意見です。五〇〇〇円でうな丼が食べられるようになってほしいです。

（4）今後①資源研究の更なる推進が必要。②放流効果の検証が必要。③適切な漁獲規制の実施。④漁業の継続がウナギを守る。以上をふまえて、今できることから直ちに実施。

（5）ウナギ漁を利根川で行なっている漁業者です。三〇年以上漁をしていますが、一九九〇年代半ばからアメリカナマズが大繁殖して延縄漁ができなくなり、その後は竹筒漁を中心に続けていますが、年々取れなくなってきており、特に今年は自分が食べる分もままならないほどの不漁です。ここ数年のシラスウナギの不漁が影響していると思われますが、私個人の漁獲量も、九〇年代前半と比べると1/20～1/30くらいまで減っており、労力とコストを考えれば、すでに「取らない方が良い」レベルです（1～2匹しか取れないことが多いので今年はほぼ全量放流しています）。今後は天然ウナギの全面禁漁に向けた動きが加速すると思いますが、特に長い歴史と伝統のある利根川のウナギ漁は、漁法、漁具なども独自の発展をとげており、このまま絶えて後世に伝わらないのは残念です。禁漁はやむを得ませんが、調査捕鯨のように厳格なルールのもとで資源調査のために漁を続けられるようお願いします。

（6）シラスウナギ漁が大きく報じられている一方で、街中でウナギの文字が多く見られる現状に疑問を抱いていた。ウナギを将来的に手軽に食べられるよう、今は代替品を利用してニホンウナギの消費を抑制すべきだ。

（7）水産行政の人の話しを〝セッション1〟に入れるべきでは？　結局は「国がどうするか」なのだから。

（8）資源は減っている。ニホンウナギに限った養殖生産量漁獲量が必要。

（9）人工ふ化技術開発にもっと多様な人材、実験室を増やしてスピードアップして欲しい。

（10）今すぐニホンウナギ（シラスウナギをのぞく）を全面禁漁にしなければいけない。世論にうったえ法律をつくる様、国を後押しする為に私たちには具体的に何ができるか考えてみる。

(11) 親ウナギの保護：国が買い取り放流。異種：活きた状態では輸入しない、加工品も規制。大手スーパーなどの対応：安さを競わない。国を挙げて取り組むべき：消費者の意識を変えていく。五年位は、みんなでがまん。それこそ、ハレの日にありがたくいただくもの。

(12)「獲らない」「売らない」「食べない」情緒的には理解出来ますが、自主的判断では先ず難しいと感じます。法の網をかぶせない限り規制は困難だと思いますが、国に明らかなデータ作成を進める行動が必要かと思います。しかし実現可能かと……。

(13) 流域から海への生態系ネットワークを総合的に管理（or 保全）しないかぎりニホンカワウソと同じ運命であろう。

(14) 報道の方向性を変えさせて、報道を動かし、世論を動かし、行政、政治が動く方向に持っていってほしい。ここまで全く動かない行政が能動的に動くのを期待してもしょうがない。そもそもの現状認識、最低限の知識を持っていないマスコミが多いと思うので、ここへの啓蒙活動に力を入れて欲しい。当面はスーパーや牛丼店などでの取扱が規制されるように、また、そういった扱いが社会的非難の対象となるように働きかけて欲しい。

(15) どのお話しもワクワク聞かせて頂いております。これを機会に、各方面との連携が深まりますます様期待させて頂きます。また、この様な場に参加させて頂けたらうれしく思います。

(16) 台湾、中国でのウナギの消費が増大する中、ワシントン条約で取引を規制して、ウナギの保護がどの程度出来るか疑問です。

(17) 科学的根拠、データの少ない中で、産・官・学がそれぞれどのような役割を担うべきなのか。討論が深まればと思います。

(18) 資源減少は今になって始まった話ではないのに、なぜここまで我々は有効な手を打ってなかったのかについて、もっと知りたいと思いました。

(19) 生物学や経済学についての講演が中心でしたが、流通やマーケティング、販売段階での課題について教えていただきたいと思います。

(20) うなぎに限らず、給餌の要る養殖は、資源の無駄使い（養殖ができる国のエゴ）ではないでしょうか。エサにする資源、すなわちイワシ・アジはもちろん、ニワトリの卵（午前のセッションでシラスウナギのエサにすると言っていました）ニワトリのエサである（輸入）穀物（コーン・大豆カス etc…）をそのまま人類が食べることを優先すべきだと思います。食文化と言いはれるのは天然で獲れる範囲であろうと思います。

あとがき

本書に収録されている内容は、二〇一三年七月二二日の土用の丑の日に、東京大学農学生命科学研究科で開催されたシンポジウム、「ウナギの持続的利用は可能か——うな丼の未来」にて行なわれた講演、ポスター発表、アンケートに基づいている。このシンポジウムは、ウナギ資源の危機的な減少を受け、東アジア鰻資源協議会日本支部の主催、東京大学農学生命科学研究科とグローバルCOEアジア保全生態学の共催として企画・運営された。

シンポジウムの内容を忠実に再現することを目的としたため、読みにくい部分もあるかも知れない。講演は、録音テープに基づいて、それぞれ講演者自身が文体を整えた。ポスター発表は、シンポジウムで発表された内容と同じ内容を、新しくコラムという形に改変した。アンケートは、総合討論で利用するために、会場からウナギ資源に関する質問や意見を募ったものである。昼休みに回収されたため、午後に行なわれたセッション2および総合討論の内容は反映されていない。本書では、アンケートを記入した方の意思を尊重し、誤字脱字および個人が特定できる情報の訂正以外、元の表記を変更せず活字にした。アンケートのうち、文末表現が疑問形のものは質問、疑問形でないものは意見と分類し、質問に対しては、東アジア鰻資源協議会日本支部が回答を作成した。次の段落で言及する二件および、個人的中傷につながる恐れれから公開することが不適切であると考えられた一件を除き、回収された全てのアンケートを本書に収録した。シンポジウム当日はTwitter（ツイッター）からもたくさんの意見をいただいたが、残念ながら本書には収録しきれなかった。ハッシュタグ「#easec」で当日のTweet（ツイート）を見ることができるので、興味がある方は検索していただきたい。

田中栄次先生のご講演の内容は、論文として発表されていないため、この本には収録せず、新しく原稿を書き下ろしていただいた。また、この講演に関する二件のアンケートは収録しなかった。

本書を出版する準備に追われながら、改めてウナギ資源について考えている。今後、ニホンウナギには、どのような未来が待っているのか。また、「異種ウナギ」とひとくくりにされている、ニホンウナギ以外の種類のウナギについても、その未来は明るいものだろうか。ひとつだけ確かなことは、彼らの未来を握っているのは、我々人間であるということだ。

ウナギの研究を行なっていると、ウナギ資源の危機に関して、「どうすれば良いのですか？」と問われることが多い。私は、この質問に対して、こう問い返したい。あなたは、どうしたいのですか。我々は、どのようなウナギの未来を望んでいるのか。食べ尽くてしまいたいのか。守っていきたいのか。本書が、この判断の一助になれることを願っている。

最後に、忙しい中、無理なスケジュールに対応していただいた執筆者の方々に、改めて御礼を申し上げたい。みなさまのお力添えにより、シンポジウム開催後わずか三ヶ月で、本書を出版することができました。ありがとうございました。

二〇一三年一〇月八日　岡山市にて

シンポジウム「ウナギの持続的利用は可能か――うな丼の未来」企画・運営責任者

海部健三

参加者紹介（目次順）

鷲谷 いづみ（わしたに　いづみ）
東京大学大学院理学系研究科修了（理学博士）。東京大学大学院教授。専門は、生態学、保全生態学。著書として、『コウノトリの贈り物』『マルハナバチハンドブック』（共著）『サクラソウの目 - 保全生態学とはなにか』『生物保全の生態学』『サクラソウとトラマルハナバチ』『岩波ブックレット <生物多様性> 入門』『さとやま―生物多様性と生態系模様』『震災後の自然とどうつきあうか』など多数。

塚本 勝巳（つかもと　かつみ）
農学博士：海洋生命科学者。日本大学教授（東京大学名誉教授）。1971年、東京大学農学部水産学科を卒業。大学院に進み、1974年に東京大学海洋研究所助手、1986年には同所助教授、1994年より教授。2013年3月定年退職後、4月からは日本大学生物資源科学部教授。東アジア鰻資源協議会会長。

勝川 俊雄（かつかわ　としお）
1972年東京生まれ。三重大学生物資源学部准教授。東京大学海洋研究所助教を経て、2009年より現職。専門は、水産資源管理、水産資源解析。日本漁業の改革のために、業界紙、インターネット等で、情報発信を行なっている。

田中 栄次（たなか　えいじ）
東京大学大学院農学系研究科博士課程修了（農学博士）。東京水産大学水産学部助手・助教授を経て現在東京海洋大学大学院海洋科学系教授。国際捕鯨員会科学小委員会委員等を歴任。著書は『水産資源解析学』（成山堂書店）ほか。

海部 健三（かいふ　けんぞう）
1973年東京都生まれ。1998年に一橋大学社会学部を卒業後、社会人生活を経て2011年に東京大学農学生命科学研究科の博士課程を修了。同年、東京大学農学生命科学研究科特任助教（現職）。

黒木 真理（くろき　まり）
北海道大学水産学部卒業。東京大学大学院農学生命科学研究科博士課程修了。博士（農学）。現在、東京大学総合研究博物館助教。著書に『旅するウナギ』（共著、東海大学出版会）、『ウナギの博物誌』（編著、化学同人）などがある。

櫻井 一宏（さくらい　かつひろ）
立正大学経済学部講師。筑波大学大学院生命環境科学研究科修了、博士（学術）。日本地域開発センター、海洋政策研究財団等を経て2010年より現職。専門は環境経済学とその周辺領域で、政策評価や流域管理等に関する研究を実施している。

渡邊 俊（わたなべ　しゅん）
1971年生まれ。2001年東京大学大学院農学生命科学研究科博士課程修了。現在　日本大学生物資源科学部ポスト・ドクトラル・フェロー。農学博士。

田中 秀樹（たなか　ひでき）
水産総合研究センター増養殖研究所グループ長。ウナギ委託プロジェクト研究チームリーダー。1957年大阪府生まれ。農学博士。京都大学大学院農学研究科修士課程修了。水産庁養殖研究所研究員、水産庁養殖研究所主任研究官、水産総合研究センター養殖研究所主任研究官、水産総合研究センター養殖研究所グループ長を歴任し、現職。

吉永 龍起（よしなが　たつき）
東京大学大学院農学生命科学研究科修了。博士（農学）。日本学術振興会特別研究員、スタンフォード大学研究員を経て、2005年より北里大学海洋生命科学部講師。2009年度日本水産学会水産学奨励賞。

横内 一樹（よこうち　かずき）
長崎大学大学院水産・環境科学総合研究科附属環東シナ海環境資源研究センター。日本学術振興会特別研究員（PD）博士（農学）。2010年東京大学大学院農学生命科学研究科博士課程修了。東京大学大気海洋研究所農学特定研究員などを経て、現職。専門は、通し回遊魚の生態学および耳石による生物履歴学。

板倉 光（いたくら　ひかる）
東京大学大学院新領域創成科学研究科博士課程。日本学術振興会特別研究員（DC）。1986年島根県出雲市生まれ。2011年東京大学大学院新領域創成科学研究科修士過程修了。

木村 伸吾（きむら　しんご）
東京大学大学院新領域創成科学研究科／大気海洋研究所教授。1961年生まれ。1989年東京大学大学院農学系研究科水産学専攻博士課程修了。農学博士。2006年より現職。専門は海洋環境学、水産海洋学。

吉村 理利（よしむら　まさとし）
1936年愛知県生まれ。1973年脱サラして浜名漁協の漁業者に。浜名漁協理事、同代表理事専務をへて、同代表理事組合長　現在に至る。静岡県漁連並びに信漁連理事、静岡県漁業調整委員会委員、静岡県湖西市文化財保護審議委員、静岡県文化財巡回調査委員。

白石 嘉男（しらいし　よしお）
1950年静岡県生まれ。日本養鰻漁業協同組合連合会代表理事会長。静岡うなぎ漁業協同組合代表理事組合長。養鰻業に従事するとともに養殖技術の向上、経営の合理化・安定化など養鰻業界全般にわたる振興発展に寄与。生産者団体、

流通諸団体、中央官庁ならびに台湾・中国との養鰻業関係の諸調整、シラス鰻保護等に携わる。

湧井 恭行（わくい　やすゆき）
1940年東京生まれ。1963年慶応義塾大学法学部卒業。1994年株式会社大江戸代表取締役社長。地元日本橋をはじめ東京都、全国の料理業及び鰻蒲焼商の組織で要職を歴任。表彰歴は2013年旭日双光章受章ほか。

井田 徹治（いだ　てつじ）
共同通信社編集委員兼論説委員。1959年東京生まれ。つくば通信部などをへて本社科学部記者、ワシントン支局特派員を歴任。環境と開発、エネルギー問題などを長く取材。著書『ウナギ―地球環境を語る魚』（岩波新書）『サバがトロより高くなる日』（講談社現代新書）他多数。

中島 慶二（なかじま　けいじ）
環境省自然環境局野生生物課長。福岡県久留米市生まれ、東京都福生市育ち。1984年環境庁入庁以後、現地に駐在する自然保護官（レンジャー）として日光国立公園、大雪山国立公園などに赴任。那覇自然環境事務所長、自然ふれあい推進室長、復興庁参事官などを経て現職。

宮原 正典（みやはら　まさのり）
水産庁次長。1955年東京生。東大農学部卒。米国デューク大学政治学修士。1978年水産庁入庁。2011年より現職。水産関係国際会議に多数従事し、現在ICCAT常任議長。名古屋大学と愛媛大学の客員教授でもある。

篠田 章（しのだ　あきら）
東京医科大学生物学教室講師。1972年東京都生まれ。2004年東京大学大学院農学生命科学研究科博士課程修了。博士（農学）。2010年東京医科大学生物学教室助教、2011年より現職。専門は魚類生態学。

脇谷 量子郎（わきや　りょうしろう）
1982年生、九州大学大学院博士前期課程修了。現在、九州大学大学院博士後期課程3年生。専門はウナギの河川内の生態。

片平 浩孝（かたひら　ひろたか）
1984年生まれ。広島大学大学院生物圏科学研究科修了。博士（農学）。現職：日本学術振興会特別研究員。専門：水族寄生虫学。

うな丼の未来
ウナギの持続的利用は可能か

2013年10月30日　第1刷印刷
2013年11月15日　第1刷発行

編者——東アジア鰻資源協議会日本支部

発行者——清水一人
発行所——青土社
東京都千代田区神田神保町1－29　市瀬ビル〒101-0051
［電話］03-3291-9831（編集）　03-3294-7829（営業）
［振替］00190-7-192955
印刷所——ディグ（本文）
方英社（カバー・扉・表紙）
製本所——小泉製本

装幀——横須賀拓

ISBN978-4-7917-6737-3　Printed in Japan